本书为浙江省哲学社会科学规划青年课题
“公共服务均等化视角下杭州市旧小区人居环境优化研究”
(20NDQN323YB)的研究成果

城市更新背景下 复合型社区空间更新与再生

董睿 著

SPATIAL RENEWAL AND REGENERATION OF

COMPOSITE COMMUNITIES UNDER THE CONTEXT OF URBAN RENEWAL

·杭州·

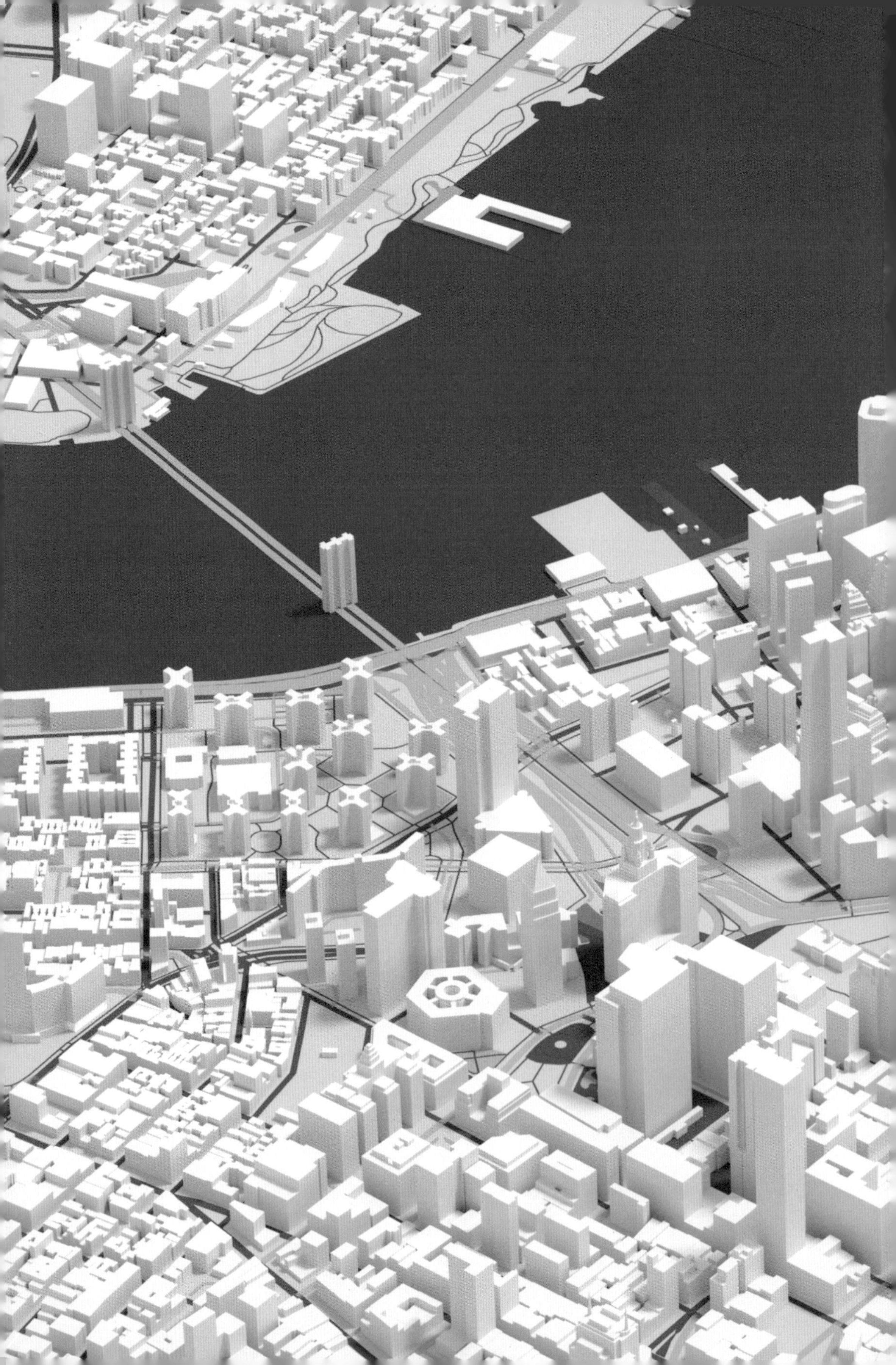

序一
Preface 1

改革开放以来，我们国家经历了规模宏大、进程飞速的城镇化发展，取得了举世瞩目的成就。随着我国超大型城市的形成和大量居住小区的建设，交通堵塞、空气污染、环境衰败等人居环境问题日渐凸显，老旧小区更新被提上日程。2020年《中共中央关于制定国民经济和社会发展第十四个五年规划和二〇三五年远景目标的建议》中明确指出要实施城市更新行动；同年，国务院办公厅印发《关于全面推进城镇老旧小区改造工作的指导意见》；自2021年国家发展和改革委员会、住房和城乡建设部发布《关于加强城镇老旧小区改造配套设施建设的通知》以来，老旧小区改造在全国各地呈现出全面迅速的推进态势，北京、上海、广州等地陆续出台地方性的相关政策,积极推动老旧小区改造工作。可以说，城市老旧小区改造是国家层面实施城市更新行动中的核心构成，更是中国城市转型发展中关乎民生民情的大事。

近年来，为加快实现公共服务优质共享、基本公共服务均等化的发展目标，浙江省在习近平新时代中国特色社会主义思想指导下，深入贯彻党的二十大精神，完善社区建设要求，城市更新也从以往单纯的空间设计，转化为党建引领、系统集成、规划统筹、数字赋能、共建共享等多方结合的环境管控和空间治理政策指引，对于空间环境的公共价值和社会公众的需求也给予了更多的关注。老旧小区更新与再生源于社会发展、重在为民服务，纵观国外的发展进程，我国的城市更新同样面临着市场运转与公众利益冲突、静态规划与动态发展的矛盾，如何通过存量资源整合来优化社区空间结构和功能布局、提升人居环境品质和公共空间活力、维护区域生态环境，进而对社区养老、智慧化改造、居民幸福感提升等问题做出回应都需要秉持社会责任感，在设计实践中予以认识和应对。

董睿老师的《城市更新背景下复合型社区空间更新与再生》一书以理论研究与实践探索作为主要路径，结合设计学、生态学、文化学、社会学、技术美学等视角，从转型与更新、需求与牵引、公共营建及本土化设计等层级进行探讨，为城市可持续发展、绿色韧性社区的构建提供了一定的理论及实践研究基础。故此，欣然为序。

朱晓青

浙江工业大学设计与建筑学院教授、博士生导师

序二
Preface 2

党的二十大吹响了以中国式现代化推进中华民族伟大复兴的号角，浙江省作为展示中国特色社会主义制度优越性的重要窗口，是先行探索高质量发展共同富裕的示范区。在浙江，未来社区被作为共同富裕基本单元进行全省全域建设，从而为中国式社区现代化提供了重要样板。

在过去的20多年里，浙江城市社区建设经历了“还旧债”“补短板”“社区现代化”三个阶段，已经慢慢地从大城市框架式的粗放型转向小社区绣花针式的精细化建设模式。尤其是通过对全球现代社区实践探索进行借鉴学习，以未来社区这一载体，浙江在顶层上系统地将社区治理、管理、生活的服务供给和新技术进行集成和构建，从点到面，有节奏、分批次进行全省的城市有机更新和社区总体品质提升行动，真正落实社区居民全方位、全周期、全业态的“三化九场景”指标体系，打造高品质的幸福美好社区生活复合型新空间。同时，用公共空间规划、共创机制设计、社区文化认同激活社区多方主体，构建强大的社区自治生态，让社区成为居民强链接的命运共同体，从而有效推进党建引领的基层治理和数字化改革向基层治理延伸，让居民能真正享受到未来社区建设带来的幸福感和获得感，从而为实现中国式现代化的浙江方案提供鲜活的基层实践。

董睿老师所著的《城市更新背景下复合型社区空间更新与再生》，从社区居民高频、密集的共享型公共空间这一全新小切口切入，深入调研城市更新背景下浙江社区建设成果和存在问题，基于城市更新宏观构建的大框架，从规划设计维度重点研究了人居环境的提升改造、城市文化的传承创新、社会活力的多元激发；同时基于多学科、多角度的包容性视角，从社区营造、社区长效运营等方面，进行复合型社区空间更新与再生的可持续策略思考，并通过实际案例展现了浙江省在城市更新及未来社区构建领域中的创新实践，具有很强的理论前沿性和实践参照性。因此，推荐本书给同业者分享，并期待作者在后续理论研究和实践工作中更上一层楼！

齐剑斌

浙江省未来社区评审专家

七彩集团首席咨询官

七彩未来社区研究院院长

前言
Preface

在经济社会“双转型”与政府角色转变的背景下，我国各地区的城市更新与实践探索一直在稳步前行。就城乡规划的目标而言，一方面要由“增量规划”转向“存量增长”；另一方面城市更新改造的侧重点也由物质规划转向社会发展。本书所研究的复合型社区空间更新与再生，结合生态学、文化学、社会学、技术美学等视角，从转型与更新、需求牵引、公共营建、本土化设计等层级进行细化分析，探讨人居环境设计的可持续发展与更新之路，完成对社区更新的系统性研究。全书共分五章，分别为城市更新与社区发展、社区发展与人居环境建设、人居环境建设的科学探索、复合型社区空间更新与再生以及复合型社区系统设计方法与路径探索。本书主要研究特色可总结如下。

聚焦复合空间研究范畴：本书立足人居环境建设的科学研究，通过解读不同类型老旧小区的空间构成及人居环境现状，总结当下的主要问题和改造策略，在历史文脉分析、特色产业驱动、包容性公共空间设计、区域特色与社区营造等方面展开研究，对复合型社区空间更新与再生、复合型社区系统设计方法与路径进行深入探索。

归纳多学科研究方法：本书就规划设计与运维建设层面展开细化探讨，创新性地结合技术美学、城市微气候系统分析等方法，精细化评析不同时期、不同区域老旧小区人居环境设计的共通性与特异性问题，为城市公共空间、传统街区及社区创意空间的更新改造从单纯的物质更新走向更为定量化、更为有效的人居环境设计提供多学科研究支持。

展望未来研究前景：本书在撰写过程中，就国内外的社区更新理论进行分析解读，重点结合对浙江省内不同县市的老旧小区进行的调查研究，并对较为典型的社区更新案例进行推敲思考；尤其结合当前智慧城市建设相关策略方法研究复合型社区空间更新与再生的可行性路径，为立体化、共生性的未来社区、绿色韧性社区的研究提供一定的理论研究基础。

本书以实践探索作为主要研究路径，突出“实践创新”的特点。书中所讨论的项目，无论是个性与共性双重视角下的老旧小区改造、老旧街区保护更新与探索、有着集体记忆的城中村更新、保障性安置住房的更新改造研究，还是“共居社区”生活圈构建等，大多是笔者基于交叉学科研究进行的思考及总结，是笔者多年来从事教学科研及实践工作的阶段性成果。

在本书的撰写过程中，笔者深感复合型社区空间更新是一项复杂烦琐的社会工作，需要研究和探讨的问题众多，而本书仅作为城市更新背景下老旧小区更新改造研究的阶段性总结和后续深入研究的出发点。本书的撰写得到了浙江省哲学社会科学规划课题《公共服务均等化视角下杭州市旧小区人居环境优化研究》（课题编号：20NDQN323YB）的资助；出版过程中得到了浙江大学出版社的大力支持，在此深表谢意。由于作者水平所限，书中难免有诸多不足之处，其中的欠缺或值得商榷之处，诚恳期待读者的批评与指正。

董睿

2024 年 2 月于杭州西溪

目录
Contents

第三章

人居环境建设的科学探索

第四章

复合型社区空间更新与再生

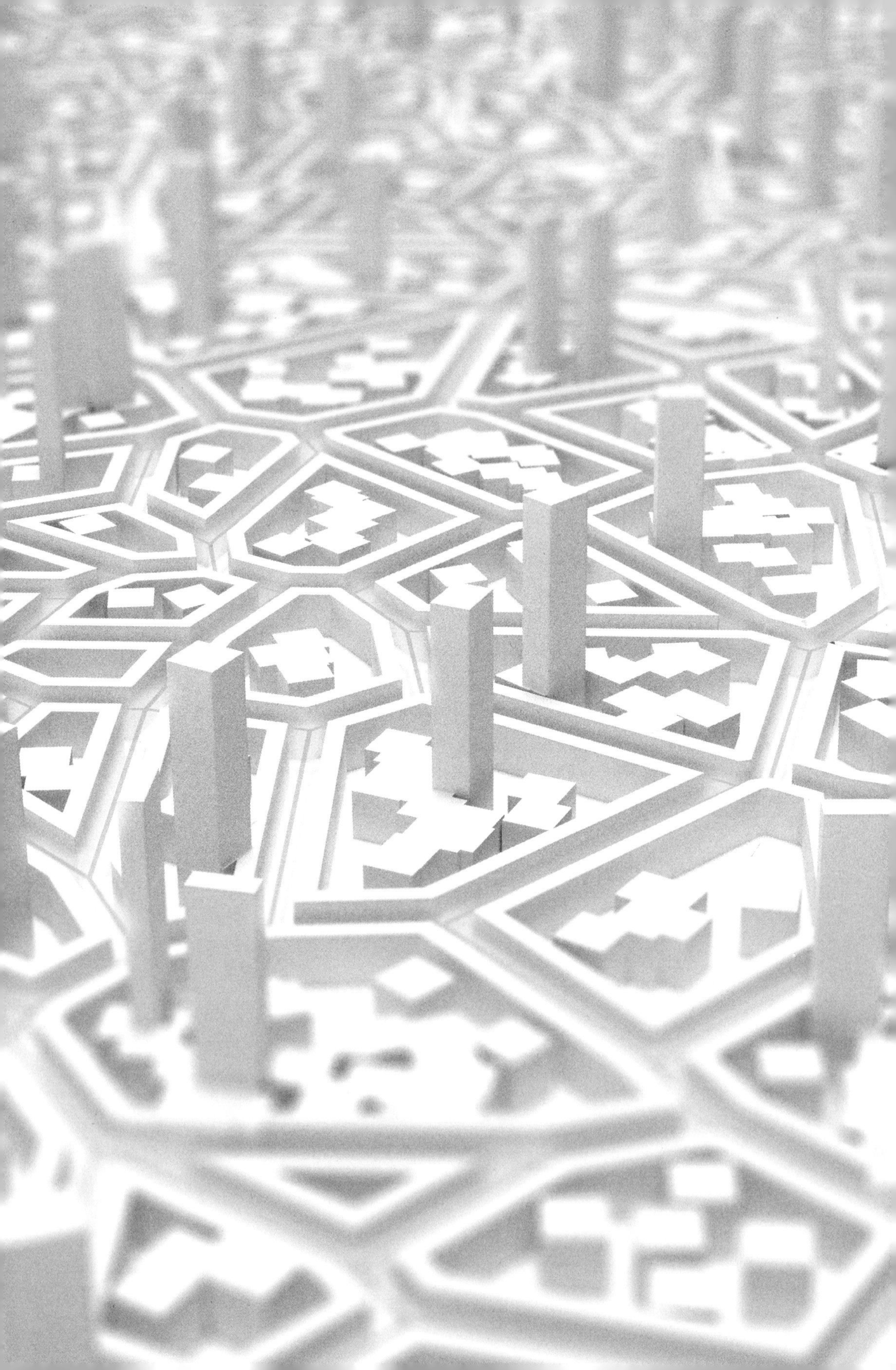

城市更新与社区发展

CHAPTER 1

“城市更新”的内涵与中国的本土实践

“城市更新”作为城市研究与国际建筑中重要的理论及实践研究方向，是与城市发展周期相对应的一个概念。“城市更新”的基本目标是将城市内衰败的区域进行经济、环境、文化等多方面的更新，最终将这些区域转变为城市中的良性资产。1990 年，我国学者吴良镛院士从城市保护与发展的角度提出“有机更新”理念，主张城市建设应遵循城市内在秩序和发展规律，要顺应城市肌理、调整城市规模并把控空间尺度。[1]伴随着社会的不断发展，城市更新经历了从大规模重建到小规模改建的更新进程，改造方式也从单一层面的物质更新逐步转为社会多元需求及公共服务均等化的综合性更新，近年来这逐渐成为国内学术界关注的一个热点问题。

国际上对“城市更新”的探讨主要源于第二次世界大战之后，作为一种思想、学说和运动，其提出和实践规模较大。在西方城市，“城市更新”的发展是城市化进程发展到一定阶段所形成的一种城市社会空间的结构性调整。二战后，西方国家基于改善战后城市面貌、加快经济复苏、解决住房危机等需求，逐步开始通过探索、制定各项城市计划与政策来进行城市重建。1958 年 8 月，第一次旧城区更新问题国际研讨会在荷兰海牙召开，首次对旧城区改造概念进行了较为全面的总结，指出旧城区改造是国家根据城市发展的需要，在老城区实施的有计划的城市改造建设，包括重建、恢复和保护等工作。[2]虽然“旧城改造”更易于被社会及大众所熟悉和理解，但是经过近 30 年国内外城市规划学术领域的研究和探讨，学界现已基本达成共识，普遍认为“旧城更新”（Urban Renewal）比“旧城改造”（Urban Rebuilding/Urban Reconstruction）更能体现经济、社会和文化多目标价值追求理念和未来发展方向。战后西方各国对“城市更新”的大规模探索及实践，为解决社会问题、城市重建、经济复兴等需求做出了一定的贡献。城市更新与社会发展息息相关，体现了与城市发展关联要素的动态变化过程。由于社会背景、经济基础的差异，国内外城市更新研究的演进特征与趋势各异。根据“城市更新”进阶式的演进过程，其内涵也逐渐发生变化，在各类相关英文文献中，出现了Urban Renewal、Urban Reconstruction、Urban Regeneration、Urban Redevelopment、Culture-led Urban Regeneration、Property-led Urban Regeneration以及Urban Renaissance等多个不同的英文术语。其中每一个英文术语都对应着不同的内涵，代表了西方社会所经历的城市更新进程，体现了不同的时代背景与当时的城市问题。如Urban Renewal代表了西方国家战后对被毁坏的城区进行的大面积拆除重建活动，这一阶段的城市更新破坏了城市原有的社会肌理，因此受到当地居民的广泛批判。随着全球经济的一体化和生产链的区域性转移，以应对以旧制造业为中心的城市的人口消减和经济衰败为主要目的的城市更新（Urban Regeneration），逐渐成为西方国家[3]特别是英国和美国城市更新的主要手段和方式。伴随着刘易斯·芒福德（Lewis Mumford，1895—1990）、简·雅各布斯（Jane Jacobs，1916—2006）等学者的批评以及社会各界对20世纪50年代至70年代的城市更新的反思，西方的城市更新逐渐结合社会、经济、人文等多方面的诉求，开始重视强调回归人本主义，从而使得城市更新跳脱基础的物质层面改善，在内涵和外延上得到进一步的提升，且更重视社区层面的合作以及综合环境层面的探索与思考。此时，城市更新的内涵日趋丰富，改造范围也更加广泛，参与主体也往多元化方向发展。自20世纪70年代以来，在一系列城市更新的政策引导与实践探索中，西方的城市更新出现了以下两大主要模式，即“文化主导的城市更新”（Culture-led Urban Regeneration）以及“地产主导的城市更新”（Property-led Urban Regeneration）。这两大模式的交互作用助推了城市第三产业的兴起，引导了文化经济的复苏，这种改变实现了大量中产阶级自主回迁内城，衰落破旧的内城开始重新恢复繁荣。21世纪以来，城市更新（Urban Redevelopment）逐渐从西方城市的典型代表转变为全球性的城市发展问题，越来越多的非英语国家面临与自身发展阶段和本国历史背景相关的城市更新需求[4]，在丰富城市更新研究案例的同时增加了城市更新研究的复杂性。

对于西方而言，城市更新作为实现社会、经济、文化等多维度复兴的城市化进程，是对内城衰败地区的重新规划、治理与再设计。由于当前全球城市发展背景的多样化和区域间城市化进程的不均衡性，城市更新的驱动机制、方法模型、结果效应等各种复杂的演化形态不断涌现。[5-7]当前，城市更新作为系统工程和周期性城市改造的复杂活动方式，已逐渐成为涵盖文化学、经济学、城市发展、公共政策、社会管理学、生态环境等多学科的热点问题。其实践内涵已由早期单一的物质环境更新延伸成为完善城市治理体系、实现经济复苏、推动环境可持续发展的多维度复合化体系，涉及的相关学科和研究领域也日趋广泛。

我国城市更新兴起于20世纪80年代，虽然起步较晚，但是作为我国转变城市发展方式的重要抓手，在城市化进程中取得了较为卓越的成果，对城市发展具有重大意义，目前进入多学科发展的融合阶段，是当下我国城市规划工作进程中的重要环节。根据时代发展梳理，从新中国成立初期到20世纪70年代的计划经济时期，中国的旧城更新基本上是采用局部危房改造的“填空补实”方式，城市总体风貌变化不大，更新管理基本由政府主导。自1980年起，我国正式步入旧城更新阶段，虽然这一时期仍由政府主导，但一些较为发达的城市，如北京、上海等一线城市已经开始尝试由政府附属开发公司对老旧小区进行升级改造。由于该阶段开发公司普遍资金短缺，市场机制又尚未形成，所以大规模更新进展较慢，同时，由于城市更新中多方利益博弈问题逐渐凸显，政府及学术界也对该课题极为重视，继1984年在合肥召开全国首次旧城改建经验交流会之后，国内外陆续召开各类学术会议，就基础理论研究、更新模式探讨、多学科融合等理论研究及实践成果展开讨论。1991年，伴随着《中华人民共和国城镇国有土地使用权出让和转让暂行条例》的颁布实施，国家开始推行城市土地有偿使用政策[8]，对旧城更新与房地产开发相结合的模式进行有益探索，并采取趋向于商业化的城市更新方式。1994年，我国开始实行分税制，将权力下放，以便地方政府在处理城市事务时具有更大的自主性和自治性。1998年成功推行的货币、财政宏观调控政策使得上海、南京等城市通过市场经济手段，进一步增强了城市的综合竞争力。在地方政府和市场的主导下，旧城更新开始采用大规模的物质更新方式，在设计和管理上逐步形成了一套较为简单化的流程。根据学者方可的研究，旧城更新可简单归纳为：规划目标是理想有序的终极蓝图；规划手段为统一设计的物质空间形态；规划内容为大规模推倒重建；规划方法为自上而下，规划周期长，且相对静止。在该阶段，政府通常会提供大量激励措施及优惠政策来吸引投资，甚至在规划控制指标上做出让步。这样的做法导致公共利益与商业利益界限不清。这种以效率为导向的改造模式难以协调城市中复杂的利益冲突，随着居民维护个人利益的意识觉醒，一些社会问题和不受控制的规划问题在后期开始出现。《中华人民共和国国民经济和社会发展第十四个五年规划和2035年远景目标纲要》明确提出了“实施城市更新行动”的要求，新常态下注重内涵的城市更新实践被赋予了新的政策使命和治理意蕴。

随着城市更新工作的不断拓展，旧城更新的理论研究、规划模型构建与技术方法等研究也越来越受专家学者及政府部门的重视。多年来，国内外的专家学者从不同路径言说城市更新改造，国外以英美国家为主的西方语境中，先后有“城市更新/重建”“城市再开发”“城市更新/复兴”“邻里更新”等提法，国内著名学者如吴良镛、阮仪三、张更立等基于“城市有机更新”的角度，从“文脉保护传承、社会和谐发展”等方面进行有益探索与研究，但多是以关注物质空间的环境更新为主。2014年以来，在城市生态红线和增长边界进一步受限的情况下，仇保兴、庄少勤等越来越多的学者及研究人员开始引入“可持续性”“生态性”“人文性”等国外先进理念对城市更新进行广泛的探索。在学者的研究以及现实改造的摸索中，我们可以发现，新常态下城市更新已成为我国城市发展的主要方式。

在文献研究方面，基于CiteSpace分析工具我们发现，我国的城市更新理论受启发于西方，其在我国的实践形成了鲜明的本土化特征。就数据分析看来，目前在我国物质更新的研究仍占主导地位，未形成联系度较强的网络特征；而在国外，围绕在戴维·哈维（David Harvey）周围的共引作者如理查德·佛罗里达（Richard Florida）等非传统的建筑学派，其专业领域或多或少地与政治经济学、社会学等领域交叉，表明国外对于城市更新的共识基础已从原有的“物质空间决定论”向更具现实意义或人文情怀的视角转变，研究城市更新的专业领域从内涵向外延扩展，并形成了结构体系相对明晰，内部联系相对密集的共识基础。

随着城市更新、存量空间思想的不断发展，城市老旧社区的更新设计被日益重视。在我国，旧城更新，尤其是旧城的社区更新是城市发展中社会冲突矛盾和利益博弈最为激烈的一个过程。当下，在构建“和谐社会”情景下，旧城更新规划除实现旧城的物质更新外，还需要结合多学科的理论与方法，构建公平和科学合理的旧城更新规划体系，最大程度地保障社会政策的实施，起到协调利益和引导城市有序发展的作用。近年来，相关部门从不同路径言说居住区更新改造，这众生汇聚的景象与国家日益关注民生民情息息相关。[9]本书在讨论城市更新背景下复合型社区空间更新与再生时，主要是从人居环境更新与规划角度着手，分析老旧小区面临的一系列如城市空间文脉特色遗失、社区公共资源匮乏、居住区交通条件简陋、传统生活方式与现代工作节奏分离等难以实现突破性改变的问题，结合生态学、文化学、社会学、技术美学等视角，从转型与更新、需求牵引、公共营建、本土化设计、科技与美学等层级进行撰写，提炼城市美学和人居环境规划的相关设计实践理论与方法，以便在未来的规划设计过程中，将“技术美学”植入未来社区空间结构研究层面，探讨“科学”和“环境”的立体化构建，为城市公共空间、传统街区及社区空间的更新改造从单纯的物质层面改造走向更为定量化、更为有效的城市空间艺术设计提供技术支持。与此同时，本书结合浙江省内不同县市的老旧小区进行调查研究，并以典型社区更新为案例进行设计改造探索，从而精细化评析不同时期、不同区域环境中城市老旧小区人居环境设计的差异化问题，提出解决方案，为未来城市可持续发展、绿色韧性社区的研究提供一定的理论研究基础。

国外城市更新实践与研究进展

城市更新理论始于20世纪40年代至50年代英国的贫民窟清理计划，该计划促进了城市经济的增长。1958年8月，在荷兰海牙举行的城市更新研讨会上“城市更新”的概念被正式提出。[10]总体而言，在20世纪中后期，英国、美国和日本的城市规划理论逐渐呈现出后现代的特征，在社会构建、城市环境、经济发展等不同的领域引发了广泛的关注，城市更新的过程也更加关注社会公正和多元化等问题。在这一趋势的影响下，这些国家的旧城更新也发生了变化，从由政府主导逐步转变为将社区纳入决策主体，进一步扩充了规划的社会内涵。城市更新的目标、内容和方式更具合理性，从单纯的物质更新转向社区环境的恢复、经济振兴和社区的自我建设；更新模式也从旧的重建转变为连续渐进的更新；规划的形式也从传统的旧城改造转变为社区发展构建，主要目标在于改善生活环境、创造就业机会和促进社区之间的多元复合。

社区更新作为城市发展的重要组成部分，承载了数以万计百姓的生活和工作。我国学者于今认为，旧城更新在优化社会环境和生态环境，改造社区结构及生活圈构建等方面有着层层递进的作用。基于此，笔者结合国内外城市更新及社区发展理论并进行系统化归纳提升，探讨我国城市社区功能结构自我调适的最佳方式，以期提升人居生态环境，实现社区的复合化更新。

（一）英国“社区建筑”旧城社区更新规划研究

1. 英国城市更新历程研究

（1）第一阶段——全面拆除重建式改造

英国的工业化进程，见证了城市从繁荣走向衰落的快速转变。第二次世界大战后，传统工业城市面临着不可逆转的衰落，核心工业竞争力逐渐丧失，城区人口和就业岗位不断外流。在此期间，政府广泛实施了社区更新模式，由政府主导开展，英国《格林伍德住宅法》的提出为清除贫民窟提供财政补助，规定在清除地段建造多层出租公寓，在市区外建造独院的住宅村。

（2）第二阶段——社区邻里更新

20世纪50年代以后，政府通过政策法规引入了特定地区的概念，通过向社区提供拨款，鼓励翻新和恢复生活环境，初步尝试设计师与居民共同工作，这也是“社区建筑”的雏形。20世纪70年代，将社区建筑运动纳入邻里改善运动的范畴，以鼓励居民积极参与社区改善活动。在社区组织和其他组织的支持下，居民与不同领域的专家建立了富有创造性的合作参与关系。社区建设是一种新的生活方式，它关注的是人们如何更好地生存。1973年，冯·舒马赫主张在城市发展过程中采用以人为中心的生产方式和适用的技术[3]，将人类的需求置于首位，以推动城市的可持续发展。与此同时，政府逐渐认识到城市贫困和弱势群体等社会问题无法单纯依靠物质环境的更新来解决，需要发动社会公众一起来参与应对。新工党上台后，将“社区发展”置于其政策的中心，“社区建设”得到了相当大的发展。为了促进该区域的经济复兴及扩大共同体凝聚力，需要加大力度推进城市更新计划，包括优化城镇空间结构、改善老旧社区的环境条件、再生恢复旧工业城镇和提高社会服务水平等。

2. 英国硬币街社区实践案例研究

（1）硬币街社区背景

位于伦敦泰晤士河南岸的滑铁卢桥和黑衣修士桥之间的硬币街社区，跨越了Southwark和Lambeth市镇之间的边界，曾经是一个工业社区，主要产业为造船业和运输业，周围工厂的工人聚集在这里生活，并建立了牢固稳定的社区关系网络。在第二次世界大战期间，战争严重破坏了大量的建筑，之后泰晤士河南岸进入了战后的衰退时期，居住人口急剧减少，无法提供更多的就业机会，关闭了大部分的公共设施。

（2）具体措施

① 重新开发泰晤士河南岸

英国议会计划重新开发泰晤士河南岸，主要通过老城区的更新改造，建立艺术文化中心、贸易金融中心等具有综合服务功能的建筑。于是，大型文化和娱乐设施建成并开放，如皇家剧院、博览馆、泰特现代美术馆和伦敦眼等；重视对当地的地铁线路和其他各类景观游步道的规划及建设，提升了公共交通的便利性，逐步将该地区规划转型为城市的文化和商业中心。

② 成立硬币街头行动小组（CSAG）

1977 年，硬币街开始了社区更新计划。硬币街一共有 5.5 公顷的社区地块，其中土地的使用权由大伦敦议会（Greater London Council）和开发商维斯蒂公司（Vestey Company）各持一半。开发商最初申请在该地建造一座欧洲最高的商务酒店，并配套设计超大型办公空间。但硬币街的原住民意识到，一旦这个项目建成[9]，高定位的建筑属性将会导致周围的土地价格飙升，他们也将面临被迫迁移到城市郊区生活的结果。因此，原住民自发成立了“硬币街头行动小组”，并以自己的社区更新方案来对抗开发商的方案。

③ 成立社会企业硬币街社区建设者（CSCB）

“硬币街头行动小组”逐渐转变为社会企业“硬币街社区建设者”，为社区和社会提供融资，合法拥有土地权利，并实施社区特定的改造项目。这标志着以原住民为主的自主社区更新正式开始，在硬币街社区内建立了和谐包容的多方关系。此后，“硬币街社区建设者”在社区管理方面主要负责产业发展、社区安全、组织社区活动和节日活动以及改善公共空间和邻里交往设施等。建设完成后，该组织从可达性、综合性（人口、民族、混合居住等）、归属感、空间满意度等方面评估计划实施的满意度，并论证了项目的可行性。

3. 借鉴启示

英国的城市更新，有较为关键的两点值得我们借鉴。

其一，用相对完整的法律法规体系来支持城市更新，提高法律和监管的确定性是英国城市更新最重要的措施。如 1974 年的《住宅法》引入了“住房行动区”概念，采取“逐步更新”政策，在有特定住房压力的地区重点实施；1978 年，中央政府颁布了《内城区法》，将七个衰落的城市社区纳入“内城伙伴关系计划”，并组织了城市更新的实施；1989 年《地方政府和住宅法》规定在衰落的市中心地区建立“住宅更新区”，对典型的旧住宅区进行修复和选择性开发；2000 年英国发布了《我们的城镇：迈向未来城市复兴》的城市白皮书，提出处理城市生活、经济、社会、环境等方面问题的政策措施，包括促进循环利用城市土地、运用税收和财政政策来鼓励闲置土地的开发等。

其二，通过“社区建筑”复兴旧城的综合优势以及在居民参与方面的大量探索非常值得我们参考。“社区建筑”一词指的是二战后出现在西方国家，尤其是英国的一种自下而上的住房建设运动。他们强调同时利用专业建筑师、规划师和居民的技术知识共同建造住房。通过城市更新，英国改变了城市街区原有的陈旧形象，并改善了原有建筑物的功能，从而提升了城市环境和旧建筑物风貌，使公民生活更加便捷舒适。

（二）美国城市更新规划研究

1. 美国城市更新历程研究

美国的城市更新过程具有阶段性和多样性的特点，关于其城市更新过程的开始日期有很多争论，无论是20世纪初的纽约贫民窟清理计划，还是1949年颁布的《国家住房法案》，总的来说，城市更新过程的演变可以分为三个阶段。

（1）清理贫民窟阶段

美国于1895年提出了纽约贫民窟的清理计划，之后在1937年颁布了一系列新政策，修订了《住宅法案》，旨在优化城区环境，改善住房以及基础设施，振兴城市社会经济，减少因拆除和重建导致的种族隔离。但由于实施时经济利益占据主导地位，贫民窟清理计划更注重物质改造，不利于城市更新的社会文化因素发展，所以这一阶段的改造进程较慢，不能带动大规模的城市改造。

（2）住房与社区经济开发阶段

1949年颁布的《国家住房法案》通过鼓励更多的私人资本参与，加速了城市更新的进程。1950—1970年，城市更新计划加强城市中心地区的土地利用，以大规模的拆除和建设为主，加快清理贫民窟，建造利润和税收都相对较高的金融业和大型商业设施，以及解决高速路的交通问题，这些措施相对忽视了城市居民的生活需求，产生了一定的社会冲突。

（3）面向可持续的多目标城市更新阶段

在可持续发展理念的影响下，城市更新综合了对社会、经济、环境和文化等因素的考虑，相关学者对前两个阶段城市更新产生的问题进行了较为认真、客观、严肃的批评。1974年，美国通过了《住房和社区开发法》，标志着从最初的大规模改造转变为以社区更新为重点的小规模改造方法[10]，该法案致力于保护历史和文化，强调公众参与和社区融合。20世纪90年代以后，政府、私营企业和社会三方面加强合作，硅谷、波士顿、纽约和其他城市开始重视城市品质，以此提高城市竞争力，但是由于巨大的金融投资导致土地价格飙升，所在城市空间受到资本的侵蚀[11]，加剧了不同社会群体之间的矛盾与冲突。

2. 实践案例研究

（1）美国的华盛顿沃顿七区

1970年之后，华盛顿市中心和沃顿七区等地都逐渐开始出现空心化现象。

1979年，针对城市功能衰退的问题，美国的华盛顿沃顿七区提出了创建“马歇尔高地社区发展公司”的计划，希望通过创造一个充满活力的宜居社区，让居民能够参与丰富的社会活动和拥有精神家园。

马歇尔高地社区发展公司经过持续20多年的努力，在致力于推动社区发展和建设、鼓励居民以各种形式参与社区更新方面有了较为显著的成效，例如为社区中低收入群体和弱势群体建造更为经济适用的住房；改善公共空间和社区交往空间，在社区内建设以及完善各类基础教育设施；为当地居民提供培训、教育和就业机会等。上述多种形式，吸引了大量的社会投资来建设社区公园、社区商业，发展相关产业以及复兴社区经济产业。

通过对社区产业发展能力以及社区自身潜力的挖掘，可以有效提升社区内民众的话语权。如在华盛顿沃顿七区的社区更新项目中，规划师担任了组织、协调、咨询以及推进者的多重角色。各种社区行动、社会活动使社区内的居住者[10]，特别是老年人、儿童和低收入阶层得到帮助和支持，推进弱势群体友好共存的计划也让更多的民众积极参与到改善社区环境的工作中。

（2）美国SOHO

SOHO位于美国纽约曼哈顿岛，面积相对较小，人口少，在20世纪60年代之前是一个古老的工业区，但在老城区更新后，SOHO已成为世界闻名的文化创意区。第二次世界大战后，世界工业格局发生了变化，特别是在世界经济和政治中心的美国纽约，制造业不再是经济的主角，越来越多的艺术家聚集在这里创作，艺术文化氛围逐渐浓厚。之后政府制定了相关的法律法规及政策，在此基础上重新规划更新改造了SOHO，主要专注于艺术方面的运营，再加上旅游、餐饮和时尚等商业经营，吸引了许多著名时尚品牌入驻。

3. 借鉴启示

（1）政府资助城市更新发展

政府以不同的方式资助城市的更新发展，例如在新城镇内部更新计划中，联邦政府采用社区街道发展基金来资助城市更新，并希望为相关的私人投资提供资金；1977年政府出台了《住房和社区开发法》，通过发放城市开发活动津贴来资助公私合营计划和私人发展项目，这使得开发商或私人投资者都能获得与别处相同的投资回报率。

（2）城市文化保护措施

美国政府在大多数情况下并不直接指导和干预相关机构以及文化组织，但城市管理中还有相关的管理机构来引导城市文化建设，一般是博物馆等公共文化机构以及其他与当地重要文化遗产、文化传统联系较为紧密的机构及场所。例如，底特律市的底特律美术馆2003年曾被评为美国第二大市政博物馆，因为它见证了底特律汽车工业发展的历史性变化。从专业性和权威性的角度来看，博物馆在城市更新中的城市文化保护方面有举足轻重的作用。

（3）城市公共艺术措施

就城市公共文化活动而言，文化节早已成为美国各个州、市的重点关注对象。美国各大城市夏季均要举办文化节，一般在园区室外举行。在全国各地流行着几百个节日，其中包括电影节、布鲁斯音乐节、古典音乐节、莎士比亚戏剧节和歌剧节等。这些文化节通常是免费的，由市或州资助。通过文化节这类城市公共文化活动举办，确保了城市公园的来访游客量，也能让更多的人接触文化，构建城市共同体。

（三）日本“造街活动”旧城社区更新规划研究

不同于美英自上而下的城市“翻新”，日本的旧城更新被称为“造街活动”。广义的“造街活动”可以理解为通过软件方面和硬件方面进行的一个街道或者地区的更新活动。

1. 日本城市更新历程研究

自20世纪50年代后期以来，为了迅速满足战后住宅重建的需求，日本开始采用模式化的复制建设方式。在法律法规、相关制度和政策的支持下，大规模的城市更新行动有效提升了城市环境品质，提高了居民居住质量，缓解了社会矛盾。然而，全盘推倒重建的开发方式缺乏长远考虑，未能妥善解决城市用地扩张所带来的如政府财政赤字、社会空间分异加重、土地资源浪费等相关问题。

日本政府为了修复战争对各大城市所造成的毁灭性侵蚀及城区破坏，由政府主导对102座城市进行了土地划分和整理等综合性整治工作。随着科技水平的不断提高和新兴产业的蓬勃发展，大量农村人口涌入大都市，原有城市的工业厂房以及商业用地均无法满足经济高速发展的转变及需求。自20世纪60年代以来，日本开始主张新建城市，并在东京湾区新建了临海新城，形成了一个人口高达3000万的庞大都市生活圈。在推进现代化城市建设的同时，开展造町运动，制定旧城社区更新规划，颁布《住宅地区改良法》，将社区的相关规划纳入决策体系之中，对老旧社区进行稳步拆除和重建，以逐步提高居民的居住品质和住区环境质量。日本将“造街活动”分为历史造街、艺术造街、景观造街、中心市街激活造街等多种不同的类型；非常重视非营利组织的参与，通常由社区居民自发组织改造（参与者基本上是当地的居民），或者采取政府和居民合作的方法来进行改造。为了限制东京的无序扩张，1977年，日本政府启动了城市绿带计划，并于20世纪80年代开始着手对城市地下深层空间设施进行开发、利用和更新。

2. 城市更新重要举措

（1）建立城市更新体系

日本的《建筑基准法》和《城市规划法》规定，对提供公共空间等改善城市公共环境的建设项目给予容积率奖励。这对激励私人资本积极有效参与到未来的城市建设中以及大幅度减少对城市总体环境的公共建设和投资起到了非常重要的作用。[12]

（2）多方利益的平衡

在日本城市的开发和演变过程中，土地私有制扮演着至关重要的角色。随着社会经济发展以及城市化进程的加快，许多国家希望通过城市更新的各项举措实现城市可持续发展的目标。日本的城市更新所牵涉的主要利益相关方包括土地所有人、政府机构以及项目实施主体，三者之间存在着复杂关系。项目实施主体大致可分为以下两种类型，分别是以政府为背景的开发机构以及以民营资本为主导的开发商，而土地权利人则包括土地所有人以及与租地或租房相关的其他权利人。三者通过不同方式参与到城市更新中，并形成了各自独特的利益格局，确立日本城市更新项目不可或缺的前提条件在于上述三方达成共识。

（3）合理利用民间资本

为了解决城市更新所需要的高昂经费，日本政府充分挖掘社会自身的管理职能，并在此基础上制定相应的激励政策，对城市更新的相关项目提供一定的公共补助金并结合提高税收优惠等措施，特别是容积率奖励政策，以激发民间资本大规模入驻开发城市。[13]由此可见，较为复杂的城市更新大型项目会面临多样化的利益方以及复杂的权利关系博弈，因此也离不开政府和民营资本之间的合作机制。这一点在不同国家的城市更新中都有所体现。

（4）保护历史建筑

日本城市在历史建筑与新建筑保护与利用方面有特别的处理方式，在对待日本传统建筑方面，意在注重保护日本文化的独特性；在近代建筑保护中，则遵循再利用的原则，让近代建筑获得新生，并在城市景观与功能上发挥作用，带动周边新的环境、经济、文化等方面的发展。

（四）新加坡城市更新实践研究

1. 新加坡城市更新历程

新加坡在1959年成立自治邦后，由20世纪60年代的“贫民窟”环境，发展成为世界上住房问题解决得最好的国家之一，这个巨大的转变，得益于城市更新中的空间与功能载体有效支撑，使得城市得以顺利改造。[14]新加坡公共住房的开发从20世纪70年代开始与更为广泛的国家土地利用战略相结合，它所提供的普适性公共住房实践已经大大改变了国内的地貌，并展示出现代化的色彩。新加坡政府组屋（公共住宅）所关心的不只是房子本身，更重要的是要兼顾居民对理想生活环境所提出的相关要求。作为能够对标参考的区域，新加坡的城市更新及社区规划体系值得我国参考和借鉴。

（1）早期城市更新阶段（1960—1969年）

20世纪60年代，新加坡的居住环境非常局促，能供给民众居住的房屋很少，面对此局面，政府于1960年成立了建屋发展局，并开始执行“居者有其屋”政策。在此计划中，政府成为公共住房的主要推动者，采取的主要措施有清理贫民窟、开展组屋计划、为民众建造大量的公共设施齐备的公寓、升级中心区的产业、中心分散等策略。

（2）规划概念指导阶段（1970—1990年）

1971年新版规划提出，新加坡政府以中央集水区为核心，周边以环形结构布置卫星新镇，东西走廊连接岛南部海岸沿线的主要就业中心，例如中央商务区、裕廊工业区和樟宜机场。由于大规模的拆除重建导致了新加坡的殖民文化消失以及移民文化特征的没落，政府自1972年起，对具有遗产价值的建筑物进行评估；随后，根据人口、经济和社会因素对规划概念进行了调整，加入了环境保护、城市保护和可持续经济发展的理念，旨在打造集商业、娱乐、文化为一体的居住环境，同时通过一系列措施提升海滨区和文化区空间。1980年开始，对组屋进行不间断的维护，如五年修补外立面等室外环境、十年考虑增加新功能空间等。

（3）国际金融中心区发展阶段（1990年至今）

自1990年以来，新加坡已成为主要的国际金融中心之一，具有全球性特点，中心区代表了其全球形象，侧重于提供高品质的居住环境。2004年，新加坡政府为刺激公共资本和私人投资的入驻，宣布投资30亿新加坡元用于建设城市中的关键基础设施。[14]2007年，新加坡启动了邻里重建方案。为满足民众的需求，政府成立了一个多层级的社区规划师团队，成员包括社区管理机构、地方基层组织、政府公共机构和其他组织等各个层面。2017 年，新加坡开始实施“未来城市计划”，目标是促进环境宜居、可持续发展和有弹性的城市建设。

2. 城市更新举措

（1）设立专门的城市更新部门

新加坡政府设置了专门的建屋管理局（HDB），形成统一管理、规划、建造和分配的运作机制，致力于为新加坡国民提供质优价廉的住房和宜居的生活环境。[15]在行政体系管理方面，建屋管理局隶属国家发展部，包括建筑研究协会、建筑集团、房地产部门和组织小组，各个部门之间有明确的分工，每个部门承担各种类型的建筑和保障性住房的相关管理职能。

（2）重视概念规划的引导作用

新加坡根据各个时期不同的经济、社会、文化等因素对规划概念进行调整，在宏观上很好地把控了城市更新的发展趋势。例如 20 世纪 60 年代，新加坡采取“环形城市”“新镇”和“花园城市”发展概念，围绕中央水源保护区建成环形发展带，有效缓解了城市中心交通拥堵、污染、噪声等问题；20 世纪 90 年代，针对每一块土地进行更详尽的规划，新加坡的愿景已从满足基本需求演变为创建一个兼顾工作与娱乐、文化与商业、城市与自然完美融合的岛屿城市。

（3）注重引入私人资金

20 世纪 70 年代，新加坡开始吸纳私人投资参与老城区的修缮工作。在新的规划措施实施过程中，政府通过提供配套基础设施以及集中整合土地等手段，获得土地开发收益。1996 年，新加坡政府改变了保护政策，通过鼓励创造性地修复，使保护区更具地域特色，让业主在分配旧建筑的新用途方面有更大的灵活性，此举也吸引了部分私人资金的投入。

（4）组屋维护及翻新计划

如表 1-1 所示，组屋的日常维护包括两个方面：一方面是包括屋顶、走廊、楼梯、建筑物外立面等公共区域；另一方面是包括墙壁、地板、空调、天花板、水管、门、电气配件等内部区域。新加坡政府于 1990 年开始针对全国 130 个老旧组屋进行翻新计划，在改善居民居住环境的同时提高组屋的社会经济价值，此后又陆续开启了中期翻新计划、电梯翻新计划、优选整体重建计划等；2007 年推出邻里更新计划、家居改善计划和“再创我们的家园”计划。

表 1–1　新加坡组屋维护与翻新方式

维护翻新方式		翻新内容
空间 / 设施提升	邻里空间	增设上下车的门廊、有顶连廊、邻里休憩亭/避雨棚，升级游戏场，新建健身角、街头篮球场/足球场，重建人行道，优化绿化等
	楼栋空间	重新粉刷外立面、组屋底层/走廊，升级电梯间，新设信箱，更换楼栋号码牌，翻新居民角等
	组屋单元空间	升级浴室/厕所、供电设施，增加扶手杆，更换PVC折叠门、窗户、格栅、垃圾倾倒斗、污水管，维修剥落墙体等
空间新增		新增杂物间，扩展厨房、厕所
整体重建		旧址重建

表格来源：黄经南，杨石琳，周亚伦.新加坡组屋定期维修翻新机制对我国老旧社区改造的启示[J]. 上海城市规划，2021（6）：120–125.

3. 新加坡榜鹅实践案例研究

（1）背景区位

榜鹅（Punggol）位于新加坡东北部，最初是一个偏远的渔村，主要发展农业和家禽养殖。1996 年，根据城市规划发展布局，新加坡提出将榜鹅建设为“21 世纪海滨小镇”的愿景；2010 年，榜鹅被选为新加坡第一个生态镇，成为一个“可持续的热带海滨城镇”；2007 年，榜鹅被选为“再创我们的家园”试点城镇，其中一个关键计划是引入一条 4.2 公里长的人工水道；2012 年，该镇建立了标志性滨水住宅区，并扩建了镇中心，打造了一个新的榜鹅市区；如今在“榜鹅 21+”开发计划的支持下，以“水”与“绿”为主题，打造滨水生态智慧的居住环境，配套住房、社会、商业、娱乐休闲等设施。

（2）榜鹅水道与榜鹅水滨台组屋

榜鹅作为滨水市镇，2011 年建成的 4.2 公里的榜鹅水道至关重要，串联起小镇东西两个水库。设计师将住宅的花园露台与河流连接起来，使河流景观深入社区，人们可以在街区、购物中心等公共设施附近体验自然。组屋的建筑形态来源于亚洲传统的水稻梯田，其流畅的形态设计和错落的屋顶，创造了一个浑然天成的梯田形态，居民就像生活在梯田中。超过 1800 间住房密集而有序地分布在这些重叠的“梯田”上，住宅区域的造型和方向巧妙地利用了自然气流和太阳照射路径，优化了自然通风，减少了热吸收。

（3）打造榜鹅数字智慧园区

智慧榜鹅采用数字化运营、高效出行模式和使用绿色洁净能源等方式来提升居民的生活便捷度。

①数字化运营方面，智慧榜鹅为市民提供智能便利设施，如建立数字商业平台、提供虚拟体育训练、在线订购服务、厨房智慧管理等。

②高效出行方式主要是为居民提供多种交通选择，如自行车、滑板车、脚踏滑板车、无人驾驶汽车等，在园区内通行实现“弱汽车化”，减少了交通拥堵，也使出行更加环保绿色。

③绿色洁净能源方面，主要体现在家庭的智能应用，如智能插座和智能配电板，可以更好地监测家庭能耗；智能能源电网对总体电力消耗进行实时管理，进一步保障节能效果；气动垃圾收集系统采用真空管网，将多栋大楼的垃圾“吸”到中央垃圾槽处理，最大程度地减少了与传统垃圾收集相关的交通、噪声、害虫和气味滋扰。

（4）生态组屋绿馨苑

生态组屋绿馨苑重视区域层面的总体规划布局和各部门利益协调，通过建立完善的公共交通、生活服务、绿化游憩等综合系统，确定合理的服务半径，为单个住区开发奠定基础；以合理的成本、可持续的绿色住区为目标，在环境营造上重视生活功能、气候改善和景观美化相结合；建筑注重生态技术的集成应用，提高能源综合效率。

（五）各国城市更新对我国旧城社区更新规划转型的启示

20 世纪 70 年代以后，西方国家开始关注旧城更新规划及更深层次的机制问题，并通过引入多学科的知识进行相关实践项目的理论指导和设计探索。国外学者如乔纳森·巴奈特（Jonathan Barnett）、赫尔塞廷（Heseltine，1983）、西奥多·吉尔曼（Theodore Gilman，2001）、萨加林（Sagalyn，2007）等采用各自的方式，总结旧城更新中的成功案例，较为提倡公私合作的旧城更新规划政策。另一些学者如卡利（Carley，2000）、J.普雷斯科特（Jolra Prescott，2000）、威尔森（Wilson，2007）等，呼吁重视社区参与的旧城更新规划，其中卡利、J.普雷斯科特等专家学者鼓励社区更新结合城区发展、地方文脉、邻里关系以及国家各层面的工作来共同探索社区更新、改造及未来可持续发展路径。威尔森则指出，公众参与并不是简单地通过“公众参与规划”以实现社会民主，而应明确不同的社会阶层在参与规划决策时所具的能力，并将这种不同的参与方式贯彻到后续实施工作中。基于理论及案例分析，可见政府在主导城市更新的进程中发挥着不可替代的宏观调控作用，公私资本参与保障更新过程中的资金需求，而公众的广泛参与则是更新工作中至关重要的一个环节。

1. 城市更新应与城市长远发展规划相结合

随着城市化进程的加快，城市更新不仅成为一种必然现象，也成为一个世界性的问题。从最初的拆除、推倒、重建到当下的有机更新，城市更新工作一直是一个不断演变的过程，其核心在于城市更新的内涵和理念的转变。城市更新是一项具有时限性和阶段性的任务，必须根据特定时间段城市居民的需求和社会发展趋势进行相应的调整和转变。目前我国正处在城市化快速推进时期，在这个过程中不可避免地产生了大量问题。因此，我国的城市更新工作不应仅仅着眼于眼前的短期效应，而应将其与社会发展的长效机制相结合，将其纳入城市发展的长远规划之中，以确保城市的可持续韧性发展。在当前社会背景下，城市更新需要兼顾城市居民日益增长的物质文化需要和城市未来可持续发展的需要，建筑设计与规划应与周边环境乃至整个城市的发展紧密联系，同时强调长远的城市更新规划理念，以促进城市发展脉络的延续和资源的合理高效利用。

2. 建立“政府主导，非政府机构实施，居民监督”的运营维护机制

以往，我国的老旧社区改造工作通常采用传统式的自上而下的更新模式，由行政力量为主导，居民及市场的自主参与、调整力量相对缺乏。由于旧改过程中各方存在复杂的利益关系及影响因素，政府可以作为利益协调人，通过协调不同社会层面的相关利益，从而实现多方共赢的目标；同时，在更新过程中引入市场机制，鼓励多元投资主体参与到城市更新中来，市场参与者通过竞争参与到更新事业中，提供更多的方案、资金等资源。

在居民权益的保障方面，需要建立起完善的社区治理机制，使社区成为城市公共生活的共同体。作为社区的参与者、使用者，居民应当享有自主选择是否进行社区更新的权利，并在多方探讨下，结合社会发展和自身利益，自主、有序地选择更新方案和工作方法，最终提出合理的改造诉求。居民应对更新后的居住环境做出评价，以确定其满意度。此外，居民也应监督企业在改造和后续维护的过程中是否遵守承诺完成定期维护。因此，老旧社区的维护和翻新需要政府的积极反馈、社区的维护以及居民自下而上共同监督管理。

3. 成立全面负责社区改造和后续维护的专业部门

城市更新涉及的参与主体较多，利益关系复杂，协调难度大，内容较为繁杂。可考虑成立全面负责社区改造和后续维护的专业部门，如新加坡组屋的建设和维护是由专业部门HDB负责统筹管理，各责任部门以制定一系列的维护管理制度为基础，有组织、有计划地保障组屋持续更新工作。借鉴新加坡城市更新的成功经验，我国可以考虑联合道路、环卫、电力等相关部门，由城乡规划及相关主管部门主导，共同组建一个专门的、类似HDB的城市更新及老旧社区改造管理机构，在提高工作效率的同时实现多部门联动和协作，并作为统筹部门全面协调管理老旧社区的更新改造以及后续的维护工作。在具体工作中，可以根据实际需求确定项目实施内容，并从资金筹措、规划设计到后期维护全过程开展全面管理工作。对于不同规模、品质和建设年代的老旧小区，可以提供相关的技术指导并制定规范标准，以进一步规范老旧社区的更新和改造流程。

4. 以人为本，提升人居环境和公众参与度

国外城市更新的重要经验是注重公众参与，城市更新建设是一个综合的社会项目，以城市居民为主体，居民的需要决定市区建设的方向。政府在作出城市更新规划决定前，必须坚持以人为本的原则，更多地征求公众意见。规划设计必须注重住房及其周边的景观环境，创造宜人舒适的空间，提高房屋建筑品质，真正站在居住者的角度考虑问题。例如改造老城区的公共空间，交通道路方面需要加强保护步行街道、提高道路可达性以及改善无障碍环境等；对于公共空间缺乏问题，有必要提升城市公共交往活动空间的品质，并依据老城区的整体风貌增设开放式的公共设施及休息娱乐空间。

三 中国住区更新研究进展

（一）中国住区更新历程回顾

随着城市更新、存量空间思想的不断发展，城市老旧社区的更新设计得到越来越多的重视。近年来，有关部门探讨了不同路径下的社区更新改造实践，这众生云集的景象与国家日益重视民生民情密切相关。[11]在社区治理方面，我国从2000年开始主要针对前一阶段以房地产开发带动旧城更新所产生的社会问题和矛盾进行反思，包括历史风貌被破坏、社会差距加大、规划控制指标常被突破等现象进行了一些相应的政策调整和机制创新。但是，此阶段的旧城更新出现了面对政府主导与市场主导模式的选择徘徊不定的情况。根据2010年出台的《全国主体功能区规划》、2013年发布的《中共中央关于全面深化改革若干重大问题的决定》等各项政策及相关规划指导文件，2014年3月我国颁布了《国家新型城镇化规划（2014—2020年）》，并将城市创新和社会治理放在非常重要的地位。在国家新型城镇化规划的大背景下，城市更新的规划方式逐渐从宏观视角，以乡县、街区等为基本规划单元的增量规划，转变为基于社区等更小空间范围的存量规划；在此背景下，城市更新和旧城更新之间出现了一定程度上的重叠或交叉现象。随着规划与研究视角的演变，城市的发展模式正在从“增量扩张”向更高级别的“存量治理”方向转变[11]，微观层面的改造也逐渐被纳入更新范围。从2016年中央出台的《中共中央、国务院关于进一步加强城市规划建设管理工作的若干意见》中提出的推广“街区制”，提倡营造和谐的开放街区。到2017年住房城乡建设部正式发布《关于加强生态修复城市修补工作的指导意见》，到党的十八大以来确立以人为核心的新型城镇化道路，提出了“以人为本、四化同步、优化布局、生态文明、文化传承”的中国特色新型城镇化道路，都在深入强调城市更新应涉及“填补基础设施欠账、增加公共空间、改善出行条件、改造老旧小区、保护历史文化、塑造城市时代风貌”等关键任务。

根据时代发展及文献研究，中国的住区更新可大致分为计划经济体制中为生产型城市服务的住区更新阶段，改革开放初期向生产领域转变的住区更新阶段，市场建构时期资本价值导向的住区更新阶段，以及效率与公平的新均衡价值转向的住区更新阶段等四个阶段。具体发展情况如下。

1. 计划经济体制中为生产型城市服务的住区更新（1949—1978年）

新中国成立之初，我国城市建设发展的总方针政策是“围绕工业化有重点地建设城市”，并开始推行住房分配的“国家福利制”，全国城镇地区90%以上的住房建设、运营和维护成本几乎全部由国家和各单位自主承担，这种一刀切的措施导致国家和各单位要承担过重的压力，因此，一旦遇到要压缩投资成本的状况，住宅投资的规模势必同步受到较强程度的影响。改革开放初期，为了解决国家统一建设住房、保障能力不足的问题，国家逐渐允许城镇居民自建住房，还鼓励公私合营或民建公助，住房政策逐渐由“国家福利制”向“单位福利制”转变，居住区的建设、运营、分配逐渐形成了以单位为主体的管理机制[14]；而当时一定程度上的居住空间分异则是由于单位地位与经济效益的差异形成的。生产型城市将生产者与生产空间通过单位捆绑在一起。在这一阶段，住宅被当作“消费品”进行建设，仅仅是保证居民最基本的生存空间，至此，全国城市人均居住面积从新中国成立初期的4.5平方米下降到1978年的3.9平方米。在此时代背景下的城市住区更新仅针对面积巨大的棚户和危房，大部分危旧房都是以个人为主的小面积拆改，政府采取政策补助办法来动员房主自我修房，对住房“重新建、轻维修”；而新建的住房以“简易楼”和抢建的“工人新村”为主，这种简易楼设定使用年限只有20年，这样的短期应急的建设方式反而给后来旧城区的更新造成了巨大的压力和障碍。

2. 改革开放初期向生产领域转变的住区更新（1978—1998 年）

改革开放以后，我国经济建设全面飞速发展，住房建设亦不例外，但福利分房制度造成的住房供给不能满足老百姓需求的矛盾十分突出[13]，这一时期住区空间商品化的萌芽产生了。改革开放之初，虽然国家鼓励私人建房，但是由于私人资本积累较少，更多是以公共资本为主导。而依靠国家投资，存在资金匮乏、改造速度相对缓慢、标准较低的问题。市中心地段往往人口密集、建筑密度高，旧城更新的高成本使城市建设主要以外围扩展方式的新地建设为主。旧城区改建主要集中在危房区、棚户区和环境污染严重、市政公用设施落后、交通拥挤堵塞等区域。城市住区更新被真正纳入城市建设规划当中，旧城改造在一些住房市场化的试验地区也逐步向私人资本开放。

3. 市场建构时期资本价值导向的住区更新（1998—2010 年）

亚洲金融危机爆发，使我国经济受到国内有效需求不足、工业产能相对过剩以及大规模工人下岗等问题的严重影响和干扰。[8]当时房地产业飞速发展，被公认为是国民经济新的增长点，并在此基础上推动了住房分配的货币化改革。为了刺激经济、扩大内需，国家积蓄要尽快从住房分配的“集体消费”中退出。自此，住房被国家从集中化和垄断化的体制中释放出来，从过去的由“国家和单位所有”逐步转变为个人所有。可以说这一阶段的住房投资带动了GDP的增长，住房价格也不断上涨。市场经济的建立，使大量的工业剩余资本投向了回报率更高的城市建设领域，如高速公路、铁路、住房、大型商业广场等。中国的住区更新运动在住房商品化建立之后愈演愈烈。工人新村越来越破败，城中村环境恶化；住房建设初期的“见缝插针”导致的老城区功能衰败和用地混杂，住区更新的结果不再仅仅是对住宅功能和空间的改造，往往在利用资本进行房地产经营时，与城市消费、产业甚至居住体验等紧密联系在一起。原有的单位性质不同所映射在城市空间上的工业生产关系，逐渐演变成了以资本价值不同产生的人群在住区、消费等经济关系上的空间分异。这种住区空间分化的过程是以资本占有量为基础的社会阶层的分化。

4. 效率与公平的新均衡价值转向阶段（2010 年至今）

从 2010 年至今，我国实施的全面住房制度改革使各大城市建立了市场化商品房与保障性住房的双重体系，逐步实现了住房商品化及货币化。国家的住房保障制度日益完善。然而，在此过程中，住房市场失灵，经济适用住房占全部商品住房建设的比例也在每况愈下，直至 2010 年，全国“十二五”规划建设明确要求各省市签署保障房建设责任书，通过责任书明确责任条款，用以保障建设实施，逐步弥补了市场化发展的欠账，使得保障性住房进入稳步发展建设阶段。

（二）中国旧城更新研究进展

存量时代，城市更新面对的问题将会更加复杂多样，包括迭代升级城市的物质空间、复兴与活化社会人文环境、改造提升基础设施服务能力和公共服务水平、优化调整产业结构与功能及城市治理体系的建构等。1989年《中国城市规划法》颁布，“旧区改建”一词才以正式术语出现。1996年，中国城市规划学会成立了“旧城更新专业学术委员会”，正式确立了“旧城更新”这一专业术语。1998年颁布的《城市规划基本术语标准》将“旧城改建”定义为“对城市旧区进行的调整城市结构、优化城市用地布局、改善和更新基础设施、保护城市历史风貌等的建设活动”。邹德慈院士在2010年中国城市规划年会上提到“旧城更新是城市发展的客观规律”。2015年住房城乡建设部将三亚列为城市双修的首个试点城市进行相关项目实践。2017年3月，住房城乡建设部印发《关于加强生态修复城市修补工作的指导意见》，指出城市双修是治理城市病、改善人居环境的重要行动，需进一步推动城市的转型发展。2020年，城市双修工作将在全国全面铺开。作为城市双修工作的环节之一，城市修补致力于解决老城区环境品质下降、空间秩序混乱、历史文化损失等问题，其主要任务包括填补基础设施欠账、增加公共空间、改善出行交通、改造老旧小区、保护历史文化及塑造城市风貌六个方面。21世纪以来，西方的城市更新开始逐步向更为注重社会公平及空间正义等具有人性化、人文关怀的方向转变。随伴着国外城市规划理论的引入及对我国自身探索实践的经验总结，我国的城市更新也逐渐向空间重构、多方参与、文脉传承、功能复合等多个方向综合探索。不同于以往的大规模增量建设，目前我国城市发展已经逐步进入存量提质改造结合增量结构并重转型阶段。笔者以前沿的理论和社会科学的视角对国内现有旧城更新规划的制度建设进行研究、分析及探讨，根据不同学科、各领域学者的研究方向，将现有的城市更新规划理论研究相关成果划分为以下三种基本类型。

1. 基础理论研究与社会治理措施

城市更新发展至今，我国学者对旧城更新规划方法、策略、实践等展开研究，梳理总结对后续工作有重大指导意义的理论。20世纪80年代初期，学者陈占祥将旧城更新解释为城市“新陈代谢”的过程，并指出旧城更新方式应当既有推倒重建，也有涵盖保护历史街区以及修复旧建筑的范畴。吴良镛院士

（1988）从城市的保护与发展角度提出有机更新理论，核心观点为渐进式规划与小规模改造并重。[16]学者吴明伟、阳建强（1999）在《现代城市更新》中总结了改革开放以来我国城市更新相关的一系列实践成果，并提出“城市更新方式应由目前积聚的突发式转向更为稳妥和谨慎的渐进式”等有效建议。[17]学者方可（2000）在《当代北京旧城更新》中提出利用人居环境的方法探讨北京旧城更新，总结得出“社区合作更新”的有效新机制。[18]学者陈眉舞（2002）分析了当前城市居住区更新存在房地产开发失衡、居住社区解体、历史传统街区遭到破坏等问题，由此展开进一步思考，提出了渐进式小规模更新方式、灵活运用多种更新模式、提高规划水平、保护历史传统街区、加强政府干预和公众参与等策略。[19]学者郭湘闽（2006）利用多学科的理论观点探讨了土地再开发机制变革的必要性，认为旧城土地开发需要考虑社区居民的参与性，建立城市规划与土地管理部门的联合干预机制与社区自主的多元平衡规划机制，在一定程度上能够平衡地方政府、市场经营与社区居民之间的关系格局。[20]学者张杰、庞骏（2009）在《旧城更新模式的博弈与创新——兼论大规模激进与小规模渐进更新模式》中分析，在旧城更新过程中，采用不同的更新模式，将影响城市的社会、经济、文化的发展，同时，基于不同模式的分析比较指出任何强调单一的更新模式都有悖于旧城发展的现实需求，任何城市的更新都不可能仅采取一种策略就可满足所有的需要。因此，应该基于现实快速城市化的事实，根据不同地块的具体条件采取不同而互补的集合策略，才有可能综合解决复杂的旧城问题。[21]学者张晓（2013）针对城市更新中的社会可持续性，提出了社会公平、社会资本及基本需求的满足三个维度，结合评价内容和利益相关群体确定更新评价的指标，构建多维度的城市更新项目社会可持续性评价体系。[22]学者丁魁礼、吴晓燕（2021）在《城市更新的政策宣传方式及其功能研究——以深圳、上海、广州和佛山四市为例》一文中提出，随着城市更新的复杂性与日俱增，土地用途的再配置规则受复杂多元且相互联系的制度，如土地公有制、分税制、土地用途管制等制度的共同影响。建议未来土地用途的配置结合《民法典》等法律保障，进行更加以人为本的制度建设。[23]从上述的分析可见，学者们从城市更新的主要矛盾、基本特征和发展趋势等方面进行探讨，提出有效的城市更新政策，指出旧城更新规划需要从单一的规划形式走向更为综合的系统规划，工作程序和方式也应由封闭式、突发式向开放式、稳妥谨慎的渐进式转变，工作策略逐步由零星走向整体。

2. 空间设计方法与技术应用研究

从增量时代到存量时代，旧城更新应该更具针对性和灵活性。各行各业专家学者结合人居环境设计的规划实践研究，结合管理学、统计学、经济学、GIS技术等对旧城更新进行深入研究。该方向集中了大量研究成果，在此仅举例介绍部分具有代表性的成果。学者王英（1998）通过比较分析北京丰盛街坊的三个更新规划方案，得出“小规模渐进式”方式在促进经济和城市发展方面都是最为可行的方式。[24]学者韩昊英（2005）采用RS和GIS技术分析北京旧城社区的数量和空间分布情况，并建立了和影像分析相对应的评价指标，便于分析未来的发展。[25]学者黄士正（2007）梳理了北京旧城的城市功能演变和功能区规划建设的基本情况，通过采用层次分析法对目前北京在建和规划的15个功能区进行综合评价，总结了旧城功能区建设中存在的问题。[26]乔林凰等（2008）采用GIS方法得到土地利用现状图和卫星影像图，以此采用相关分析法探讨了兰州市城市空间扩展的空间特征、时间特征、弹性系数和机制分析。[27]学者王萌等（2011）以北京市原西城区为例，从政策驱动的角度分析探讨，并采用DEA方法评估了1998至2009年的旧城改造综合绩效[28]，得出西城区旧城改造综合绩效总体表现良好，但各项法规和经济投入对景观环境和社会空间结构优化的作用较弱。学者邓堪强（2011）以广州为例，采用问卷调查和定量定测的方法，结合社会、环境和经济三个维度构建了保留、改建、拆除三种不同层级改造模式的立体化评价指标体系，通过不同影响因子分析综合评析广州市不同层级、年份、类型改造项目的可持续更新效应。[29]学者曹艳（2012）对广州城市更新和服务业的相关发展关系进行实证研究，采用计量经济学中的向量自回归模型，剖析了服务业内部结构、空间布局和集聚特征的发展变化，重点探讨了城市更新背景下影响旅游发展更新的多种因素。[30]学者王静、马辉（2017）通过运用因子分析法得出旧城住区改造中公众参与与公众的公开性、公众对参与的认知水平以及参与最终的效益等影响因素有关。[31]学者叶宇等（2016）以城市形态学为基础，基于城市空间形态特征量化分析与居民活动检验，总结归纳促进城市活力的关键空间形态要素，提出良好的城市空间活力营造取决于适宜的建设强度、良好的街道可达性与建筑形态、足够的功能混合度，并利用空间句法等分析方法量化表征探究城市设计中活力营造的形态学。[32]学者李锦等（2022）提出城市更新要因城施策、生活优先、创新路径；在减量发展导向下构建高质量城市更新工作体系，指出当前城市更新面临着“双碳”目标下减碳的压力，绿色发展倒逼规划行业要创新城乡建设模式和路径。新的法律法规、技术标准相关的政策都需要根据“双碳”的要求做出相应的调整，以期走向更加综合、多元和系统的城市更新。[33]

2014年，基于《国家新型城镇化规划（2014—2020年）》的提出，我国龙瀛等学者提出了“大模型”研究范式，通过评估第四次工业革命背景下出现的一系列泛智慧城市技术在城市发展运行过程中的作用，分析科学计量手段与城市系统发展的一般规律，进而引导未来技术发展与城市规划设计、建设和治理的协调关系，达到对已有的城市理论进行完善或提出全新理论的目的，以供城市发展政策编制作为参考依据。同年3月，我国发改委发布了《关于开展低碳社区试点工作的通知》，基于此，绿色低碳发展理念正式成为国内城市更新工作的新方向标。[34]北京市在《北京市城市总体规划（2016—2030年）草案》中，确立了“控增量、促减量、优存量”的城市绿色低碳更新方向，并在《北京城市副中心控制性详细规划（街区层面）（2016—2035年）》中，针对老旧社区明确“保持老城区风貌格调、完善附属设施、增补小微绿地”等一系列绿色低碳更新措施。由此可见，城市更新过程中除了要保护城市原有的肌理与特色历史人文风貌，同时也应该注重生态环境改善与人文环境塑造，进一步强化节能减排意识[35]，在韧性可持续的发展理念下，推进城市低碳绿色更新。

3. 制度重构与社会需求研究

旧城更新是城市化进程与城市转型中的重要社会与空间问题。20世纪50年代至60年代，社会科学、管理科学直至城市研究等不同专业领域均已形成各自系统的方法论，并在此基础上夯实其学科结构和相应实践基础。自20世纪70年代以来在我国各大城市兴起的城市更新热潮表明，旧城改造已经正成为塑造城市社会空间的一股不可忽视的力量。学者张京祥等（2000）在《城市规划的社会学思维》中，提出城市管治是在传统纵向政府单元管理及分散的个体价值取向之间求得的一种平衡，是一个复杂的调和、协调过程，反映了城市规划的本质与发展趋势。[36]顾朝林等（2006）、朱锡平等（2009）、孙施文等（2010）等学者集中研究了政策制度的问题，认为需要从平衡文化和经济、效率和公平、目标和过程的视角出发，制定旧城更新的制度与公共政策。[37-39]学者彭小兵等（2010）研究认为，社会组织可以通过创设完善的利益表达渠道，提供畅通的信息交流平台，承担多样性拆迁诉求，来发挥其制衡监督、利益表达和弱化矛盾等作用机制的功能，实现城市拆迁的协调沟通和利益平衡。[40]学者郭湘闽（2006）提出了建立城市规划与土地管理部门共同干预机制、给予社区组织参与旧城土地再开发的优先权、以旧城复兴规划为导向对土地再开发制度进行修订，并构建多样化土地再开发与旧城复兴模式等。[41]学者姜冬冬（2015）在分析国内外关于中心城区城市更新的典型案例的基础上，以上海市为例，运用计量经济模型，探讨了上海城市更新的发展方向。[42]学者孙施文（2015）指出基于城市建设状况的总体规划实施评价作为一种状态性、解释性的评价，需要结合城市总体规划作用和总体规划实施绩效两方面进行。在基于城市建设状况的总体规划实施评价中应结合“基础性评价”“甄别性评价”“结构性评价”进行综合评价分析。[43]学者拜荔州（2016）指出，在“双城修缮”理念的框架当中，老城改造从保护措施、建筑环境、生态环境和社会文化等四个方面制定相应的修缮措施及策略，从更新价值取向以及目标模式等方面进行相应变革。[44]学者周杨一（2018）采用层次分析和模糊综合估值方法，构建了从经济、社会和环境三个层面评价老城改造效益的指标体系，并以南昌市为例，与成都、武汉和深圳作为对比项进行定量研究。[45]学者王世福、易智康（2021）研究回顾城市更新的内涵发展与制度变迁历程，指出城市更新的总体目标应当是使城市有能力维持建成空间持续高品质和实现可持续发展的再开发。经济上应更关注公共利益的优先落实、文化上应更重视历史传承和创新、社会上应更强调共同缔造和共享进步，并在在国土层面、规划层面以及建设层面提出了相关的制度创新规范以及监管制度。[46]

城市更新是政府、开发商和社区居民之间相互作用、利益博弈和资源再分配的过程。随着社会的进步和发展，城市更新的理念应更具包容性，且需要针对不同城市的空间布局和社会分异问题进行不同层面的社会制度和规划策略上的引导。从文献分析可见，近年来学者们从多学科交叉研究切入，逐渐重视社会公平、制度重构、公众参与、社区建设等方面的内容。基于此，笔者在借鉴西方国家的相关经验和学习相应的社区理论基础上，结合社会学、文化学、经济学等多个层面，从规划、交通和景观、公共服务等多个专业领域分析现存的问题，对其进行系统性梳理，并提出具有可行性的改造策略。

社区发展与人居环境建设

CHAPTER 2

一 居住是城市的基本功能

居住是城市最基本、最重要的功能之一，与每个城市居民息息相关。早期的城市居住为适应地理环境、人文传统，形成了若干具备典型地域特征的居住空间。近现代以来，城市快速发展带来居住方式的巨大变革，新的居住建筑和住区规划思想涌现，深刻影响了城市的发展。城市中有着多样化的居住方式，承载这些居住功能的住区住宅是城市空间中不可或缺的构成要素，在未来发展中，城市将更加追求宜居环境。

基于社会、政治、生态和经济过程的复合性空间规划表达，针对城市居住空间存在三种典型的理论。作为城市形态的基本底色，多年来学者们对在城市空间中占据着主导地位的居住空间进行多方面的研究，例如芝加哥学派从需求取向出发，以人类的生物聚集行为和消费者的个体理性行为为切入点，探讨了城市生活空间的形成与变化，寻求城市生态社会学和城市经济学等学科的发展；制度分析学派从利益群体的权力斗争和官僚化的政策体系入手考察了城市居住空间分配的政治过程，并参考韦伯的社会分层理论，发展出区位冲突理论和管理主义理论；列斐伏尔、卡斯特和哈维分别从空间生产、集体消费和资本循环的时空修复等不同视角出发，强调了空间的社会属性和生产方式结构因素对其的决定性影响，从而发展了马克思主义城市居住空间理论。

纵观住宅的发展历程，在早期城市中，除宫殿寺庙、衙署学堂及其他具有公共功能的建筑和地区外，大多数的城市空间通常为住区住宅。近现代城市功能不断拓展，新增用地和空间不断出现并增长，但居住用地和居住空间始终是城市最重要的构成要素。居住空间形态是城市历史及文脉的重要体现，早期的传统民居群落通常会成为其所在城市的典型标识，例如北京城中的四合院、陕北的窑洞、晋中民居的山西大院、云南西双版纳的竹楼、重庆山地上的吊脚楼、客家人的土楼、苗族依湖而建的水楼、意大利的圆锥石顶屋、威尼斯水道边的滨水住宅等。随着现代主义在全球范围内的兴起，马赛公寓、伦敦Isokon公寓、萨伏伊别墅和流水别墅等住宅项目成为光彩熠熠的标志性建筑。此外，一些自发形成的居住群落，如中国的徽州民居、云南省的永宁坝区摩梭村落、香港的九龙城寨，巴西里约热内卢的贫民窟等，也因其鲜明特征予人深刻印象，甚至成为文学艺术作品、电影、绘画中的典型场景，并在当下积极地带动着旅游业的发展。

（一）早期城市：居住模式与社会文化共生

早期传统城市中，经过较长时间积淀稳定而成的传统民居构成了城市的肌理本底，具有鲜明的地域文化特征，回应着不同地域的自然特征，体现了不同文化的价值理念。古希腊人在公元前800至前600年间便已步入农业文明社会，他们的务农生活体系使得古希腊庭院环境多被营造成“园”的形态，并往往在庭院中央设置水池，后人称之为古希腊庭院式民居。罗马共和时期（公元前300年前后）的罗马双庭，其形式与中国的宫廷相似，前院为相对封闭的中庭，后院为古希腊庭院。这种住宅模式也被称为两宫房，最早出现在罗马共和国初期的古罗马，随着古罗马共和政治的出现和古罗马帝国的扩张发展，中庭和庭院住宅开始合二为一。古罗马人借用并吸收了东方（近东，巴尔干半岛）文化和艺术的许多特征。因此，系统地研究人居环境的变化，需要了解当地的环境、气候、历史、人文甚至居民心理特征等。以我国北京的四合院为例，北京城历经元、明、清的发展，形成了以街道和胡同为骨架的方正城市格局，大量的四合院镶嵌其间，形成了北京独特的城市肌理。四合院成为人们居住的主要单元，以四面房屋围合院落，以单进院落或者多进院落形成一个家庭的居住空间。再如福建土楼、广西广东围龙屋多是源于汉族南迁家族团体自卫以及群体生理、心理的需求。

（二）近现代城市：居住形态的变革

始于18世纪中叶的工业革命推动了工业化和城市化进程，带来城市居住方式和居住建筑的急剧变化。大量人口涌进城市，在城市中寻求安身落脚之地。为解决居住短缺的问题，新的居住地区与居住建筑不断出现。现代城市规划的起源与这一时期为解决过度拥挤的居住所带来的公共卫生安全问题紧密关联。

在解决住房短缺问题的同时，国外集中式住宅的建设也随之兴起。有文字记载，早在17世纪中叶，英国伦敦商人就采取了紧密排列的集体住房形式，以便建造尽可能多的房屋。19世纪上半叶，为解决工业革命后大量工人的居住问题，英国城市为工人阶级建造了大量通体透明、规则布局的集中式住宅，在保证通风、照明和其他生活环境质量的同时提高了住宅的供给效率，这成为后来住宅单元和住区的萌芽形态。英国1851年颁布了《工人阶级住房法》《公共住房法》等法律，表明居住由私人事务向公共事务的过渡及集中式居住供给模式的产生，从而区别于传统住宅建筑。工业化与城镇化进程中城市和居住模式的不断发展，衍生出一系列居住区规划的新思路，对此后的城市发展与空间规划有着深远影响。

英国社会改革家埃比尼泽·霍华德（Ebenezer Howard）在《明日：一条通往真正改革的和平道路》（*To-Morrow: A Peaceful Path to Real Reform*）一书中提出"田园城市"思想，提倡用城乡一体的新社会结构形态取代城乡分离的旧社会结构形态，建立一个兼具城市和乡村优点的理想城市。在"田园城市"的理想模型下，3.2万人（其中城市3万人，农村2000人）居住在城乡一体化的城市，约5000人口组成一个"区"（Wards），且每个区的核心部位都布置一些独立的服务设施，这是建立社区和邻里单位思想的基础。居民可通过放射交织的道路轻松抵达周围农田和自然环境，将舒适的城市生活与美丽的乡村环境融为一体。

20世纪著名的建筑大师、城市规划家勒·柯布西耶（Le Corbusier，1887年10月6日—1965年8月27日）的"光明城市"为城市建设提供了一种新的居住方式：通过提高城市建筑密度和建筑高度来增加人口密度，摆脱旧城中建筑之间的紧密乃至拥挤的状态；立体式的交通体系使城市具备更强的交通承载能力；大面积绿化楼间的广阔土地，从而提升城市绿化率，将乡村引入了城市。柯布西耶在《光辉城市》（*LA VILLE RADIEUSE*）（1933）中描绘了城市生活的高级状态：12～15层的住宅楼交织形成一个住宅区，2700人的群体组成若干住宅单元，每个居住单元配置社区中心、学校、商场等公共服务设施；住宅单元的中间设有停车场和垂直电梯，为周围居民提供服务；传统的街道和院落空间被高层的建筑和网格状分布的高速公路取代，实行立体人车分流系统；住宅楼底层均为"透空"，地面均可供行人通行，形成了高密度现代主义城市的基本模式。柯布西耶将该理论运用到巴黎的城市规划设想中，相较于传统巴黎公寓楼的"走廊式街道"，光辉城市中的住宅不再是没有生命且孤立的存在，而是成为一个形式协调、功能延续、空间互补、与社会环境和谐的有机体。1952年在法国马赛郊区建成一栋"马赛公寓"，设计中大部分住宅单元采用错层布局，有单独的楼梯上下通行，每三层设有公共走廊，节省交通面积，该住宅楼开创了高层居住的新模式。

1929 年，美国建筑师克拉伦斯·佩里（Clarence Perry）为了应对汽车大规模普及对住区建设模式、环境和安全度等方面的影响，提出了“邻里单位”理论，邻里单位是“一个组织家庭生活的社区计划”[47]，该计划不仅应包括住房，还应包括其环境以及相应的公共设施，设施中至少应包括娱乐设施、零售商店和一所小学等。在那个汽车交通迅速发展的年代，主要的环境问题在于街道安全，所以最佳的解决方法是建设道路系统，以减少行人和汽车之间的交织与冲突，把汽车交通完全地布置到居住区之外；另外，还可以在同一个邻里单位内安排各阶层的居民生活，加强人们的交流。“邻里单元”作为住区规划的新理论在工业化时期兴起，并逐步成为住区规划主导理论。在这些原则的基础上，佩里提出了一个整体的邻里单位概念，并对其进行了图解说明。此后，邻里单位理论在实践中发挥了重要作用，并且得到进一步的深化和发展，其中最著名的是美国新泽西州的雷德朋新镇（Radburn）。通过设置独立的机动和行人交通网络，实现“人车分行”，进一步促成绿色、住宅与人行道的有机配置，形成了雷德朋体系，为基于分级交通体系的住区规划和“邻里单位”布局提供了新的设计蓝本，是适应机动化时代发展规划的关键一步。

苏联在 20 世纪 20 年代开始大规模住房建设，在追求扩大建设规模的同时还要尽可能降低成本。包括住宅和服务设施在内的大型住宅建筑群的修建已成为住宅建筑的一个特点，而周边式已成为住宅建筑群普遍使用的布局方式。建于 1925 年的乌萨切夫卡（Usachevka）工人村住宅建筑群坐落在带儿童游乐场的绿色庭院中，体现了当时社会制度的优越性，为社会主义制度提供了一种新的住房建设形式。

（三）当代城市：居住方式多元化转变与社区治理

20 世纪中期后开启的全球化进程和后工业化进程中，社会经济演变带来了新的居住需求。居住需求的多元化转变，可持续发展理念和新技术应用使得面向未来的居住方式探索广泛兴起。英国在 2003 年的《我们能源的未来：创建低碳经济》（*Our Energy Future: Creating a Low-Carbon Economy*）白皮书中，首次引入了低碳经济（Low-Carbon Economy）的理念，这一理念得到了许多发达国家和发展中国家的支持，在全球范围内将低碳作为重要的发展方向。随着可持续发展理念的引入，研究人员通过综合土地利用、建筑设计等多种手段来控制碳排放，从而为低碳社区规划和建筑设计注入了新的活力。当下，人们对生态环境意识的注重以及社会经济的不断发展，人居环境景观成为城市空间研究领域一个新的课题，并逐渐引起国内外学者广泛关注。在20世纪40年代，美国新保护运动的“先知”“美国新环境理论的创始者”“生态伦理之父”奥尔多·利奥波德（Aldo Leopold）较早进行生态学、生态审美以及伦理学关系的讨论与研究，将伦理关怀从人类自身角度衍生到整个地球共同体[48]，之后学者们将人居环境景观视为连接人与自然，联结时空交织网络的媒介和纽带，在人类生态系统中重新建立起一种平衡，使人与自然融为一体。对人居环境景观进行修复与重建时，需要充分考虑人与环境之间的相互作用，传递人们的生活体验和场域感受，从而增强人居环境景观空间系统的完整性，提升人居系统的相关结构层次以及充分发挥各层面的功能和特性。[49]如意大利博埃里事务所（Boeri Studio）2014年在米兰设计的Bosco Verticle塔楼住宅，探索了垂直绿化与居住的结合，获得了众多的高层建筑奖项。此外，阿布扎比零碳城市马斯达（Masdar City）中的集合住宅、日本未来智慧城市编织城市（Woven City）中的绿色智能住宅、多伦多滨水智慧社区等，都在积极探讨尝试面向未来的绿色居住模式与生态居住空间。

社区治理不仅仅是简单的居住区物质更新，而是要重视在居民的生活方式、生产方式转变过程中，人与居住空间、居住小区、居住区社区关系的更新与重建，认真审视与把握现在与未来的关系，总结归纳参与性、便捷性、包容性、系统性与绿色可持续发展等社区生活圈规划的新方向、新属性，并基于韧性提升视角对人居环境更新对策进行探讨，提出落实差异管控思路、促进公共资源下沉、强化社区治理效能、增强应对风险能力等相关策略。

 社区与社区分类研究

（一）居住区与社区的概念

居住是城市居民生活中至关重要的一个方面，是城市的主要功能之一。居民生活在城市中，以聚居形成规模不等的居住地段。居民的生活包含居住、休憩、教育、交往、健身、工作等活动，需有生活服务等设施的支持。一般所指的住区，可划分为三级：居住区、居住小区和居住组团。①居住区由若干个居住小区或若干个居住组团组成，一般是指不同居住人口规模的居住生活聚居地，特指由城市干道或自然分界线所围合而成，与居住人口规模相对应，配建有一

整套较完善的、能够满足该区居民物质与文化教育生活所需的公共服务设施。②居住小区由若干居住组团组成，是构成居住区的一个单位，一般称小区，是指被城市道路或自然分界线所围合，对应的居住人口规模大约在1万到1.5万人，配建有一套能满足该区居民基本的物质与文化生活所需的公共服务设施的居住生活聚居地。以小学为中心配置，不为城市道路所穿越。③居住组团由若干栋住宅组合而成，是构成居住小区的基本单位，一般称组团，是指通常由小区道路分隔，对应居住人口规模为1000至3000人，配建有居民所需的基层公共服务设施的居住生活聚居地。[50]居住区规划的意义在于对居住区的布局结构、住宅群体布置、道路交通、公共服务设施、绿地和活动场地等各个系统进行综合、具体安排。

德国著名社会学家斐迪南·滕尼斯（Ferdinand Tonnies）在《社区与社会》（*Community and Society*）一书中指出："社区"是通过血缘、邻里和朋友关系建立的人群组合；把人们联系起来的纽带是具有共同利益和共同目标的家庭与邻里关系。社区具有一定的地理区域、人口数量；居民之间存在共同意识和利益，有紧密社会交往的特点。1955年，在《社区的定义》中对94个关于社区定义的表述进行了对比研究，发现其中69个有关定义都涵盖了共同的纽带、社会交往以及地域三个方面的含义，并认为这三者是构成社区不可或缺的共同要素。[51]人们可以从社会要素、经济要素、地理要素以及社会心理要素的结合来把握社区这一概念。社区具有如下四个基本特点：具有某种社会关系，具有某些相对独立地域，公共服务设施较为完善及具有相似的文化价值认同感。社区与小区都存在相对独立的区域以及比较完善的公共服务设施，这是它们的共同点。从住宅区规划与社区规划的角度而言，它们在地域界定、工作方法、居民参与度、工作核心以及规划目标等方面存在较大的不同。如从规划目标来看，住宅区规划主要是考虑物质环境的完善；社区规划则更多关注社区与人的健康发展。

国内学者在界定社区时，一般都比较重视地域要素。早在20世纪30年代，社会学家费孝通将"社区"一词引入中国时，就具有明确的地域含义，主要指以地区为范围，形成互助合作的群体。学者郑杭生（2003）认为，"社区是进行一定的社会活动、具有某种互动关系和共同文化维系力的人类群体及其活动区域"。[52]学者钱征寒、牛慧恩（2007）在总结国内学界的研究之后指出，"社区通常有一定的地理区域和一定数量的人口，居民之间有共同的意识和利益，并有着较密切的社会交往"。[53]尽管学者们对社区的定义各有不同，并且因为不同的研究需要，社区的空间尺度也不尽相同，但是，作为社会组成的单元，社区的基本要素大体相同，包括：人口要素，是社区行为的主体；地域要素，是社区存在的物质载体和人们进行共同社会活动的依托；共同意识，是指有关社区互动的文化、制度及认同感和归属感；社区组织，是维系社区成员、安排和推动社区生活的重要手段，包括正式的和非正式的组织；物质环境，指社区的自然环境、公共服务设施、住宅道路等硬件环境。2000年，中国官方将“社区”定义为“聚居在一定地域范围内的人们所组成的社会生活共同体”。目前城市社区的范围，一般是指经过社区体制改革后作了规模调整的居民委员会辖区。随后，国内许多学者，如向德平，华汛子（2019）指出从建国到改革开放的30年间，我国建立了区、街道、社区三级城市基层政权组织体系，城市居民委员会开展了公益事业、社会治安、纠纷调解等工作，为社区建设的兴起奠定了基础。中国的社区建设经历了社区服务、社区建设试验探索、社区建设全面深化、社区治理等发展阶段。在社区建设过程中，我国不断推动社区治理方式由政府管理向协商共治转变，社区服务内容由政务向居务转变，社区参与由被动向主动转变，社区联系由松散向紧密转变。[54]

（二）社区发展与社区发展规划

1. 西方社区发展与社区发展规划内涵

“社区发展”和“社区”是共生的，因此，“社区发展”是社区理论中的重要范畴。然而工业发展带来失业、贫困、社会秩序恶化、经济发展缓慢等一系列社会问题，人们才真正认识“社区发展”。对此，欧洲工业国家在社区中采取了一系列社会工作，逐渐意识到调动社区内居民积极性、增强社区居民主动参与社区工作的重要性。20世纪初，“睦邻运动”（Settlements and Neighborhood Movement）在英国、法国、美国等国家陆续出现，该运动的出现意在充分利用社会人力、物力资源，通过动员社区居民积极有效地参与到改善社区公共环境及生活条件的工作中[55]，通过上述举措，可以更好地培养居民互助和自治的社区精神。一战期间，为回应现实需求，美国政府希望通过开展“社会组织运动”（Community Organization Movement）来改善社区发展。这一措施在当时引起了社会学家较为广泛的关注和讨论。[56]美国社会学家F.法林顿（Farrington）在《社区发展：将小城镇建成更加适宜生活和经营的地方》（*Community Development: Making Small Towns Better Places to Live and Do Business*）中首次提出“社区发展”（Community Development）概念。第二次世界大战结束后，许多新兴的发展中国家（特别是农业国家）发现，要解决现代化进程中的一系列问题，仅靠现有的市场调节和政府自组织的力量是远远不够的。因此，妥善运用民间资源、发挥现有社区自主力量的社区发展理念构想应运而生。[57] 1955年，联合国研究报告《通过社区发展促进社会进步》（*Promoting Social Progress through Community Development*）把“社区发展”定义为依靠社区首创精神，通过依靠人民自己和政府当局的努力，改善社区的经济、社会和文化状况，并把这些社区整合进国家生活，使其全力以赴地对全国进步作出贡献的过程。从历史上看，发达国家的社区振兴运动始于经济和社会危机，是在国家和市场失灵的情况下，采取新措施帮助恢复经济和社会活力的一种政治选择。随着社区处理这些问题的自主性不断增强，它已演变成一种自力更生或合作的治理形式。[58]

基于不同国家的历史背景及国情的差异，国外的城市社区管理模式也不尽相同，在众多的管理模式中，所有模式都在初始阶段探索了更好的城市社区管理模式，比较典型的是以美国为代表的社区自我管理模式、以新加坡为代表的政府主导模式和以日本为代表的混合模式。[59]

“社区发展规划”诞生于西方国家，目的是促进社区的正常发展，因此，它不仅是社区发展的相关政策及策略指南，同时也作为技术路线图谱用以同步检验社区发展的影响力，更是社区长效发展中不可或缺的重要环节。“社区发展规划”主要是社会学领域的研究范畴，且独立于现有的城市规划体系。伴随着社会经济不断完善，社区发展规划诉求逐渐被城市规划界所认知，学界也希望通过汲取人文灵感，将社会规划与城市规划融为一体，弥补建筑学科背景的缺憾。如美国西雅图市的社区发展规划，其根据自身特点提出除住房、交通、公共设施、社区财政和土地利用五个强制性的规划议题外的其他规划议题。芝加哥市通过部门互助、公众参与等方式将社区发展规划纳入城市规划体系中，使城市规划内容拓展到社会、文化、经济、政治和环境等领域，以便完善社区发展规划的实施。

综上所述，西方的“社区发展”强调自助、合作、参与和专家援助等方法，政府和居民通过整合社区内资源，共同合作发现并解决出现的社区问题，培养社区居民凝聚力、责任感和归属感，引导居民参与社区建设，进而实现社区的发展进步，具有社会重心下移、激励社区居民自行解决公共问题、提高公众参与和自治力度的特点。

2. 中国社区发展与社区发展规划内涵

在中国，从几千年的农业国家向城市国家转变的过程中，社会基础组织结构时刻处于变化之中，计划经济时代下的传统单位制开始解体，市场经济条件下的社区制逐步发展。社区是该时代下城市的基层组织结构，而基层社区则是社会空间构成的重要载体，促进其全面发展是全面建成小康社会的根本手段。因此，社区的发展备受重视，各社区都在因地制宜地探索社区建制的方法，以期更好地适应社会发展需求。

“社区发展”这一学名在国际上被普遍认可接受，而在我国的研究领域，更多的是用“社区建设”一词。[60]“社区发展”和“社区建设”的内涵虽然具有相关性及一致性，但在某种程度上也存在着细微的差别，比如“社区建设”更加关注主体在外部支持下推动社区变革的规划过程[61]，强调社区规划和社区结构建构，而“社区发展”则着眼于经济和社会发展的宏观意义，具有国家“自上而下”推动的特征[62]。学者夏学銮（2003）认为目前中国的“社区建设”是“社区发展”的策略之一，“社区发展”是通过“社区建设”来提升社区的各个方面的发展，以此促进社区的长远发展和全面进步。[63]不过，大部分的学者依旧主张“社区发展”就是“社区建设”。学者杨敏（2006）认为，“社区发展”的内涵与“社区建设”等同，强调从基层居民的生活需求切入，完善社区组织体系、加强社区基础设施建设、繁荣社区文化、建立多元互动制度等基本任务，后者只是更符合国内习惯。[64]学者王雪婷（2021）将社区发展的路径概括为社区规划、社区建设和社区治理，社区发展与社区建设协同发展。而实践证明，中国的“社区发展”采取完全民主自治的形式是不现实的，必须以行政权力为基础，与基层社区共同发展。因此，国内的“社区发展”是由地方民政部门结合自上而下的政策意见和自下而上的现实需求，运用人文关怀的方法、客观合理的技术，保证社会稳定并促进社区全面发展。[65]

摆脱“学名”束缚后，不难发现我国“社区发展”和“社区发展规划”的内涵与西方国家有所不同。学者孙施文、邓文成（2001）认为“社区发展规划”内容与城市总体规划除深度和方式上有所不同外，其他基本一致，因而可以认为“社区发展规划”是城市规划在社会视角的另一种体现。[66]学者徐一大（2004）指出社区发展规划按社区建设目标可分为硬件规划和软件规划，前者是城市社区中的物理规划，后者是各项事业的规划。[67]学者尹佳佳、沈毅（2016）归纳了社区发展规划的理念包括均衡空间理念、平衡社区理念、步行社区理念和自治社区理念。[68]学者林小琳（2018）从参与式规划角度探讨了传统社区更新中的社区规划发展、效用与实践。[69]学者徐圣奇等（2019）指出“社区发展规划”是城市社会规划中具有不同的社会责任和工作内容的具体实践，在当前我国社区分异的基本情况下，需针对不同社区进行个性化规划。[70]

我国关于“社区发展”的研究和实践起步较晚，尚未形成体系。此外，各种理论潮流不断从国外输入致使国内的社会信仰基本缺席。因此，有“社区建设发展规划”“社区建设规划”和“社区规划”等学名。当下，我国正处于社会发展不够协调统一、资源不平衡、环境发展不可持续的矛盾凸显时期。为解决此问题，我们应该更加重视精神文明建设，助力完善基层组织体系，促进社会和谐发展。

封闭社区的演变及问题

（一）中国封闭社区的历史演变

我国唐朝都城长安的街巷规整、纵横相交，棋盘格一般划分街区，称为“里坊制”。据史书记载和考古研究证明，当时长安城的规划大体为正方形，中轴线的北端是皇宫太极宫，后来又在其东北边另建了大明宫。城中按“里坊制”划分街区，共有 109 个里坊。城中道路笔直宽阔，皇宫前正中轴线上的大道宽 150 米，其他的主干道也有 120 米宽，里坊之间最窄的道路也有 25 米，宏伟壮阔，充分体现了大唐都城的气派。“里坊制”不仅仅是当时社会的城市规划方法和规划制度，更是特定时期的一种城市管理机制。而在唐代后期，由于皇权的逐步衰落和商品经济的蓬勃发展，越来越多“坊”的围墙被打开，“市”以外的商业活动开始频繁出现，里坊制逐渐趋于衰弱。[71]宋代废除了里坊制和宵禁制度，推行市坊制，街市中可以进行全天候的商业活动，商住混合用地也极为普遍，这一时期的商品经济发展达到了顶峰。在《清明上河图》中可以直观地看到北宋都城汴梁（今河南开封）城中商业繁荣的景象。

在社会主义建设初期，我国人口迅速增长，土地资源充足，但缺乏食品和其他资源的供应，政府的公共财政能力较弱。而后，随着社会主义计划经济和单位体制的建立，在“有利生产、方便生活、节约用地、少占农田”的规划建设原则指导下，将土地划拨给单位建设，并将经营电力、供水、电信等市政服务等职责交给市政单位独立核算和经营，以便最大限度地降低市政建设的投入和运营维护成本，由此衍生出独具中国特色社会主义的大型“单位大院”。政府因此还兴建了大量的类似单位大院的综合性居住区，为中国现代城市形态定下了基调。我国新中国成立初期商品经济尚不发达，商业贸易活动的组织也主要是在单位大院内展开，而不是当下的沿街布置，类似于隋唐时期的里坊制。[72]

到了改革开放初期，农村人口以及下乡青年又重新集聚回归到城市，导致住房严重不足。为了解决城市住房紧张的问题，国家提倡成立国营房地产公司，通过“三通一平”等工程开发政策，在开发新区的同时“综合开发、配套建设”住宅小区，然后由各单位出资买房，并将此作为福利发放给职工。[71]伴随着单位改制和房屋商品化的出现，部分企业类单位大院开始向功能单一的居住小区模式转变。20世纪90年代，房地产市场初步形成，人们意识到土地和房屋作为资产和商品的价值，房地产价值逐渐显现。1998年，住房建设的任务从单位、政府转移到开发商手里。政府将土地使用权授予开发商，开发商与银行合作，采用按揭贷款的方式出售房屋给市民。这一制度对推动住房供应，缓解城市住房短缺有一定的效果；政府利用获得的巨额土地出让金来推动基础设施建设和产业开发等，这也是中国目前土地财政制度和超大街区的起源。与此同时，受20世纪初期“美式”门禁社区的影响，新建社区都采用封闭式管理方式，以此保障居住区内业主的安全和隐私，与此同时也导致城市道路绕行距离长、网络密度低、交通拥堵等问题。

（二）封闭社区导致的问题

社会生活不仅只是一个概念，它可以扩展成为一个公共空间、一条街道、一棵树木，社会生活强调交往，道路应该是安全、舒适和有趣并能够纳入社区生活范畴和多功能混合的公共空间。“新城市主义”理论提出重塑邻里交往和创造更良好、更有活力的社区是“新城市主义”的基本出发点。

当代中国的门禁小区受到美国大型门禁社区的影响，门禁小区往往占地面积较大，成为尺度接近于居住小区甚至居住区的超大街区，社区内部道路不对外开放，限制外来人口的出入，而为了方便管理和减少对安保等公共设施的资金投入，开发商或单位基于安全及管理方面的考虑通常设置少量的小区出入口，一些区域的社区居民需要绕行较长的距离才能进出社区。单位大院则是自成体系的“城中城”，也会导致出行不便，降低城市的通达性。

随着超大型封闭社区的出现，城市道路连通性被切断，市政道路密度逐渐降低，交通集中在主要道路上，这不仅造成了局部区域经常性的交通拥堵现象，而且降低了公交车站的使用及服务水平。[71]与此同时，一个又一个的门禁小区拔地而起，中国社会阶层分化现象逐渐显现，国内城市也出现了与西方城市类似的居住空间分异问题。因此，封闭社区不仅阻碍了人们的交通出行，也破坏了社会的和谐发展。伴随着居住区用地功能单一、城市路网密度低、社会空间分异等问题，城市更新呼之欲出，老旧小区改造势在必行。如何引导居民参与社区建设，打造社区共同体，形成共同价值观，是未来复合型社区发展过程中最重要的特征之一，复合型社区不仅在地理空间上具有集聚性，而且具有利益诉求和利益表达的文化凝聚力，并具有共同的价值观、行为模式和群体认同感，以维持其长远发展，这些都有利于促进未来社区的全面发展。

人居环境建设的科学探索

CHAPTER 3

复合型社区的探索和实践

（一）“新城市主义”与“精明增长”

第二次世界大战之后，美国城市无序地向郊区蔓延产生了许多负面影响，一些规划师和学者们开始反思这种发展模式带来的社会和城市问题，针对“城市蔓延”问题，“新城市主义”和“精明增长”理论应运而生。

20世纪80年代出现的“新城市主义”理论，也称作“新都市主义”，其中心思想是倡导城市设计理念融合现代的环保、节能设计原则，建设一个土地集约、有人文关怀、可漫步休闲的居住环境。[73] 1993年，在美国亚历山德里亚顺利召开的第一届“新城市主义”大会标志着“新城市主义”理论体系的成熟。[74] 而后，在1996年第四届“新城市主义”大会（Congress for the New Urbanism，简称CNU）上形成了《“新城市主义”宪章》（*Charter of the New Urbanism*），“新城市主义”以宪章的形式提出27条原则，从区域、都市区、城市，邻里、分区、交通走廊，街区、街道、建筑物三个层次对城市规划设计与开发的理念给予阐述。[75]其中特别关注邻里、分区与交通走廊这一层次，并就城市规划和设计进行了详细说明，包括建立紧凑的、适合步行的、混合使用的住宅邻里空间[76]，重新整合建筑环境，合理配置轨道交通，日常活动控制在步行范围内，等等，以形成完善的都市、城镇、乡村及邻里单元。作为一种正在城市中创造和复兴城镇社区的设计思想及方法，“新城市主义”拟对以往在“城市主义”导向下的传统都市生活方式提出部分修正，可以看作是对战后美国城市状况的一种反思，其组成理论主要可以分为以下两种：传统邻里社区发展理论（Traditional Neighborhood Development，简称TND）和公共交通主导型发展理论（Transit-Oriented Development，简称TOD）。[77]其中TOD观点提出以公共交通站点为社区中心，提高社区与社区外部交通的联系，并在其周边设置商业和办公用地；机动车停车场地设置在社区的边缘，并限制车位数量；加强社区混合性用地，优先考虑行人和自行车的交通设计[78]，提倡交通设施与用地的一体化规划等。这些观点如今已得到规划界和交通界的广泛认可。

1997 年，美国马里兰州州长格兰邓宁率先提出“精明增长”理论，其初衷是为州政府探索一条引导城市发展的道路，并确保政府财政支出对城市发展产生积极影响。[79] 2000 年美国规划师协会（APA）联合 60 家公共团体组成了“美国精明增长联盟”（Smart Growth America）。2003 年 APA 在丹佛召开规划会议，会议主题是用精明增长来解决城市无序扩张及蔓延问题。[80]“精明增长”有以下三个目标：（1）包容性城市增长；（2）实现经济、社会和环境公平发展；（3）确保新老城区从投资机会中收益，实现良性发展。简而言之，“精明增长”是一项与城市蔓延针锋相对的城市增长政策，在促进地方归属感、平衡社区规划的开发成本和利益分配、保护自然文化资源、复兴社区设计与开发方面有深远的影响，该政策通过提供多种就业、交通及住宅居住形式，促进社区近期和远期的生态可持续发展及完整性，提高当地居民生活质量。21 世纪以来，美国城市规划一方面通过提高建筑密度，利用存量土地，提倡紧凑式发展；另一方面通过改善市区公共交通及慢行交通系统，推动旧城的复兴，逐步实现城市的“精明增长”。通过这些策略，已经有城市成功地将新增的人口和投资更多地集中在已有的建成区，如波特兰市在城市开发中改善步行和自行车的交通设施条件，减少了机动车交通的土地消耗，同时也减少了空气污染。从 1997 年到 2014 年，波特兰市人口增长 50%，但土地面积仅增长 2%，有效地遏制了城市蔓延，是城市“精明增长”的典型案例。

从历史的发展进程来看，美国“新城市主义”和“精明增长”理论是在同一个时代发展起来的[81]，它们有同一个目标，即控制城市蔓延和集约利用土地。但二者之间也存在许多差异，“精明增长”是从宏观城市管理角度来解决这一问题，更加注重发展政策与法规；“新城市主义”则是在微观上给宏观以战略，关注城市空间设计与发展意义，两者各自在不同视角下解决相同的问题，存在互补性。“新城市主义”能够为“精明增长”提供市场元素的整合，而“精明增长”又能够为“新城市主义”的实现提供政策保障。“精明增长”发展观在执行过程中存在政策依赖性，而“新城市主义”理论则存在市场依赖性；与“新城市主义”相比，“精明增长”理论更加重视环境问题，强调对城市发展问题的综合思考，主要从城市管理、城市规划设计等多角度研究问题，涉及城市发展的法制与实施、城市规划的设计与管理、社会与经济、空间与环境等多个方面，需要政府宏观调控和全民参与。

（二）中国地方政策的探索

目前“新城市主义”和“精明增长”的理论与实施方法已经在我国城市设计、城市管理、城市规划、建筑设计等多个研究领域加以利用。学者们对“新城市主义”与“精明增长”的起源、背景、内涵等内容进行了分析，同时还探讨了这两项运动对于我国土地利用规划、城市空间扩展、城市设计方法、规划法规制定等方面的借鉴意义。目前我国现有的研究主要集中在对“新城市主义”和“精明增长”的分析基础上，但实际上这两项运动之间存在紧密的联系和互补，这种互补性不仅可以实现城市管理、规划和设计的统一，还可以从不同的角度为政府和市场解决相同的问题。这两个领域之间的交叉融合，能够为我们更好地理解“新城市主义”理论提供一个全新的视角。因此，当前美国正呈现出“新城市主义”和“精明增长”逐渐整合发展的趋势。此外，目前国内的研究方向主要聚焦于两项运动带来的积极影响，然而在实际情况中“新城市主义”和“精明增长”都面临着源于两种理论之间的内在矛盾及问题的挑战。[82]在实践领域，美国“新城市主义”和“精明增长”发展观面对的挑战包括与原有法律和政策的冲突、居民对机构改革的不信任和反对以及自身缺陷等多个方面的问题[44]，这些问题已经困扰他们长达60多年。对于“新城市主义”和“精明增长”的中国化，学者唐相龙认为，植根于美国城市发展现状以及特定政治、规划背景下的“新城市主义”与“精明增长”理论，若将其直接用于指导中国现阶段的城市发展，既不可能也不现实。首要的是，我们必须明确中西方城市在政策提质、经济发展、文化复兴和社会发展方面有不同的背景差异；其次，需要基于国情客观判定我国城市的发展现状，思考对我国城市发展建设的启示；最后，应理性区分美国城市蔓延运动与我国城市空间扩展动力之间存在的差异，提出更新的城市规划理念。[83]城市规划与设计应该成为协调政府职能和市场机制的平台，不仅要关注物质形态层面的问题以及经济的发展问题，还应该更加重视社会发展以及相关的问题研究[84]，充分考虑历史文脉、城市文化、地域特色、人文关怀、生活品质、市场平台以及政府职能等非物质要素。

笔者梳理2001年至今的相关研究文献，国内研究“精明增长”的相关论文500余篇，研究的主题主要涉及精明增长、城市蔓延、新城市主义、城市规划、紧凑城市、土地利用、空间规划等；涉及学科涵盖宏观经济管理与可持续发展、建筑科学与工程、农业经济、经济体制改革、公路与水路运输、交通运输经济、中国政治与国际政治、环境科学与资源利用、社会学及统计学等多个相关学科。

国内学者及相关专业的优秀规划设计师结合理论及实践，对我国城市更新进行了总结。学者张逸天（2022）在《精明准则视角下城市近边工业地区更新策略研究——以杭州高新区（滨江区）为例》一文中，从“精明增长”理论产生的背景出发，介绍精明增长下形态设计法定规则的诞生过程，以及精明准则与空间断面理论的紧密联系，并结合杭州高新区的总体城市设计实例，介绍精明准则视角下运用地理剖面的方法建立严密的城山梯度分区的形态管控逻辑，为城市近边地区协调人地关系、优化城乡过渡形态提供了实践指引。[85]学者方陈智丽（2022）在《中国县区级收缩型城镇精明发展类型选择分析》一文基于2019年3月国家发改委发布的《2019年新型城镇化建设重点任务》中第一次提到的城镇化进程中地区面临“收缩”困境，指出收缩型城镇可依靠“精明发展”这一顶层设计实现转型，并针对县区级收缩型城镇的内涵进行界定，在明晰“精明增长”与“精明收缩”的理念内涵及发展要素基础上，构建“精明发展”特征指标体系。结合KNN最近邻算法，对各收缩型城镇样本进行二分类，进而探索各收缩型城镇适宜采用“精明增长”发展类型或是“精明收缩”发展类型，在完善的机制之上，将资源有效分配，以确保实现资源价值。[86]学者张成智、张瑞霞（2021）在《湖南省县级单元发展导向及差别化政策研究》中，以生态文明时代推动城乡高质量、可持续发展为目标指引，基于“因城制宜、分类施策”的基本思路，从生态价值、经济实力、人地协调三个维度对湖南省86个县级单元（不含市辖区）开展基础分析和定量评价，从“精明增长”的视角开展多维叠加的差别化城市发展类型判别，并以此为依托进一步研究提出适应各类城市发展条件的发展导向指引及其差别化政策配套方向性建议，为湖南省在新时代更加精准地推动县级单元实现高质量发展提供政策配套思路和决策参考，也为相关研究及实践提供有益借鉴。[87]学者孟永平（2019）在《基于城市轨道交通引导下的组团城市用地发展模式探索——以厦门市为例》一文中以厦门新一轮城市总体规划编制为契机，在国家已批复的城市轨道交通网络基础上，分别从城市轨道交通线网与城市空间结构耦合、城市轨道交通线路与用地功能组织协调和城市轨道交通站点与用地集约高效三个层面对厦门用地发展模式进行探索，试图构建厦门全域“串珠式”的用地发展新模式，实现城市用地发展的“精明增长”，为同类型城市探索轨道交通引导下的用地模式提供重要参考。[88]学者张俊杰等（2018）在《基于“精明收缩”理论的广州城边村空间规划对策》

一文从国外的“精明收缩”策略和实践出发，就“精明收缩”的由来、内涵界定、策略实施及广州乡村的收缩模式进行理论及实践总结，论证了广州城边村的发展趋向与“精明收缩”的耦合性。基于“精明收缩”的视角，从宏观层面提出城边村执行国家顶层治理能力的空间规划体系；从中观层面提出城边村半被动型收缩下的“精明增长”与“精明收缩”并行的空间重组模式；从微观层面对城中村的宜居化生活空间、高效化生产空间与景致化生态空间三方面进行深度剖析与探讨。[89]学者郭诗洁、陈锦富（2017）在《基于特色化的精致城市治理策略——以山东省济宁市为例》以山东省济宁市为例，针对粗放模式发展下的城市现状问题进行梳理，探讨“增量做精、存量做特”的规划治理策略，从规划增量向城市提质转变，以打造城市特色品牌，提升未来城市竞争力，并通过云计算等大数据处理手段搜集相关数据，提出精细化智能城市标准化分类创新管理模式，为后期动态规划实施与管理服务。[90]学者郭梅（2012）在《城市的“精明增长”与城市空间扩展方向分析——以广州市为例》中指出，如何实现城市空间的有序拓展已成为城市规划领域最为关注的问题之一，并在分析城市空间发展偏好的基础上，结合用地空间分布格局，判别广州市空间扩展方向，探讨城市精明增长的措施和方法，对广州市实现精明增长提出相应的建议。[91]学者李王鸣、潘蓉（2006）基于“精明增长”概念，分析了浙江省城镇发展的背景和条件，针对空间利用效率低、空间无序蔓延与空间保护矛盾、小汽车发展政策与可持续发展矛盾以及用地功能分离与人文理念矛盾等问题，提出应当借鉴“精明增长”的基本内容和当下各城市的实践特色，分析归纳走集约型城镇空间增长模式的特色化道路。[92]从相关理论及文献研究来看，近年来我国学者的研究已经从基础的理论研究向多学科理论与实践论证的方向发展，并基于我国国情努力探索一条较为综合完善的发展道路。

二 城市住区住宅更新与城市发展共荣共生

（一）从大拆大建、有机更新到街区复兴

城市发展伴随着持续的城市更新，人们的生产生活方式在不断变迁，对居住的要求也在不断改变，作为承载居住方式的物质环境，住区住宅也在持续回应上述要求。一些住区住宅在漫漫历史长河中仍得以保留延续，如传承百年乃至千年的传统民居地区、贯穿百年工业化进程的工厂居住区等；一些住区住宅则

被拆除重建，原来的地区转变成为新的居住区，或者其他的城市功能地区，或者局部改建加建以适应新的居住要求。住区住宅规划建设的模式理念、建造技术、材料工艺等在漫长的过程中不断演替变化。

以美国圣路易斯市普鲁特艾格住房项目的建设和拆除项目为例，美国自20世纪40年代开始实施贫民窟改造，《1949年住房法》（*Housing Act of 1949*）启动了重塑美国城市的“市区重建计划”（Urban Renewal Program），将清理出来的土地出售给私人开发商用于建设中产阶级住宅和商业开发。首个开展市区重建计划的大城市匹兹堡老城地区多半被拆除，改建为公园、办公楼、体育场。波士顿几乎三分之一的旧城中心区被拆毁重建，在城市中心区环境面貌得以改善的同时也破坏了原有社会网络，使得贫困居民无家可归，一些珍贵的城市历史文化资源也在此过程中被拆除。在“市区重建计划”中，美国密苏里州圣路易斯市的普鲁特艾格住房项目（Pruitt-Igoe）是一个广受批评的典型案例。1950年，圣路易斯市运用《住房法》联邦资金，通过一个包含5800套保障性住房的巨型小区建设，清除DeSoto-Carr贫民窟并进行再开发，预期成为“密西西比河上的曼哈顿”。这组现代主义风格的塔楼住宅群，深受柯布西耶的“光明城市”概念的启发。但是在当时根深蒂固的种族思想背景下，再加上混乱的住房政策，这组被寄希望于以理性建筑设计战胜贫穷和社会弊病的代表作，在最终经历了20多年的混乱之后，整个小区于1972—1977年被拆除。广为流传的是建筑评论家查尔斯·詹克思（Charles Jencks）的说法：“1972年7月15日下午3点32分，现代主义建筑死于密苏里州圣路易斯市。”1961年，简·雅各布斯（Jane Jacobs）在《美国大城市的死与生》（*The Death and Life of Great American Cities*）一书中率先对城市中心区贫民窟的清理以及因交通需求而在城区内建设高速公路质疑，她从社会公平及经济学的角度批判了以“形体”主义规划为主的大规模城市改造运动，并认为这是“反城市”（Anti-city）的，她主张“小而灵活的规划”，以追求持续的、精致的更新。

再如，瑞典作为世界人均住房拥有量最高的国家之一，其政府在1965—1974年之间实施“百万住宅计划”，十年间建造了10.06万户住宅，是瑞典住宅建设的最高峰。“百万住宅”建造速度过快、建设质量不高、离市区较远、社区服务较差等问题，造成很多居民迁出，以至于该计划刚刚完成就面临严峻的改造需求。1983年，瑞典议会通过了一项对存量住房维护和修复的十年住房改善计划，旨在刺激城市更新过程。1986年，瑞典政府在对住房改善计划的评估中认识到“百万计划”中的房屋在建造方面存在的问题非常严重，并指出这些领域不仅需要全面更新以改善基本生活条件，而且需要更好的定期维护。评估报告还着重指出，必须重视对社会状况的改善，重视职能部门在更新建设中的协调作用，并加强居民的参与。另外，政府还增设额外的补贴用于鼓励包括社会事业和改善市政等在内的更新活动，与此同时，瑞典对住房和办公空间的需求开始迅速增加，尤其是大城市地区。这种需求增加如此之大，建设部门已不能与之保持同步。因此，1989 年政府决定将优先考虑新建建筑并同时削减用于住房更新的补贴水平和贷款总和。享有优先权的“百万计划”大规模住区的更新项目由于可以通过延长贷款期限来获得足够的资金支持，所以得以顺利地持续下去，具体的内容涉及物质条件改善、户外公共设施提升、管理政策更新、提高公共服务等。瑞典政府在反思的基础上，注重保护原有特色，注重促进社区发展的老旧住区住宅更新模式后续逐步在欧美城市兴起，物质环境的更新以保留原有建筑为主，加以改造提升以促进环境的改善。同时，多方参与的社区营造成为住区住宅更新中的重要内容，其实施积极地促进了该区域的复兴。

在我国，吴良镛院士主持的北京菊儿胡同住宅更新项目探索了一种新的四合院住宅模式。菊儿胡同位于北京东城区一个典型的内城街区，新中国成立之后老城地区人口持续增长，院落内搭建日益增加，经过 30 年，原来的四合院已经变成了大杂院，院内住户众多，私搭乱建现象严重，房屋缺乏维护，整体居住品质较差。菊儿胡同项目是从 1979 年开始探讨小规模、渐进式的有机更新，于 1988 年付诸实践。在这个街区复兴项目中，设计、规划和发展创造了一种新的改造方式：采用四合院的空间模式设计新的合院住宅，以 3 ～ 4 层的围合式住宅组群形成新的院落环境，保留了原有树木和原有居民，居民生活环境得以显著改善，住宅管理改革得以更好实施，现代生活需求与传统文化延续能在这一历史地区得到整合。该项目的更新创造了“类四合院”式的新“街坊体系”构成，同时也建构了私密性与邻里交往两者兼具的居住环境，通过审慎的城市“有机更新”，逐步走向新的“有机秩序”。1992 年，菊儿胡同获亚洲建筑师协会金质奖章，1993 年获得联合国“世界人居奖”。

（二）长效维护机制的不断探索

在世界范围内，相当数量的国家和城市建立了住宅更新维护机制，为中国既有住区的改造、发展和更新提供了值得借鉴的经验和有益的新思路，可总结为以下几点。第一，重视社会、环境、物质、经济等多方面整合的城市更新，改造方式不仅限于物质的手段和方法，改为综合、整体的策略；第二，提倡住区可持续发展的道路，采用渐进式、微改造的更新方式；第三，提倡公众参与，将自上而下与自下而上的更新改造相结合，力求住区与城市问题长期有效地得到解决。

在实践研究层面，近年来，在社会经济发展影响、国家政策的指引下，地方的城市更新工作愈加重要与紧迫，城市更新的作用日益显著。面对众多老旧小区现存的问题，我国政府提倡城市有机更新，开始积极地对城市问题、社区改造进行探索与改善，城市更新与环境学、城市规划、城市设计的结合也更为紧密。如作为国家重要中心城市的广州市，坚持改革创新，经过多年的实践探索，广州城市更新形成了自身的特点，在探索城乡规划精细化管理、增大规划编制的弹性空间方面有较为突出的成果。2015 年广州市政府发布《广州市城市更新办法》，将城市更新方式划分为全面改造（传统"三旧"改造）和微改造（广州特色）两种类别。结合旧厂房、旧村庄、旧城镇、村级工业园、老旧小区等不同类型的改造对象以及不同的改造主体与运作方式（自行改造、政府收储、合作改造）。根据目标与对象的不同，广州城市更新内容可以归纳总结为：存量低效用地的改造（"三旧"用地）；楼宇修复（50 年以上楼龄，对公众安全构成威胁的楼宇）；老旧社区环境、公共配套（学校、医院、养老）改善；文物修缮保护。广州的城市更新注重"从实践中来，到实践中去"，从实际出发，总结实践经验制定政策；注重协调保护与发展的矛盾、重视民生议题，将市民的获得感与幸福感放在首位；由政策指导实践，注重政府统筹，有序系统地推动城市更新。

再如杭州市的城市更新，自党的十八大以来，杭州城市发展进入新阶段。2016 年G20 峰会后，杭州将城市建设定位为打造"独特韵味别样精彩的世界名城"，以"国际化"为目标稳步推进杭州的城市建设与发展，城市化建设重心也从"西湖时代"向"钱塘江时代"推进。[93]按计划实施"三改一拆"及城中村改造五年攻坚等任务，率先示范"特色小镇"模式，更好地刺激产业发展，打造独特的公共景观风貌，以及实现历史遗存保护的合理利用。杭州市现行的有机更新政策侧重于分类的政策引导，如城中村改造规划技术导则、城市产业用地的政策更新，以及工业遗产建筑保护规划管理规定等。杭州市在产业用地更新政策上有较大创新，先后发布了《关于实施"亩产倍增"计划促进土地节约集约利用若干意见》《关于规范创新型产业用地管理的实施意见》《推进"空间换地"实施"亩产倍增"规划管理意见》等"1+X"节约集约用地政策。可见城市更新不是一蹴而就的活动，而是经过长期探索积累及实践之后，借助长效维护机制的不断深入探索的城市发展进程。

（三）开放式街区的探索及实践

1. 老旧街巷改造理论研究

“开放式街区”（Open Block）的理念由法国建筑师包赞巴克（Christian de Portzamparc）提出并应用到巴黎欧风路住宅（LesHautes Fromes）和马塞尔新区（Quartier Massena），提倡街区围合但不封闭，建筑沿街布置，形成变化丰富的界面。

国外较早开始重视老旧街区景观的改造，根据不同的历史时期、不同的现实问题以及不同社会状况，研究的重点与方向也逐渐改变。随着人们对老旧街区改造认知的不断加深，越来越多的学者从不同专业领域、不同视角出发，提出了自己的看法。1960年，凯文·林奇（Kevin Lynch）在《城市意象》（*Image of the City*）中认为旧城区、传统街区和历史街区中保有大量维持当地居民对空间稳定性和延续性的认知点，这些认知点能够在让居民产生“归属感”的同时还能够保持地区的历史文脉延续性。规划者不应采用大规模拆建的更新模式，应关注居民对于此类空间的稳定性和延续性的认知，以便于更好地塑造旧城区的邻里场所及未来城市的多维度获利空间。[94]1961年，简·雅各布斯在《美国大城市的生与死》中指出“多样性是城市的本质”，城市更新要注重街道和街区空间“多样性”的维护和活力的恢复。1971年，丹麦学家扬·盖尔（Jan Gehl）在《交往与空间》（*Life Between Building*）一书中以公共空间的实际案例研究为切入点，注重研究城市居民的生活琐碎日常，认为人在城市中的漫步行为及活动对于城市街区活力、城市品质以及街区的亲和力塑造至关重要，是城市活力及积极性产生的起点[95]，故而城市公共空间的规划设计应以人为本，充分考虑市民活动的需求，增添城市活力。我国学者蒋涤非教授与丹麦科学家扬·盖尔的观点类似，他们都认为人们的活动对城市公共空间的活力起着至关重要的作用。因此，城市公共空间的规划设计应源于生活，又回归生活。学者们关注城市行人的琐碎日常生活，并总结出街区的物质元素在规划设计中要人性化，增加城市的活力。后续出现的绿色开放式街区理念（Green Open Block）提倡每个建筑单位都相对独立，居民能够享受同等的密度和阳光；开放式街区得益于街区的半围合半封闭状态，与各个独立的建筑高、低、虚、实的沿街搭配组合息息相关；建筑体量错落有致，具有较好的多元丰富性和可变性；沿街的建筑立面体量需变化丰富、处理灵活；结合项目设计开放式商业以及在社区内部设计开放式园林等。

20世纪70年代末期，吴良镛院士在研究人居环境时提出了“有机更新”“人居环境”的理论。此理论认为城市的更新要基于原来的城市肌理进行有机更新，不是简单地将原有状态推翻重来。吴良镛院士也将这些研究成果应用到北京菊儿胡同改造项目中，既改善了当地的整体环境，又保存了此地域原本的城市肌理，满足了人居环境中的人性化需求。2007 年，学者蒋涤非在《城市形态活力论》中提出“城市活力是一个城市为居民提供人性化生存的能力”。居民在街巷空间产生多样的公共活动，这有利于提升整个城市的活力，故多样的人性化空间是保存城市活力的重要基础，也是城市活起来的催化剂。

2. 老旧街巷改造实践探索

19 世纪末，国外老旧街区改造逐渐开启；20 世纪 30 年代以来，在现代主义功能化、极简理念的引导下出现了城市设计趋同化现象；二战后，专家们从营造良好的人居生活环境出发进行研究；20 世纪 70 年代，设计师更加注重街道的审美价值，设计过程中努力提升人们的精神感受；从 20 世纪 80 年代至今，西方学术界更倾向于关注空间环境功能层次的多样性和空间场所文化内涵的传承，减少各街区的趋同化倾向。随着城市的可持续发展，开放式的社区开始向复合型的邻里社区发展，比较成功的案例是在英国伦敦邻近伦敦大型交通枢纽圣潘克拉斯（Saint Pancras）火车站和国王十字火车站的国王十字社区城市更新项目。

在中国，人们对于街巷生活景象其实并不陌生。如画家张择端的《清明上河图》就是一种对和谐有度的街巷生活最直观的表现。再如上海新天地的更新改造，在总体的规划中，建筑设计师保留了项目北部地块的多数石库门建筑并穿插部分现代建筑。南部地块主要由体现时代特征的新建筑和少量的石库门建筑组成，一条步行街将南北两个地块串联起来。为了突出历史时代感，项目改造过程中保留了原有石库门建筑独特的清水砖、墙、瓦，还在老房子内部加装了地底光纤电缆和空调系统等现代化设施，在保留原有建筑特色的前提下确保了房屋功能的完善、可靠。国内开放式街区实践案例有广州六运小区、北京的建外SOHO、北京新城国际公寓等。经过不断地发展与探索，现阶段我国的城市老旧街巷的公共空间更新逐步转向更加注重邻里社区的综合整治，追求生活的舒适宜人，加强邻里感等。目前不少学者和城市设计师借鉴国外的经验并结合中国的国情，探索复合型开放社区的更新与规划，为人们创建宜居的环境，以打造友好共享的邻里空间，推动城市的良好发展。

 对人居环境建设的科学探索

（一）人居环境科学的提出及研究进展

我国人居环境科学的酝酿和发展经历了一个漫长的积累和探索的过程。伴随着学术界的深入研究，吴良镛院士认为不能仅限于一个学科，而应从学科群的角度整体探讨学科发展。1993年，针对中国城乡发展主要矛盾，吴良镛院士发表了《我国建筑事业的今天与明天——人居环境学展望》的学术报告，首次正式公开提出“人居环境学”的概念。1995年，在清华大学人居环境研究中心成立会议上，吴良镛院士强调“人居环境科学”是综合整体的学科，需要联贯与人居环境相关的众多领域，即学科群式的学科体系。2001年，《人居环境科学导论》出版，书中明确指出“人居环境科学是一门以人类聚居（包括乡村、集镇、城市等）为研究对象，着重探讨人与环境之间相互关系的科学，目的是了解、掌握人类聚居发生、发展的客观规律，以更好地建设符合人类思想的聚居环境”，可谓初步建立了人居环境科学理论体系。

目前广泛认同的人居环境（Human Settlements）指包括乡村、集镇、城市、区域等在内的所有人类聚落及其环境。人居科学的研究对象主要是人居环境，是关于人类聚落与其周围环境之间的相互关系和发展规律的科学。[96]根据人居环境需求与有限空间资源的矛盾，坚持五项原则：社会原则、生态原则、技术原则、经济原则和艺术原则，达到两个主要目的：有序空间（即空间及其组织的协调秩序）与宜居环境（即适宜于生活和生产的优美环境）。此后，中国人居环境科学研究经历了由理念到实践的发展过程，不断地丰富并取得了一系列的实质性进展[97]，人居环境科学是对人居、社会、环境等问题的综合论证和整体思考，在学科发展上呈现出多学科繁荣的局面。如在城市与区域规划研究方面，“人居环境科学”思想与理论被运用到京津冀、南水北调（中线），以及关于面向“北京2049”人居环境规划实践的探索中；在建筑、园林、城市规划三位一体的学科建设上，许多重大建设工程也力图将其与建筑、城市、园林结合起来[98]；随着社会发展，经济危机、气候变化等全球性问题不断涌现，我们需要从各方努力落实人居环境的综合建设。吴良镛院士指出面对人口、生态、经济以及不断出现的新问题、新情况，对人居环境科学的研究势必迈向“大科学、大人文、大艺术”。

（二）美好环境与和谐社会共同缔造

党的十九届五中全会提出，我国已经进入开启全面建设社会主义现代化国家新征程、向第二个百年奋斗目标进军的新发展阶段。伴随人民对美好生活的追求愈加迫切，解决城市发展中的主要矛盾和不足之处、提升人民的幸福感、获得感、成就感和安全感等；始终做到人民城市人民建、城市发展依靠人民，人民城市为人民、城市发展成果由人民共享；不断实现人民对美好生活的向往，已然成为城市发展的重要标准，共同缔造幸福生活与美好环境相互融合、居民邻里互动丰富的高质量发展模式。美好环境与幸福生活共同缔造既是认识论，也是方法论，它体现了马克思主义理论基础，以及对“以人为本”理想城市、理想空间的追求，是以问题为导向，以空间为载体，践行新发展理念，推动治理能力与治理体系现代化的路径。美好环境与幸福生活是全体人民共同追求的美好愿景，当下，城市更新的工作出发点和落脚点都应该落实在充分理解并把握人民日益增长的美好生活需求之上，从而通过人居环境构建来增强人民的获得感、幸福感、安全感。

复合型社区空间更新与再生

CHAPTER 4

一 老城区人居环境品质提升

（一）老旧小区更新发展现状

城市作为一个有机体，随着时代的发展不断进行自我完善。当下，我国城市化发展已进入转型时期，存量空间优化整合需求不断凸显，城市中的老旧小区作为某一时代的产物，其人居环境面临着空间场所功能结构单一、社区活力缺乏、居住区文化特色遗失、历史文脉断裂等难以实现突破性改变的问题。近年来，相关部门从不同路径言说老旧小区更新改造，北京、上海、广州、深圳等城市带头，纷纷在不同层次的规划中探讨新的方法和管理程序，针对不同地区不同的现状发展编制了一系列规划，并出台了相关技术规范。

以北京市城市更新为例，2009 年以来，基于海淀区和朝阳区的试点，项目遵循“政府主导、农民主体”的原则，从城乡规划、社会管理、公共服务系统构建、产业布局、基础设施建设等多角度出发，蓄力全面推进 50 个重点村的项目改造。上海市自 2015 年以来，陆续出台了《上海城市更新实施办法》《关于深化城市有机更新促进历史风貌保护工作若干意见》等政策。上海市有大量近百年历史的里弄住宅地区，其改造方式及机制与城市未来的竞争力及发展战略实施应同步提升。较为典型的案例如上海“新天地”、田子坊等地的更新改造，上海原闸北和静安两区合并成新静安区，上海中心城区 50 年以上建筑普查等实践及更新发展等。

自 2009 年起，广州市推出《关于加快推进“三旧”改造工作的意见》《关于加快推进“三旧”改造工作的补充意见》等一系列政策和管理机制，以便于简化审批手续，提倡土地供给主体和更新改造主体的现代化和多元化，鼓励土地增值共享，在政府主导下，在村集体和市场的共同参与下城市更新治理模式逐渐形成。以广州市金花街桃源社区和蟠虬社区微改造项目为例，这两个项目在更新规划中通过“微改造”机制，形成自上而下和自下而上相结合的工作机制。同时，街道专门成立了“微改造建设委员会”，成员包括社区居委会成员、居民代表、楼管部等工作人员，积极参与对接改造工作。社区组织通过张贴宣传资料、召开党员会议及群众座谈会、派发调查问卷等形式，收集并采纳居民提出的大量意见和建议。坚持问题导向，明确改造重点，提出通过布局各具特色的公共空间节点，为小区内居民提供生动而愉悦的居住、活动场所。在具体的更新设计中，划分功能区，活化利用公共空间，完善公共配套设施，保留社区特色。在维持现状建设格局基本不变的前提下，使得老旧居住区的公共活动空间利用率大幅提升。

深圳市作为改革开放的窗口和城市规划、土地制度创新的前沿城市，结合国内外城市更新经验，特别是我国台湾地区的区段征收和市地重划的经验，自2009年以来相继出台了《深圳市城市更新专项规划（2010—2015）》《深圳市城市更新单元规划制定计划》《关于推进“三旧”改造促进节约集约用地的若干意见》等，逐步形成了政府、市场、村民多元竞争合作的复合化城市更新治理模式。

近年来随着大数据、多元化的城市发展，传统老旧小区的空间环境模式已经难以适应如今多元化复合型的人居需求。面对传统居住社区空间功能单一与人际交往缺失等种种问题，杭州市的老旧居住区也势必经历从单一居住模式向多维化、生态化、复合型转化的过程。在政策方面，从2016年中央出台的《中共中央、国务院关于进一步加强城市规划建设管理工作的若干意见》到2017年住房城乡建设部正式发布《关于加强生态修复城市修补工作的指导意见》以及党的十八大以来确立以人为核心的新型城镇化道路，提出的“以人为本、四化同步、优化布局、生态文明，文化传承”的中国特色新型城镇化道路，都在深入强调“双修”应涉及“填补基础设施欠账、增加公共空间、改善出行条件、改造老旧小区、保护历史文化、塑造城市时代风貌”等关键任务。[99]这些都与近年来我们的老旧居住区优化更新设计思路不谋而合。

以浙江省为例，近年来浙江省提出了《浙江省未来社区建设试点工作方案》《杭州市贯彻全省建设行动计划的实施方案》等各类相关政策。基于居住整体空间共享、邻里情感培育、交通满意度、街区生活品质等多方面的探索性研究，不难看出，由于老旧居住区形成过程的特殊性，尽管其内外部空间存在诸多问题，但生活气息浓郁，有较大的改造弹性和可干预空间。基于对以往大拆大建规划改造方式的反思，以及面对未来社区发展的严峻挑战及存量土地的现实问题，老旧小区的更新设计需要突破物质空间层面更新上升到复合空间的“适应性改造”、社区共享空间的“活力营造”、公共空间的“地方文化资本激活”等复合性的环境综合体层面来进行研究。

在学术研究层面，我国城市逐渐从外延式扩张走向内涵式发展，存量时代的老城区已经开始有意识地推进城市更新工作[100]，学者朱轶佳、李慧、王伟（2015）在《城市更新研究的演进特征与趋势》一文中，利用CiteSpace分析工具，梳理了1990—2014年国内外城市更新文献的总体概况、热点地区、专业领域、先锋作者、共识文献、热点问题及前沿趋势，并构建了城市更新领域的科学知识图谱。基于CiteSpace文献研究图谱分析，目前我国的城市更新理论中物质更新的研究仍占主导地位，未形成联系度较强的网络特征；而国外，围绕在戴维·哈维（David Harvey）周围的共引作者如理查德·佛罗里达（Richard Florida）等非传统的建筑学派[101]，其专业领域或多或少与政治经济学、社会学等领域交叉，表明国外对于城市更新的共识基础已从原有的“物质空间决定论”向更具现实意义或人文情怀的视角转变，研究城市更新的专业领域从内涵向外延扩展，并形成了结构体系相对明晰，内部联系相对密集的共识基础。

结合国内外城市更新治理的理论研究及经典案例可以发现，经过多年的探索与实践，当下，我国的城市更新及老旧小区改造在治理主体、政策目标、实施机制和实施效果方面成效显著。同时，以我国多个省市的实践研究为基础，在设计及规划层面我们不难发现，在老旧小区的改造过程中，由于实践的关注点往往着力于对居住区建筑本体、空间环境物质层面的基础更新，在对老旧居住区这类特定领域的更新设计如社会学、文化学、经济学层面的协同研究尚未形成系统。老旧小区人居环境更新涉及不同学科领域的综合性研究，需要从点到面对其进行“复合性路径”探索，并提出适宜的改善途径及方式，以达到从基础更新到活化再生的可持续协调发展。

（二）老旧小区更新思路探索与研究

1. 增量时代老旧小区人居环境的现状问题分析

结合不同类型、层次的改造项目，我们不难发现当下较多的更新改造项目已在横向上形成了较为系统的文案整理方法，但是在纵向如生态化、复合化的多维度层面并未形成较为完善的分析系统。基于此，笔者以浙江省老旧小区的改造为切入点，选取杭州市进行重点调研及考察。

以浙江省杭州市为例，从基础资料来看，到2022年底，杭州市政府共发布多项相关的政策，其中包括2019年发布的《杭州市老旧小区综合改造提升工作实施方案》《杭州市老旧小区综合改造提升四年行动计划（2019—2022年）》《杭州市老旧小区综合改造提升技术导则（试行）》等一系列政策。笔者前往2019年公布的第一批试点项目中罗列的老旧小区进行走访调研，其中包括上城区的新工社区，下城区的竹竿巷、小天足、知足弄社区，拱墅区的渡驾新村，江干区的景昙社区等数十个较为典型的老旧小区。在对杭州市不同区域老旧居住区实地考察的基础上，笔者针对不同居民群体、不同年龄阶段、不同的职业构成人群对老旧小区人居环境现状及改造建议问卷发放、现场调研及访问等，在收集数据之后以住户的认知作为变量进行系统分析，具体总结如下。

首先，空间场所功能单一，体验感较差：老城区内的老旧小区建造阶段大多处于社会主义初期的增量时代，由于当时住房等各项需求急剧增长，居住区规划以满足最大的居住需求为设计建造目标，相对忽略人居环境的品质；这样形成的居住区公共空间环境建筑容积率较高，但是开放空间却严重不足，会难以避免地产生绿地生态系统欠缺、交通系统拥堵、公共服务设施缺乏等问题，导致空间呆板、形式单一、车辆随意摆放等环境问题；空间场所功能有待完善。

其次，社区活力相对缺乏，居住隔离问题较为突出：在城市化的快速演进过程中，杭州市不同片区的功能空间布局也相应地发生变化，新小区拔地而起，新旧居住区交错并置，打破了居民的日常生活路径、影响了人们的生活习惯，社会交往范围被割裂，邻里关系疏远，并逐渐出现了居住区内部不同人群、同一片区不同小区之间的居住隔离现象。我们在调研走访过程中发现，就目前的社会现状而言，部分城市的老旧小区改造相对倾向于物质基础建设，而忽视了保护社区中以人际关系为主体的社交网络，忽略了社区中公共空间系统对居民生活交往的重要纽带作用，因此导致部分社区活力缺乏、依然存在居住隔离问题。

最后，城市风貌特色缺失，设计趋同化严重。杭州被誉为“人间天堂”，从“良渚文化”一路走来，历史悠久，文化底蕴深厚。老旧居住区作为最为典型的能够反映杭州历史风貌和文化特色的空间区域之一，囊括了本地生活的地域性和人际交往的多样性，是城市组织的重要构成，作为历史的持续和留存，它能够反映当地居民的生活品质、居住状态，并在空间发展的过程中反映一个城市的历史和文脉变迁。然而，从目前的老旧居住区现状风貌来看，存在地域特色欠缺，城市记忆不深等问题；公共景观节点及标志性建筑的处理也有待完善。

2. 存量时代老旧小区人居环境改造的内涵拓展

近年来随着大数据、多元化的城市发展，传统老旧小区的空间环境模式已经难以适应如今多元化复合型的人居需求。面对传统居住社区空间功能单一与人际交往缺失等种种问题，杭州市的老旧居住区也势必经历从单一居住模式向多维化、生态化、复合型转化的过程。

笔者基于上述对杭州市内老旧小区人居环境场所功能、空间活力、地域风貌特色等现存问题的综合探讨，结合调查数据及市民满意度分析，得出当下老旧居住区的人居环境更新不只是简单的设计规划修补问题，我们要跳出物质修补的层面，上升到社会学、文化学、经济学多层次复合地讨论与研究，并将综合分析的结论反哺于后续的规划更新设计，具体分析如下。

（1）社会学角度：复合型空间的“适应性改造”、社区公共空间的“活力营造”

历史经验表明，以物质环境改造为重点的城市更新由于缺乏对社会问题的关注而破坏了城市社会肌理，带来了许多社会问题。老旧居住区兼具社会性和公共空间的双重内涵，与单纯的环境设计和城市规划不同，它是一个有“社会属性”“生命力”的公共空间，包含不同需求的社区公共空间设计、室内外建筑空间改造等复杂的问题，后续的更新改造应该结合人本主义的观念，强调改造过程中复合型空间的“适应性改造”，将更新和改造的关注点从单一的物质环境维度扩展到社会生产生活、环境可持续发展和文化底蕴挖掘等多维化层面，尊重不同阶层居民意愿，研究公众参与的深度广度及复合性，有意识注重社区公共空间的“活力营造”。将老旧小区的更新设计由表象建造转为对内部作用机制的探索性研究。如《深圳市城市总体规划（2010—2020）》率先提出空间发展要由“增量扩张”向“存量优化”转变，基于新型城市发展观，围绕空间优化、产业升级、社会和谐及低碳生态四大主要策略，对深圳市内的更新方式提出了分类指引，规划重点探索在“整体的”“内生的”“综合的”和“关心文化价值”的新发展价值观下城市发展的重点内容就非常值得我们借鉴。[102]

细化解读《2019 年浙江省发展改革委关于开展浙江省未来社区建设试点申报工作的通知》，可以思考在未来社区邻里场景的营造中如何结合场景系统架构、空间载体、视觉设计、规模标准和机制保障等设计来研究社区开放、共享邻里空间等方面的改造方案和实施路径。报告中提出的“展开‘硬场景’的设计优化与‘软场景’的实施思路的关联操作以建设共享生活体系，满足不同居民的生活需求这一点”启发规划者在改造过程中注重复合型空间的“适应性改造”，将更新和改造的关注点从单一的物质环境维度扩展到社会生产生活层面，值得我们借鉴。参照上述规范及改造思路，可见老旧小区人居环境的改造不是一个单体，而是一个复合化的社会学问题。基于上述分析，笔者根据居民的需求等级，综合分析老旧居住区改造层级，以便指导后续的规划设计（见图 4-1）。

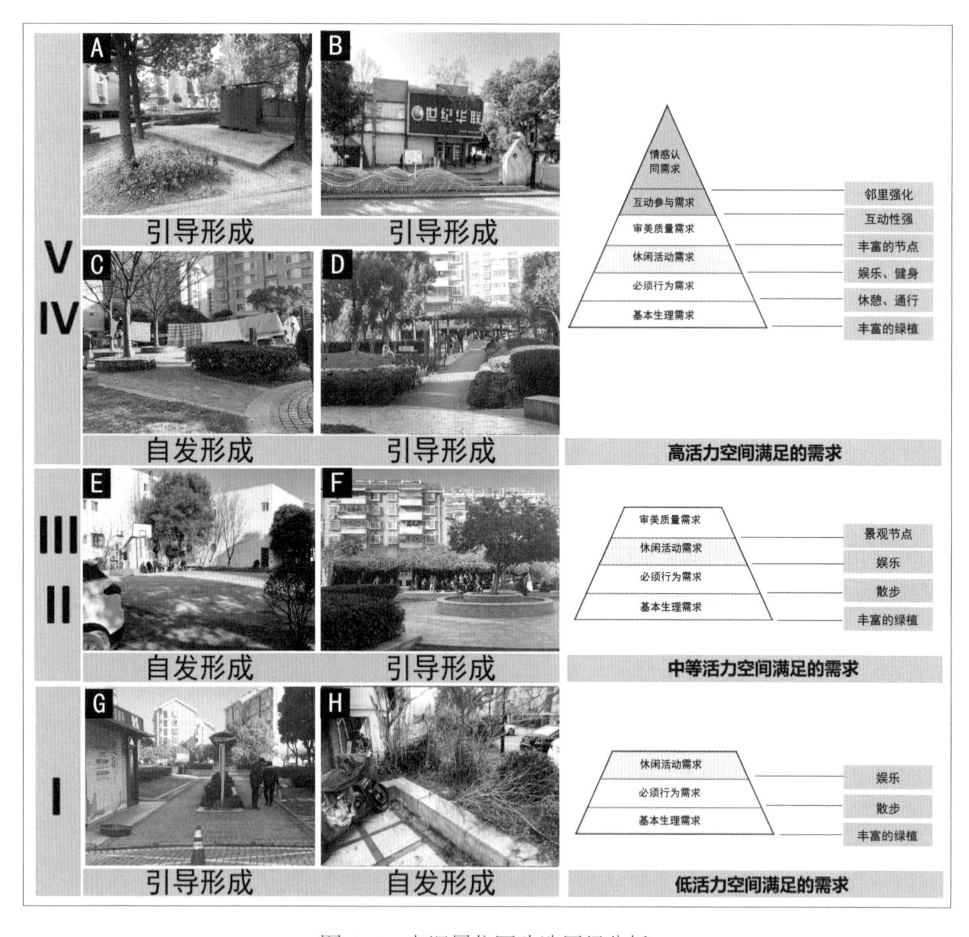

图 4-1　老旧居住区改造层级分析

（2）文化学角度：文化认知与感知体验并重，提升互联网时代下的文化共识

老旧小区更新改造是城市更新、社会发展的必经之路，目前对于老城区人居环境的更新进展如火如荼，但是在改造过程中，鲜有地区深入思考如何定位老城区这一特殊区域的社会、文化、经济及未来发展的价值取向。地方政府所期望的城市形象塑造、开发商所追逐的经济利润成本、居民所希望的生活环境

改善都会影响到更新的价值观及价值取向，并决定其最终的更新路径及方式，进而影响到更新的结果。目前看来，在社会公共认知层面，对于城市特定地区历史文化价值的关注，以及更广泛的对于城市空间和日常生活的尊重，远未成为城市更新中的常规认识，即对于地方历史和文化的重要性取得一致认可并达成共识，并以此作为城市更新发展过程中的基本逻辑和正常路径。

对于文化的重要性，法国社会学家皮埃尔·布迪厄（Pierre Bourdieu）指出：在当代社会，文化已经渗透所有领域，并取代政治和经济等传统因素跃居社会生活的首位。基于文化资本的概念，我们可以进一步延伸城市更新，即城市更新是一个城市文化资本不断激活、创造和积累的过程。而在城市更新中通过文化资本所能获得的收益权重是与城市行动者即参与城市更新的主体所掌握的文化资本及其自身持有的文化资本数量（布迪厄的“文化资本”概念中以第一形态存在的身体化文化资本）多少成正相关。[103]通俗地说，城市更新的决策者、执行者及参与者自身的文化素养（习性、爱好、品位）和文化能力（鉴赏能力、价值观选择、知识和专业技能）越高，他们在城市更新过程中就能更多掌握以物质形态存在的文化资本，对城市发展带来的文化、经济和社会效应就越大。如此说来，实现城市更新中文化资本的激活与创造，多少仍带有某种程度的微妙的历史偶然性。

从文化学的角度来说，老旧居住区作为城市空间结构的重要载体，不仅记录了城市空间格局、营造模式，而且还是城市与社会、城市与人文等多种关系内涵的集中体现。在“以文立城”的规划背景下，老旧小区内外部空间所构成的建筑立面、空间格局和公共服务设施等构成了整个小区、街区乃至整个城市的文化特质，这是与其他城市的本质区别，要让居民从城市、社区中感知到其应有的文化氛围、历史特色和乡愁记忆，在更新改造过程中对文化元素的同步植入、协调修复意义重大。

随着国家对“文化自信”理念的强化，在城市更新和改造进程中对于文化的保护和传承在国家战略层面上被进一步突出强调。如2023年贵阳市城市更新，为避免更新改造千篇一律，为突出老旧小区既能承载民生烟火又能传承市井记忆，在设计改造中提出打造社区主题文化，在改造中综合考虑小区原始地理地貌、传统建筑风貌、周边商业氛围等实际情况，将文化传统、艺术元素融入小区更新改造的全过程，在达到完善小区基础设施、提升居住功能的基础目标的要求上，进一步激发该片区居民的文化情感共鸣。由此可见，老旧居住区作为城市这个容器中的一部分，若仅局限于“改造、修复、翻新、美化”的执行层面，而不深入研究文化在城市修复中的重要意义，将会导致城市空间设计的“千城一面”及“文化断层”，致使整个城市内外部空间节点之间缺乏良性互动及有效串联。

随着互联网、大数据时代的到来，如果我们只停留在传统物质空间层面的浅层改造，这样的更新只会流于表面；如何结合互联网及现代科技开发适合杭州市特色风貌、带有区域文化符号、贴合居民意识形态的小区空间环境是对此领域的研究者提出的更高要求。基于对老旧小区空间系统的分析，我们发现在物质层面，如建筑形态上植入文化元素难度较大，且改造资金不可估量，周期相对较长。基于规划空间拓展分析，我们可以在有限的存量空间中对公共服务设施进行同步协调更新，将居住区规划的感知体验与文化认知进行一体化更新。

比如，以杭州市不同区域较为典型的老旧小区的公共设施系统为研究对象来分析。笔者基于基础资料整合，通过调研走访杭州市的南班巷社区、小天竺社区、文三新村、景昙社区、蒋村花园等多个不同的小区，发现杭州市不同片区的老旧居住区人居环境整体较为简陋，公共设施设计系统化不够，在文脉的传承上未能引起重视。假若居住区的公共空间场所设计能够成为生活的场所和日常的文化空间，激发人们在此发展出对文化的深度共识，则会自然而然引起人们对自己生活空间的共鸣和归属感。因此，在更新设计中，如何通过现代化、复合化的设计将居住区规划的文化感知体验从以往的浅层视觉层面提升到听觉、触觉、视觉等科技与文化认知多元互动的一体化更新层面是我们后续研究的方向。

（3）经济学角度：“标准化区域渐进式改造”与“个性化空间有机更新”相结合，研究居住区更新的共性与个性问题

从经济学的角度来说，基于“存量土地再利用”去改造已建成的老旧小区难度必定大于新建小区，更需要基于现状问题的分析整合以便进一步精细化做科学理性的改造。在大数据时代的引领下，结合以往的设计案例，细化对标研究杭州市老旧小区人居环境的现状，在对老旧居住区的公共空间环境做系统分类的基础上，创造性提出将“标准化区域渐进式改造”与“个性化空间环境有机更新”相结合的“两化”更新思路，在更新改造的过程中同步协调老旧小区的共性与个性需求。具体如下。

①标准化区域渐进式改造。首先，居住区作为一个系统规划设计的公共空间，必定存在设计上的共性问题。根据笔者对于杭州市最繁华的老城区拱墅区武林银泰至湖滨银泰IN77购物中心一带老旧居住片区的调研走访，基于物质层面

进行数据分析，发现该片区的老旧小区改造在建筑外立面颜色、材质等方面各具特色，建议通过后续的改造进行统一的规划设计。比如以位于杭州市核心城区中的南班巷小区为例，其建筑外立面、室外机箱、雨棚、窨井盖等的改造均可以根据标准的尺度进行分析和改造，而这些改造与同一时期建设的老旧小区多具有共通性，因此可以依此类推到其他同类老旧小区的改造过程中。

基于上述的共性问题，我们提出“标准化区域渐进式改造”的理念，拟从现有可见空间需要修复修补的小处着手，比如老旧居住区建筑立面的改造、道路系统、绿化系统、基础设施配套完善等，标准化、系统性地更新改造，最大限度地节约人力、物力和财力；并通过“标准化人居景观环境整治渐进式改造”达到创新机制、长效管理的改造管理方案，构建“一次改造、长期保持”的系统性管理机制。

②个性化空间环境有机更新。从“城市双修”的内涵来解读，老旧小区通过生态修复和修补来达到空间的再生与复苏，是需要针对特定区域的个性化行为，在改造的过程中需要对城市到街道、社区的发展历史和现状进行重新审视，分析空间环境的历史变迁与居住人群差异，从而理性、慎重地选择更新方式。因此，对不同居住区的景观节点、基础设施、公共空间更新可提出“个性化空间环境有机更新”的理念，按照“保基础、促提升、拓空间、增设施”要求，优化小区内部及周边区域的空间资源利用，明确个性化空间改造内容和基本要求，强化设计引领，做到“一小区一方案”。以前述提及的南班巷小区为例，项目改造方为重塑逐渐流失的邻里文化，重新规划邻里公园的空间布局与景观植被，以低矮的灌木丛取代高耸茂密的水杉木，从视觉上提升公园的开阔性。绿植区巧妙搭配植草沟与雨水花园，助力净水排水体系构建；同时沿着小区道路设置了 300 米的环形步道，为长者提供了晨跑、散步的好去处，也在潜移默化中植入了个性化“健康生活”的新理念。再如杭州市上城区老旧社区中的竹竿巷社区等老小区的专项改造，针对该老旧小区居民参与度低、归属感弱、社区营造缺乏等社会现象，细致考虑该小区的空间布局、居住人群、社会需求等差异元素，进行居住区社区交往景观节点、公共设施多功能化设计等有针对性、有计划地“定制型”拓展设计；确保居住小区的基础功能，努力拓展公共空间和配套服务功能，分阶段、有重点地对待每一个居住区的更新改造，并在阶段性改造后对该区域居民回访，倾听他们的真实感受，为“城市双修”工作预留反思的时间和空间，以便最终形成一个具有说服力的理论分析和可行的实践路径，从而达到“个性与共性”的高效平衡，最终实现老旧小区的更新活化。

基于上述讨论，笔者细化绘制了“双修”工作示意图（见图 4–2），明确“生态修复”“城市修补”的具体工作路径，从经济学角度细化工作路径，明确各改造款项的落实。从示意图中可以看出，大部分的工作都可从“标准化区域渐进式改造”与“个性化空间环境有机更新”分类改造的每一个更新节点入手，升华居住区特色情感，以便在满足使用功能的同时立体化、多维度地重塑老旧居住区的生命力。

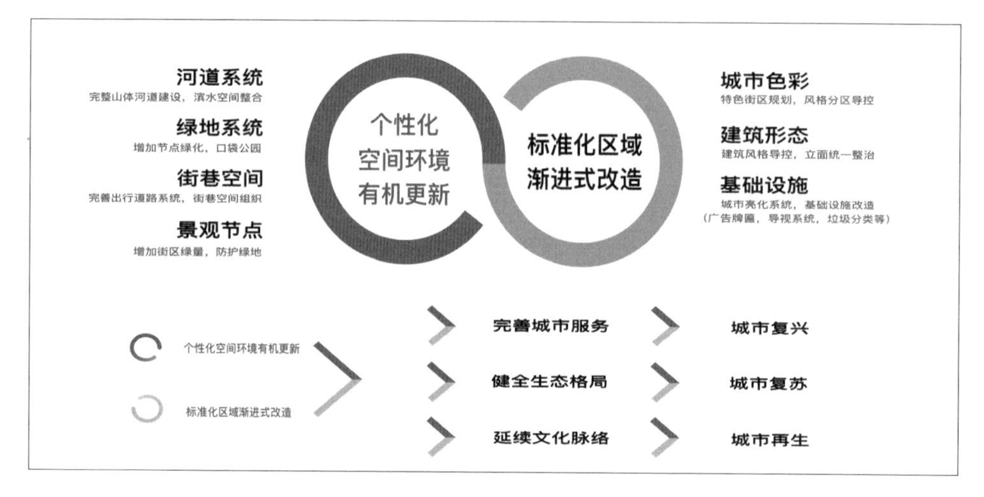

图 4–2 “两化”更新工作示意

3.“老旧居住区更新改造”工作框架与技术路径分析

通过上述资料系统化分析，我们对老旧居住区现存问题与需求改造路径进行探索研究，分析得出更新设计在宏观上需要结合和谐共融的社会观、多元互通的文化观、辩证理性的经济观来协调更新。基于此，笔者结合大数据、空间句法、城市形态学等技术路径分析方法，绘制了工作框架图及技术路径分析图，以便为后续的更新改造作参考。

笔者结合《浙江省未来社区建设试点工作方案》《杭州市贯彻全省建设行动计划的实施方案》等各类相关政策；本着“宏观层面总体把控、中观层面系统梳理、微观层面细化落实”的思路绘制了较为细致的“老旧小区改造技术框架图”（见图 4–3），从开展调研至规划实施的各阶段工作，明确提出“城市修补”“生态修复”需要面对的问题，并从点到面对现存问题进行思考，为居住区可持续发展提供工作框架参考。

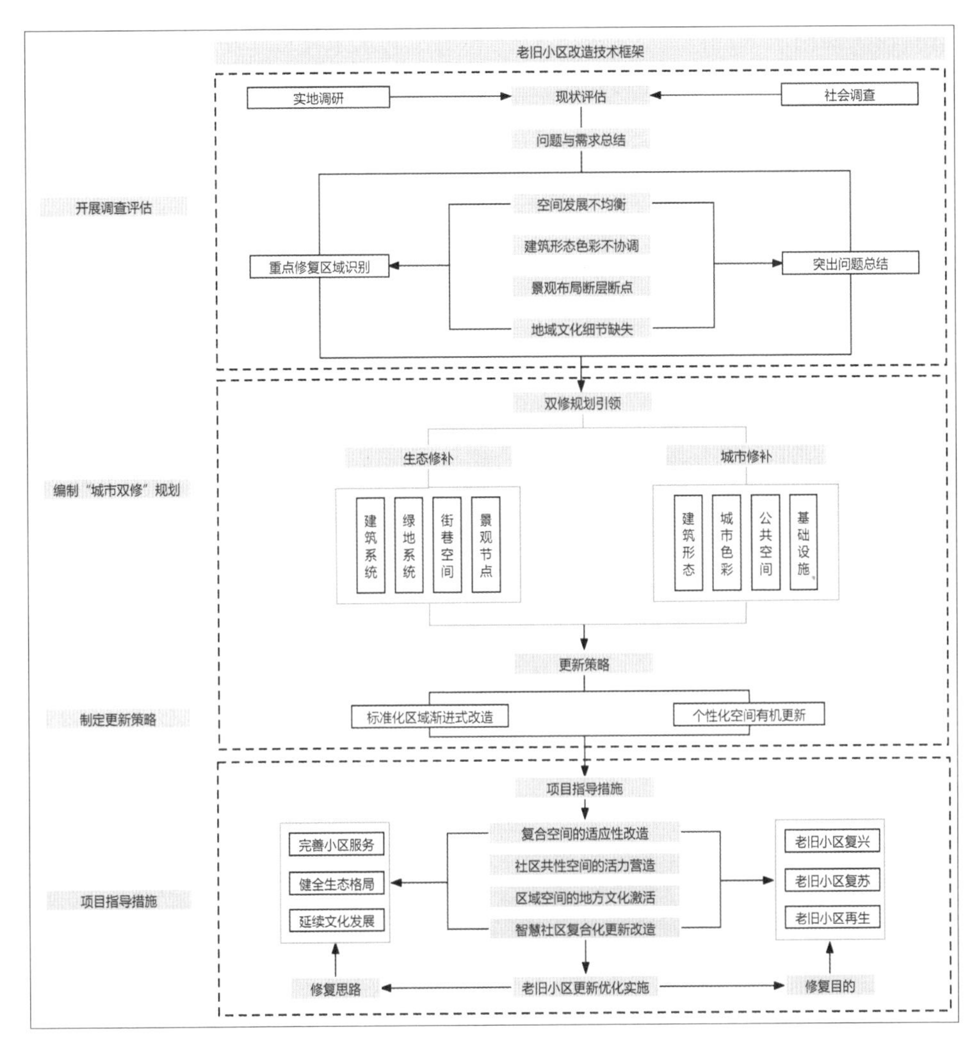

图 4-3　老旧小区改造技术框架

老旧小区的人居环境改造是一个可持续再生和活化的过程，对城市发展脉络延续、城市环境美化、居民生活条件改善等方面有很多显性和隐性的综合提升效应，在更新改造的过程中应充分结合社会属性、文化属性的内在意境对外部空间区域进行重构和整合，并综合考量经济效益的多层次转化。从上述层层递进的分析来看，我们要在“存量规划”的前提下从完善城市服务、健全生态格局、彰显文化底蕴的要求出发进行更新改造，从而复兴人们熟悉的地方，创造居住区面向未来的能力，发展可持续和韧性的未来社区，从而对住区的再生和活化形成一个良性的循环和互动。

（三）共性与个性双重视角下老旧小区更新策略解读

1.“标准化区域渐进式改造”更新理念探索

基于老旧小区现存的共性问题，笔者提出“标准化区域渐进式改造”的理念，拟从现有可见空间需要修复修补的小处着手，比如老旧居住区建筑立面的改造、道路系统、绿化系统、基础设施配套完善等进行标准化、系统性的更新改造，最大限度地节约人力、物力和财力；并通过“标准化人居景观环境整治渐进式改造”形成创新机制、长效管理的改造管理方案，构建“一次改造、长期保持”的系统性管理机制。

我们以《千岛湖镇小区品质提升改造规划方案》为例进行共性与个性双重视角下老旧小区更新策略解读，千岛湖镇作为一个国家级AAAAA旅游景点，有“国际花园城市”的美称。近年来，千岛湖政府对城市更新和改造目标进行了提升，建设目标除了要给游客留下青山绿水的印象，还需要更新改造符合当地居民的需求，体现以人为本的人文关怀。基于此，当地政府不断加大基础设施投入及环境综合整治力度，城乡环境得到明显改善，城市形象、居民生活品质总体水平得到了迅速提升。

近年来，当地领导非常重视老旧小区的物业改造工程，专门成立了物业管理改善工作领导小组，取得了一定的效果。从千岛湖近几年改造的老旧小区试点情况来看，群众反映较为良好。该片区的居民非常感谢政府为他们解决了最关心、最直接的居住问题，在改善生活环境的同时，大幅度提升了生活品质。由于当地的城市更新和老旧小区更新还处于探索尝试阶段，不可避免地暴露出一些问题。如在不同的改造项目中，对同一片区、同一小区的道路进行多次开挖，导致人力物力资源浪费；物改小区没有具体的改造标准，改造后的设施得不到悉心的维护等；所以急需一个完整的改造提升体系来指导老旧小区更新及其物业改造标准。《千岛湖镇小区品质提升改造规划方案》就是在此背景下提出的，方案通过对老旧小区品质提升的探索与实践，消除老旧居住区的安全隐患，提高居民的生活质量，完善小区公共设施功能，创造优美环境，达到舒适人居的目的。

该项目的规划范围包含千岛湖镇九大社区，建设年代在2006（含2006）年以前的老旧及次新小区，共涉及76个小区，面积约199公顷。本次规划为指导性规划，期限2016—2026年，近期2016—2020年，远期2021—2026年。规划参照了《中华人民共和国城乡规划法》(2008年)、《中华人民共和国土地管理法》(2004年)、《中华人民共和国环境保护法》(1989年)、《浙江省城乡规划条例》(2010年)、《城市居住区涉及规范》、《杭州市城市规划公共服务设施基本配套规定》、《普通住宅小区物业管理服务等级标准》等多项规划、技术标准及技术规范。

该项目的规划原则可总结为以下几点：①以人为本，重视片区居民多元化的居住需求，始终坚持把群众的利益放在第一位。②重视舆论的良性引导，结合以人为本的导向，从升级后社区的利益和未来生活工作的变化出发，努力做好居民的思想工作，使升级改造工程顺利进行。③特色突出，小区品质提升改造应以突出地方特色为主，结合区域特征及历史文脉，充分发扬区域特色，挖掘片区改造亮点。④规划先行，小区品质提升改造要有一个合理的总规划方案，实行统一规划，分步实施。⑤创新提质，在小区品质提升改造过程中，应依靠科技进步，在物业管理方面引入创新经营模式；在基础配套方面采用新技术新材料与使用新的解决方案；在建筑设计方面结合地域特点，力求建筑风格的创新，既能解决建筑功能问题，又要在建筑造型、轮廓线、色彩设计上有所提升。⑥提升公众参与度，积极鼓励公众参与到小区品质提升改造项目中，让民众尽可能多了解小区提升改造，接受公众监督，项目进程尽可能符合民意。

项目进行过程中，笔者与项目团队一同分析考察了新北社区、李家坞社区、火炉尖社区、西园社区、施家塘社区、南山社区、南苑社区等七个社区。其中新北社区总占地约211公顷，管辖小区10个，其中有七个老旧小区，老旧小区占比达70%。李家坞社区总占地约52公顷，管辖小区（或区块）11个，其中老旧小区8个，老旧小区占比达73%。火炉尖社区总占地约100公顷，管辖小区12个，其中老旧小区九个，老旧小区占比达75%。西园社区总占地约53公顷，管辖小区10个，其中老旧小区八个，老旧小区占比达80%。施家塘社区总占地约62公顷，管辖小区九个，其中老旧小区八个，老旧小区占比达89%。南山社区总占地约58公顷，管辖小区12个，其中老旧小区10个，老旧小区占比达83%。南苑社区总占地约211公顷，管辖小区（或区块）21个，其中老旧小区13个，老旧小区占比达62%。通过数据分析可见该项目设计的老旧小区品质提升规划涉及范围较大，情况较为复杂。

在横向更新改造层面，通过考察走访、现状情况分析以及问题梳理，发现这些社区中的老旧小区在建设初期，主要是解决居民住房难的问题，由于小区规划设计标准低、配套设施不完善、总体布局存在不足，导致公共服务质量差、基础设施严重缺乏、建设功能不完善等问题。中心城区中老旧小区与城市格局、经济模式和生活方式已明显暴露出与现代社会的不适应，影响了居民的生活环境。主要问题，如在绿化方面，存在旧小区普遍绿化面积较少、缺乏园林设计，草皮缺乏维护、杂草丛生，绿化功能单一，管理维护投资不足等问题。道路及交通出行方面，小区内部道路路面破损严重，影响居民出行。特别是小区内车行道破损，雨天积水严重；小区内明沟盖板与道路连接不平，盖板、道路破损严重，严重影响出行；居住区内道路高低不平，破损严重。停车方面，小区机动车位数量不足，乱停车现象严重，占用消防通道；无自行车车棚或自行车车棚内卫生状况差。在居民宜居问题上，居民缺乏休闲健身场地，休闲场所设施简陋，公共活动空间狭小，有些活动场所破损严重，存在一定的安全隐患。另外，在安全问题及小区综合环境整治方面，小区强弱电管线裸露架设在空中，不仅不美观，而且安全隐患突出。另外，部分太阳能管线存在私拉乱接现象；雨水管网严重老化，铸铁管道锈蚀严重，既不安全也不美观。建筑外立面脏乱、起壳风化，墙体剥落严重，现存多处违章搭建的建筑存在安全隐患。

在纵向管理层面，存在各项管理费收取难、物业管理介入难、治安隐患大等问题。在上述提及的社区中，老旧小区的产权多元化，业主对物业管理的要求和经济负担能力差异大，承受能力强的希望得到高层次、全方位的物业服务；承受能力差的住户则认为只要不交费，有无管理无所谓。对于具备实施物业管理能力的老旧小区来说，物业管理定价难是一个较为突出的现实问题。除了居民住房消费意识缺失外，缺乏与社区管理相适应的物业定价标准也是不可忽视的因素。在物业管理方面，对老旧社区实行物业管理，由于启动资金无法落实，加之基础设施老化，物业费收取困难，物业管理存在差距，以至于社区物业管理不能形成良性循环。此外，具有一定规模的老旧小区进出口通道较多，整改后，虽然进出口相应减少，但只能实现半封闭式管理模式；小区没有专职的保安及相应监控设备，仍存在较大的安全隐患。

基于上述改造问题及情况的分析，可见千岛湖小镇老旧居住区更新改造工程作为一个系统规划设计的民生工程，与国内的一些老旧小区改造存在一些共性问题。设计单位根据老旧居住片区的调研走访，从现状层面进行数据分析，发现该片区的老旧小区改造如建筑外立面颜色、材质各异，建议在后续的改造中进行统一的规划设计。其建筑外立面、室外机箱、雨棚、窨井盖等的改造均可以根据标准的尺度进行分析和改造，而这些改造与同一时期的老旧小区多具有共性标准，因此可以依此类推到其他的老旧小区的改造过程中，有一定的现实意义。因此，规划之初就基于如何实现从完善服务设施、加强基础设施建设、建筑整治等多角度进行复合化的思考，重点关注如何让“老旧小区”向“品质小区”转变。总体来说，千岛湖小区品质提升改造是围绕“先民生再提升”的整体思路展开，具体针对绿化、停车、道路、管线、建筑及各类配套设施展开，并创新性地提出“一补、二理、三增、四修”的提升策略（见图4-4）。具体将通过以下几点进行更新改造。

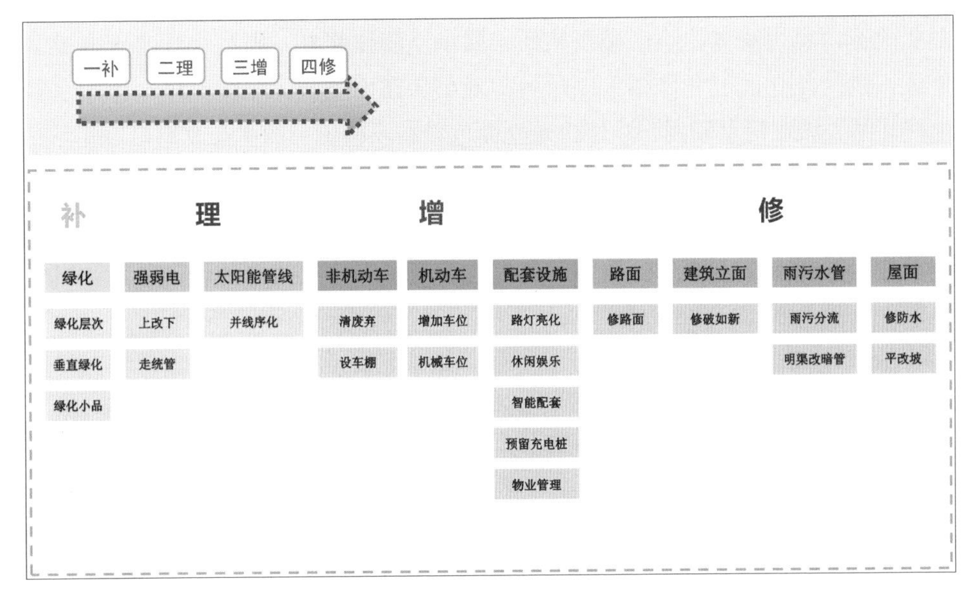

图4-4　项目品质提升策略

一补：补绿化，主要内容是对原有的草坪、花灌、乔木、树林进行规划设计。增加行道树，结合生态停车改造，多植大树，适当增加小品；在建筑墙体、阳台、窗台及围墙、挡墙等处进行立体绿化处理，从而改善小区绿化环境，以达到绿量平衡，整洁美观，满足居民构建美好生活的目标。

二理：理强弱电管线、理太阳能管线。主要工作是对原有裸露在墙体外的电线进行统一的梳理，并采用统一的套管方式；有条件的小区逐步实施“上改下”；有序整理外墙面凌乱的太阳能管线，以达到通信服务内容齐全，管线统一建设，统一使用，隐蔽走线，不走明线的更新目标。

三增：包括增加机动车位、非机动车位与配套设施。在增加机动车位方面，采用多种形式满足日益增长的小区内住户停车需求，通过增加车位改善环境，达到小区内不堵车，居民出行更方便的人居目标。

在增加非机动车位方面，则是通过改变现有的老旧小区基本无非机动车位的现状，在户外增加非机动车棚，并增设充电桩，加强小区非机动车管理，使得老旧小区环境有序、整洁。同时根据小区居民需求，逐步完善小区各项配套设施，以提升原有老旧居住区基础配套设施及公共服务设施，最终实现“人民城市人民建、人民城市为人民”的目标。

四修：包括修破损路面、修雨污水管网、修建筑外立面、修漏水屋面四点。主要改造内容为对老旧小区破损路面、漏水屋面作修复，雨污水管实现分流并地埋，建筑外立面统一修缮，以达到实现小区路面整洁，无漏水楼，雨污水管地埋并纳入城市污水管网，小区建筑立面色彩、风格统一的提升改造目标。

以望湖社区明珠四区的具体改造为例，在该社区的更新改造中基于“一补、二理、三增、四修”的思路，对现状整体布局及改造、绿化提升、停车位及配套设施提升等多个方面进行设计改造，并进一步细化现状综合评价及设计引导要求（见图 4–5）。

图 4–5　望湖社区明珠四区规划导则

基于上述改造项目的分析，笔者进一步延伸拓展城市有机更新及老旧小区改造的现实意义。首先，在社区更新方面，对老旧社区保护更新路径的规范化探索，可以深入探讨老旧小区作为城市基本单元的社区对于活化周围环境的重要意义，悉知老旧社区存在的痛点及相关影响因素，并针对居民的多元需要提出多样化功能服务及有机更新策略。保护更新老旧小区有助于衔接城市基本元素，为老旧城区的特色地域文化打造驻足之地。

在城市发展方面，老旧居住区保护更新路径是有利于城市存量空间可持续稳定发展的一种方式，对优化城市空间、集约利用用地、活化城市形象等亦具有重大意义。更重要的是，老旧居住区的存在可以使居民的活动更倾向于城市化及公共性，使居民贴近城市，增加城市向心力和归属感，创造多种多样的城市活动，对城市的持续健康发展具有重要意义。在居民生活方面，老旧居住区保护更新的举措为当地居民提供生活的摇篮。老旧居住区保护更新路径中将以人为尺度，使城市中的老旧社区焕发活力，为居民的公共生活增添光彩。

2. 个性化空间环境有机更新

从“城市双修”的内涵来解读，老旧小区通过生态修复和修补达到空间的再生与复苏，是需要针对特定的区域进行的个性化更新行为。在改造的过程中需要对城市、街道以及社区的发展历史和现状进行重新梳理审视，分析空间环境的历史变迁与居住人群差异，从而理性、慎重地选择更新方式。因此，对不同居住区的景观节点、基础设施、公共空间更新提出“个性化空间有机更新”的理念，按照“保基础、促提升、拓空间、增设施”要求，优化小区内部及周边区域的空间资源利用，明确个性化空间改造内容和基本要求，强化设计引领，做到“一小区一方案”。

如杭州市上城区的竹竿巷社区更新改造，我们就该老旧小区居民参与度低、归属感弱、社区营造缺乏等社会现象，细致考虑该小区的空间布局、居住人群、社会需求等差异元素，进行居住区交往景观节点、公共设施多功能化等有针对性、有计划的“定制型”拓展设计（见图 4-6）。另外，针对不同小区的居住人群，也可以制定不同的个性化改造方案，如小天竺社区的改造，经过实际调研，围绕以老年人为主的居住人群，对休息公共区域予以统一的绿化与景观设施色调与风格的调整，加入传统国风建筑的元素，设计成带有南宋文化气息的小型古韵园林，营造一个充满禅意与江南古韵的舒适、宜居的花园式小区（见图 4-7）。

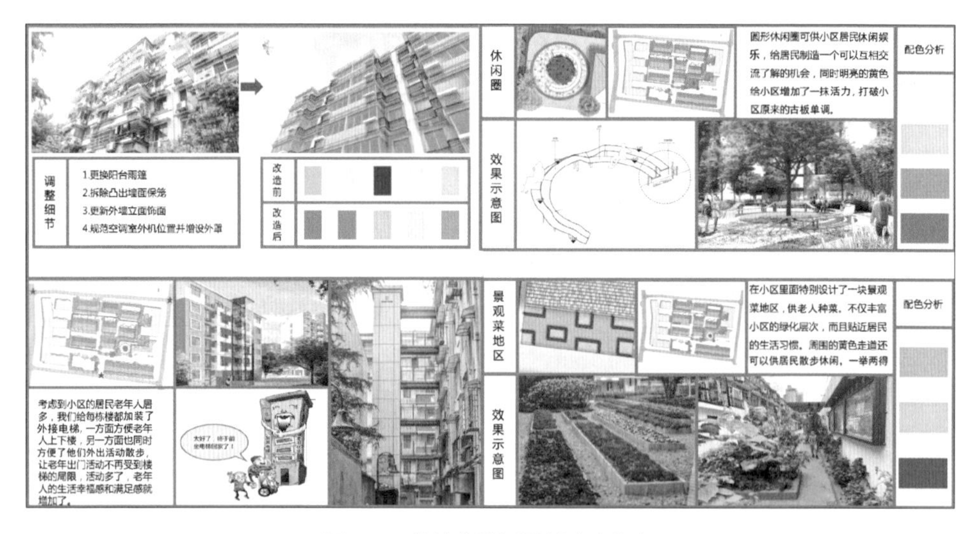

图 4-6　竹竿巷社区更新改造方案

图 4-7　小天竺社区公共空间改造方案

从实践意义来说，“个性化空间环境有机更新”在确保居住小区的基础功能、拓展公共空间和配套服务的同时，活化了老旧社区空间感受和居住体验的生活空间，延续了交往紧密的邻里空间。与此同时，分阶段、有重点地对待每一个居住区的更新改造，为本案的“城市双修”工作预留反思的时间和空间，以便最终形成一个具有说服力的理论分析和实践路径，从而达到“个性与共性”高效平衡，实现老旧小区的多维度发展。

2020 年 7 月，国务院办公厅发布《关于全面推进城镇老旧小区改造工作的指导意见》，提出“以人为本、因地制宜、居民自愿、保护优先、建管并重”的基本原则，为国家保障性住房体系又增加了一项指导方针。上述政策文件的相继出台，明确了在拓展增量土地的同时，更要重视存量空间、现有建筑的基础更新及品质改造提升。从使用者需求出发"以人为本"的设计逻辑有利于提升住房品质，标准化设计体系的建立也更加契合工业化批量建造模式的推广。实施旧城环境提升、老旧社区品质改造必将极大改善群众的居住条件，提升人民群众的生活水平和质量，是惠及广大人民群众，特别是旧城区千家万户的民生工程，也是一个城市走向现代化的必经之路，是城市建设的重要内容。这一重大举措对于拓展城市发展空间、改善城市环境、提高城市品位、提高城市综合竞争力、推进社会发展都具有十分重要的意义。近年来，城市更新及小区品质提升改造规划基于"存量土地再利用"去改造已建成的老旧小区，政府及设计单位基于现状问题的精细化分析整合并在此基础上进行科学理性的改造。在时代的引领下，细化对标老旧小区人居环境的现状，在对老旧居住区的公共空间环境做系统分类的基础上，将"标准化区域渐进式改造"与"个性化空间有机更新"这"两化"相结合，在更新改造的过程中同步协调老旧小区的共性与个性需求，对城市的发展及人民生活水平的提升有很大的贡献。

 城中村社区复合化更新改造

（一）城中村更新现状及内涵解读

城中村是指建立在集体性质土地上，仍称为"村"的居民聚落，在我国很多城市的内部和周边存在数以百计的城中村。当下，城中村虽已纳入城市总体规划建设范围，但由于居民职业结构与生存方式向城市化转型，以往的建筑景观和文化习俗仍相对缺乏城市社区内涵特征。经查阅资料，大部分的外来人群会选择生活成本相对低廉的城中村临时居住，而城中村的居民则以房屋出租获取经济来源，因此我国很多城市的城中村成为兼具内部服务型经济的城乡过渡型社区。随着我国人口增长，城市更新进程持续加快，在存量空间有限的背景下，城市逐步向高密度化、建筑紧凑化发展。城中村作为城镇化快速推进过程中的特殊产物，受到我国城乡二元结构体制的影响；长期以来，其因基础设施匮乏、空间环境脏乱无序等城市问题被认为是城市中的"顽疾"。作为传统封闭式住区的典型代表，其形态与功能独立于城市系统，影响着城市整体形态的发展。与此同时，传统的城中村开发模式和空间组织形式已不能完全适应现代经济和社会发展，致使其成为所谓的城市"补丁"。

随着社会效益和经济效益的提升，城市化成为世界发展、城市更新的必然趋势。在城市更新提倡存量空间优化调整的背景下，如何通过合理的空间干预及场所营造改善城中村的人居环境、激发城市活力、优化产业结构、延续城市记忆，实现城市建设的可持续性发展，是当下城市更新实践的重要内容之一，也是学界关注的焦点。

中国学界对城中村改造的研究始于20世纪90年代，早期学者们的研究大多集中在揭示和分析城中村存在的各类问题，如市政设施匮乏、公共设施不健全、环境脏乱、安全隐患多[104]、低收入群体聚集等潜在风险。一部分学者基于城市发展研究的角度分析，认为城中村是“脏乱差”的类贫民窟，这种空间作为城市的角落应该考虑拆除外迁乃至彻底铲平，因此在城市更新的初级阶段，无论是学术界、城市政府还是社会舆论，都把城中村看作现代化和城市化的反面教材，认为城中村不够城市化，对其改造持较为激进的态度。20世纪90年代以来，针对城中村基础设施匮乏、环境脏乱差、安全隐患等亟须解决的现实问题，北京、广州、深圳等大城市率先开始探索城中村的改造路径。

2006年，自我国“十一五”规划提出要稳步推进城市危旧住房和城中村改造后，全国各地相继拉开了大规模城中村改造的序幕。进入21世纪后，随着城市更新理论的不断完善及学术界对城中村研究的逐渐深入，特别是2013年中央城镇化工作会议和《国家新型城镇化规划（2014—2020年）》提出以人为核心的新型城镇化战略以来，人们对城中村的认识逐渐客观和理性。全国各地的城市纷纷围绕城中村改造进行了大量实践，取得了较为丰硕的成果，但城中村现象却一直存在，问题层出不穷，这一直是城市发展和治理中的难题，也是社会普遍关注的热点问题。从各地城中村改造实践情况来看，根据推广主题的不同，城中村改造模式可分为政府主导模式、市场驱动模式、村集体主导模式以及多元化合作模式[6]。

学者单菁菁、耿亚男、于冰蕾（2021）在《城市更新视野下的城中村改造：模式比较与路径选择》一文中以2000年以来全国各地城中村改造的实践项目及案例为切入点，从核心目标、推进主体、运作模式、实施策略、资金来源、规划特色等因素的差异化比较分析，提出优化城中村更新改造的对策建议。可见学者们根据实地调研，结合全国各地城中村更新改造案例总结，大部分的更新改造模式较为完善，但是鲜少有基于城中村的原生发展因素进行改造的规划和设计。换个角度而言，从城乡发展的角度入手，在中国特定的制度环境中，城中村历史性地承担起聚集外来人口的功能，为城市外来流动人口提供相对廉价的生存条件和发展空间，对解决特定时期外来人口的生活、居住及就业问题发挥了积极作用，并在一定程度上降低了转型时期城市的运营和管理成本，是我国城市在特殊发展阶段重要的有机组成部分。[104]随着城市的发展，城中村的村民被裹挟进了城市化的洪流，而城中村则是这个过程的中间环节。基于此，学者们逐步意识到以往大拆大建思路的局限，呼吁跳脱以往排斥性、激进的规划思路，理性分析城中村的原生特征及基础属地特性，取而代之建立空间复合型、布局多元化的更新改造思维模式，积极探索城中村韧性可持续改造的特殊路径，从以往的整体拆除、大规模搬迁、大拆大建过渡到多元复合的有机改造模式。

基于以上分析，如果跳脱传统城市更新的分析框架，会发现城中村这一特殊区域的更新其本身自带农民特色的城市化进程，而这一进程也在提醒我们反向思考如何在更新设计过程中保护这一具有特殊意义的城市形态和居住其中的居民的生活、生产方式，并通过规划设计引导该区域的居住者更好地融入社会及城市的发展。

纵观国外社会发展及城市更新，我们发现“贫民窟”一词与我国“城中村”有许多相似之处，英语意为“底层人民聚居地”或“背向的房屋”，一般用“slum”表示，意指人口密度高、卫生环境不达标、建筑质量差、饮水困难等环境不如人意、层级较低的居住区，带有贬义。美国社会学家素德·文卡特斯（Sudlhr Venkatesh）曾在《城中城：社会学家的街头发现》（*Gang Leader for a Day*）一书中提到“那些公租房计划区，从外部看起来千篇一律，毫无生趣，各种建筑被密集地规划在一个区域，却又像毒素一样与城市的其他区域格格不入”。目前，贫民窟仍然在世界各地的发达国家和发展中国家广泛存在。贫民窟起源于英国，在处理贫民窟问题的过程中，英国颁布了大量关于贫民窟改造的法律规定，包括《工人阶级住房法》《住房与城乡规划诸法》等，为贫民窟改造提供了相关的法律依据和保障。[105]起初，国外采用粗犷的拆迁改造模式进行贫民窟改造，并简单地把贫民窟居民搬迁至政府组织建造的公有房屋中，然而由于相对固定的居住人群以及当地居民陈旧的生活方式未改变，这些区域在一段时间后又形成了新的贫民窟，导致贫民窟的人居环境、社会属性等问题并未得到真正的解决。这种简单的处理方式并未在当下解决贫民窟的居住及生活问题，甚至将贫民窟的影响范围扩大到另一个层面，并对邻近社区内的睦邻关系产生径向影响。

随着国外国家城市更新进程的加快，我们发现早期的贫民窟改造中美国等国家也面临同样的问题，大规模贫民窟改造方案的失败在当时的社会引起了很多的反思。在20世纪30年代末，美国出台了《住宅法》（*Housing Law*），该法规中提出“改善住区”的理念。政府需要给予划定为改善区域内的项目专项拨款资助，主要用于居住环境整治、管道设施修缮等。20 世纪 60 年代中期，美国基于已有的实践经验总结，通过现代城市计划（Model Cities Program）在大城市几个特定地区制定了一套综合方案来解决贫穷问题，该计划对以往的改造思路率先做出调整，不仅大胆提出消除贫民窟的改造目标，还指出需要将有重要历史文化价值的建筑、卫生环境、公共设施改造等纳入法案当中，以期通过社区层面的更新改造来实现整个城市片区邻里关系的提升和改善。在此期间，饱受贫民窟问题困扰的巴西也逐步形成有自身特色的解决路径。自 20 世纪 80 年代以来，巴西政府将贫民窟改造计划与城市发展的长远规划结合，在提升贫民窟片区居民的生活质量的同时，就贫民窟问题进行政府与居民的协同共治，注重当地基础设施的改造与提升。随着科学技术的发展以及相关实践成果的丰富，学者们对贫民窟更新改造理论的不断深入，人们逐渐意识到单纯强调技术与专业的大规模物质更新不能完全解决社会问题，贫民窟改造应该综合考虑人口组成、社会环境、生活就业、教育提升等问题，并通过引入公众参与、政府多维度介入性协调、各种组织机构合作等方式综合制定健康、就业、教育、公共服务设施等各个方面的措施，以最终达到解决贫民窟现存问题的目标，因此，后续对这一特定区域的更新方式也应更趋向于科学、系统和完善。

通过对国内外文献资料及实践案例的分析和对比研究可以发现，西方国家对贫民窟的城市更新起步较早，经历了从大拆大建到以人为本的可持续更新的过程，在城市改造方面积累了较为丰富的理论知识及实践经验；更新的着力点也从最初的硬件改善转移到注重城市文化传承、原生居民生活习性传承与更新等方面的软实力提升。当下，我国学者及研究人员借鉴西方城市更新理论和建设经验，推动我国城中村改造的研究与实践，但西方城市更新运动的背景和待解决的问题与中国的城中村改造更新存在较大差异。特别是在我国转型发展时期，城中村作为城乡二元结构体系的独特产物[104]，不能简单地套用西方理论，必须立足中国国情，强调“去乡村性”，不能简单地将其改造方式定位为拆除重建或习惯性套用以往“改造”的思维，一味推崇小规模、微改造，而应深入细致地分析城中村城乡二元特征，对从城中村向农村社区的过渡阶段和过渡形态进行沉淀式解读，详细考察不同城市类型、不同区域特征、不同发展阶段的城中村更新问题和方法，加强对中国问题、特点和根源的深入分析，结合中国国内情况提出长效的解决方案。

目前，我国学者及研究人员广泛结合社会学、城市规划学、管理学、经济学和法学等不同学科领域对城中村可持续更新改造进行深入研究和探讨，并取得了丰富的成果。考虑到城市更新是用综合性、整体性的观念来解决城市问题，基于市场多元化的需求与城市规划等角度的综合性课题，我们应该从更深层次的角度系统性、多元化地综合讨论如何让城中村的更新改造向“新常态”过渡；如何基于城市的发展让城中村社区环境进行内部调整，打开该区域物理和心理上的围墙，以加强居住区与城市的互动关系、居民与生态城市的实际联系，为社交孤岛下城市居民的凝聚力带来转变意义，以便自主适应我国国情和城市环境建设。

（二）城中村人居环境现状及更新改造解读

城中村改造是城市中心体系形成的重点建设区块和重要发展空间，近年来杭州市区城中村改造工作成果较为显著，基于杭州市区城中村改造规划技术导则中规划目标提出的“杭州市区城中村改造从聚焦于土地，主张目标单一，内容狭窄的用地改造逐渐转变为目标广泛，内容丰富，历史传承的综合性城市更新”，可见政府和各级部门已经非常重视改造目标从单一到多元，从空间到内涵，从内涵到外延的多维度拓展。同时，基于规划目标的转变，规划的内容也从转换到统筹逐步变化，从一开始的布点规划转变为系统性规划，形成从“一区一规划”到“一村一方案”的规划导则体系。

总体而言，目前杭州市的城中村改造，在补齐城市功能短板、落实优化“三公用地”（即公共服务、公共设施、公共空间三个方面的优化）、统筹落实农居安置和留用地以及保障城中村百姓权益方面有了较多的有益探索。基于上述分析，后续可进一步借鉴国外开放式街区的设计案例，打造各具特色的村域公共空间和载体，将多元化、包容性的设计理念植入社区空间，全方位提升城中村的区域特质。

基于上述分析，笔者对杭州市的城中村进行实地调研走访，分析城中村高密度居住空间场景，解读城中村更新的多维内涵，结合多元化、包容性、韧性发展的更新思维模式，积极探索城中村这一特殊区域的特色化可持续更新路径，探讨城中村更新的理念、方法及内容。以杭州市西湖区的城中村改造为例进行分析，从住区居民视角出发，内外并重探讨城中村更新过程中的多元化属性，着重对居住区构成模式与功能拓展等方面进行研究，在传统小规模、微改造更新模式的基础上深入细化分析该区域兼具的城乡二元特色，并基于人性化的角度分析社会发展需求，从城市规划的角度综合考量城中村社区环境的内部协调，考虑如何通过居住区人居环境更新来打开该区域居民物理和心理上的围墙，以加强居住区与城市的互动关系，提升居民与生态城市的实际联系。项目通过深度解读居民的原发性需求、调整人居环境规划更新模式及路径、开发多种空间功能属性，将城中村的场域空间变为多功能复合的重要场所，为社交孤岛效应下城市居民的凝聚力带来更大的转变意义，进而在实现区域整体发展的活力再生，统筹周边开放空间环境优化，促进片区的可持续发展方面进行有益探索。

1. 设计思路分析

本案以杭州市的城中村为研究对象进行实地考察走访，最终确定以西湖区益乐新村为代表进行细致调研，探讨如何在尊重城市原有肌理和文化脉络的基础上，实现居住区与城市自然融合与活力再现，以适应城市的动态发展。项目旨在提高居住区公共空间更新的自主性和能力，在兼顾居民基本需求的前提下激发空间活力，最终实现区域及周边地带的更新和活力再生。概念方案在考虑现阶段城市高密度情景下，提出“兼顾城中村城市与乡村的二元属性”的设计宗旨，强调通过住区模式的转变、生态环境建设、交通道路改善等多方面的提升来解决城中村存在的居住问题及其引起的相关社会问题。通过对住区道路交通、公共配套设施及景观空间规划设计来不断完善人居环境系统，从而提升社区空间品质和市民生活品质，打开城中村改造的无限可能。同时，在保护原有肌理和历史文化的基础上，缓和一系列城市矛盾，通过小规模的改造实现辐射性影响，打造满足不同人群需求的居住区，成为城市活力营造中的一个重要触点，进而为我国未来住区建设的发展方向提供新的思路。

（1）实地调查

益乐新村位于杭州市西湖区文一西路，分为南北两区，用地面积较大。紧邻城西银泰商圈，东面是创意园和工业园区，南面为浙江财经大学文华校区，临近地铁 2 号线丰潭路站地铁口，北面是作为西湖区与拱墅区分界线的余杭塘河。益乐新村的优势是周边公交地铁、学校、医疗站点、大型商城等设施一应俱全，该小区外围生活圈构建较为完善，人群活动密集，人流量大；劣势是居住区内部环境脏乱、居住人群复杂，整体环境与城市发展有较大差距。

（2）人群定位与空间分析

从居住人群结构来看，经过调查，发现该城中村内的居住人群大多是外来打工者。通过住户比例分析得出，40% 的住户为本地中老年人群，60% 的住户为外来打工的租户，其中 5% 的租户为老年人群，其余 55% 的租户为外来流动人口，以中青年为主；从年龄层次角度来说，城中村青年及中年人口居多，老年人及小孩相对较少。由于城中村住户房间大多分为数个单间改造后出租，因此租金单价较低，吸引了众多低收入人群，造成高容积率、超负荷的居住环境，给住区及城市的管理和发展带来较大的压力。

从空间现状分析来看，虽然杭州市政府已逐步对城中村进行改造，并对调研小区建筑立面进行更新，但城中村内部根本性问题尚存，居住环境也没有得到切实的改善。在环境卫生方面，该区域住区绿化覆盖率较低，路边车辆随意停放、缺乏管理，已有的景观缺乏设计及维护，部分绿化带被遮挡，多处景观节点成为闲置空间，造成空间使用率低。在基础设施方面，益乐新村基础设施虽有一定程度的普及，但还不够完善，难以满足居民的物质需求。老年人缺乏养老服务设施，导致出行存在障碍。基础照明设施、治安管理不完善，出行存在安全隐患。在业态规划方面，该区域业态较为混乱，既有生活必需类区域，又有棋牌休闲类区域，现多为住改商的商铺形式，存在安全隐患，考虑到该区域人口混杂，在管理上也多有不便。在交通出行方面，城中村住区内进出缺乏管控，内部空间开放性过高，导致车辆随意穿行，人行空间缺失，存在交通安全隐患（见图 4–8）。

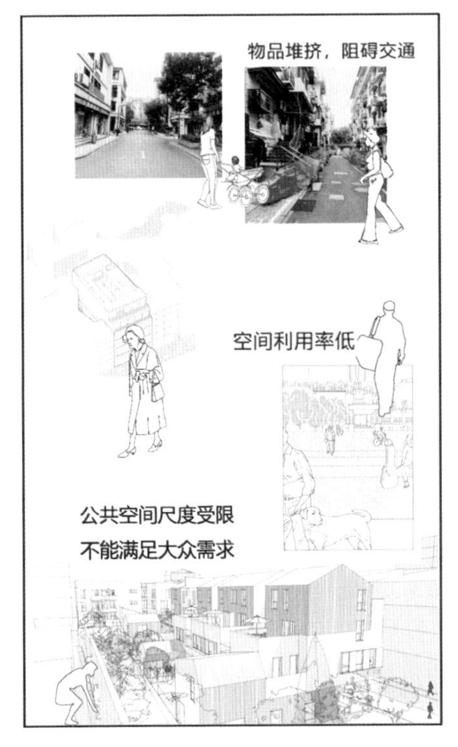

图 4–8　城中村住区现状分析

从人群需求角度分析，首先是功能属性需求，根据住区内人口结构及活动规律分析，老年人与小孩是区域活动的主要需求人群，对于此类人群而言，公共空间安全性及城市生活中的公共交往需求较强，突出表现在对道路安全、商业街道、基础服务设施、户外休闲活动空间等场所的需求较高。因此，更新改造在锁定主导人群的基础上，结合不同居民群体的生活场景，在设计中聚焦功能建设的系统综合属性，重点强调安全性、复合性和包容性。

其次，在人文精神需求方面，居民对公共活动空间的强烈更新需求的背后是其心理需求无法得到满足的深层困境，结合马斯洛需求层次分析，发现该区域住户的安全感、归属感等方面的需求得不到满足。因此，在城中村改造更新中，如何增加居民的归属感、对住区的认同感，形成较好的邻里关系，营造良好的生活氛围是居民人文精神层面改善的需求之一。

2. 更新改造设计表达

城市更新不仅是居民生活方式的更新，更是日常生活实践与城市空间互动方式的再生。[106]如何基于城中村的本土特色及特殊性在改造设计过程中构建相关的创新创意空间，如何在情感转化过程中表达不同地区生活主体的日常实践都是城中村改造需要思考的核心问题。考虑到城中村具有集合本地住户及外来租户的人群特殊性，在更新设计中，如何根据人们的情感价值以及创意打造一个复合化社区，需要从家庭、社区到区域多维度考虑城市空间作为情感体验所依附的场所。居住区更新不仅涉及本地居民日常活动的各个场所和物质景观的改造，还涉及该片区相关的形象、记忆和社会关系的变迁。通过城中村公共空间的改造和人居环境的提升，同步构建该片区及周边区域的空间形态、价值功能和情感意义。

基于此，概念方案围绕“多元化社区共同体”的设计概念，提出强调“人与场域的纽带重建”，重视“交往与空间边界的重构”，倡导“多维感知的体验记忆”的设计构想，并在此基础上衍生出口袋花园、缤纷街道、亲子剧场、全龄广场等景观节点，考虑人居环境的整体设计元素多元化及包容性，根据居民的居住需求及情感价值打造出一个复合化的共居社区。其中，“多维感知的体验记忆”营造一种全方位感官体验，以视觉要素为基础来进行景观节点的创意设计，打破单一的视觉要素表达约束性，以整体感官的立体化构建方式去激发人的多维感官功能。[107]“交往与空间边界的重构”增强空间整体人群的互动交流性，注重与公众的双向互动，强调参与者的主观能动性。互动装置的介入从以物为中心转变到以人为中心，可以有效增强空间的体验感，也可以拉近空间内部人群的距离，提高交互性。“人与场域的纽带重建”打造开合有度、移步换景的空间体验，进行空间区域的重构，强调打破边界感，与外界联系相互交织，营造多元化社区环境，寻找与万物共生的平衡方式。概念方案设计从科技、模块、多样、互动、生态、历史六大方面打造多维联系，将居住区与城市、居民与居住区有机融合，打造具有串联性、符合现代人审美和居住的人性场所，改变城中村现状问题、提高居民生活质量。

该项目的设计重点是转变城中村住区在城市中较为独立的关系，回归人本，对住区进行适度“开放”，在规划结构方面形成“住区—邻里—街坊”的单位结构体系，进而密切城市与住区、居民与住区的联系。在小尺度上，整合原有散乱的商业店铺，在住区主要道路上设置“生活次街”，创造多维共享、富有创意性和包容性的街道生活；“邻里院落”以居住组团空间形式衔接各个空间，构成促进邻里关系的平台，搭建“空中廊架”连接各组团空间，将住区多维度形成串联关系，打造居住区分隔而又不分割的情境。在景观设置方面充分挖掘和有效整合现有景观资源，利用楼道空间增加宅间花园，提升植物景观，丰富观赏层次和季节变化。提倡“弹性规划”，实现用地功能弹性管控，利用空间搭建临时售卖点；提倡“部分人车混行系统”，实时监测居住区内道路的车流量以设置潮汐车道，实现场地在空余时间段成为居民公共休闲用地，旨在在既有空间内进行功能探索和艺术再造（见图 4–9）。

图 4–9　益乐新村规划改造鸟瞰

项目平面总体规划为“一心、两轴、六组团”。根据居民物质精神需求，在完善现有空间功能的基础上，设计灵活可变的设施，为不同需求的人群创造多样空间，充分拓展场地的使用功能。以住宅中心的邻里花园为“一心”，横向与纵向两条主次干道为“两轴”，道路与绿植围合的六个居住组团为“六组团”。住区道路将住区与城市相连，优化街区路网结构，赋予街道空间亲密的纽带，从而强化城市归属感的社会功能。

如图 4-10 所示，平面图中 2、3、7、16、19 点位设计为景观活动空间。草坪、绿篱、乔木、花坛等多种形态结合设计，将景观打造成多元化、多形态的复合化空间。拟设置在组团的外围地带，形成居住环境带，便于居民休闲散步，还能降低空气污染和交通噪声。平面图中 1、4、5、8、15 点位为功能性空间，基于实际生活场景，充分利用边角空间打造特色开放活动场所，旨在尽可能满足不同人群的生活需求。集中型宅间苗圃位于东、西路口处方便老人种植花果蔬菜；萌宠乐园位于社区东南角，提供主人与宠物较好的交流平台；球技赛场位于社区北部，可供居民运动健身等。概念方案充分考虑居住环境的需求，整治空间杂乱现象，对绿地进行调整或扩张，并鼓励居民进行自我绿化，保证足够的绿地空间。

平面图中 6、10、11、12、18 点位为全龄友好空间。结合生态景观，以邻里院落形式，通过绿化进行围合，构成具有一定私密性的休闲交流场所。置入多样化休闲座椅，适合棋牌、聚会、社交、学习等不同活动场景。拉近居民交流距离，形成和谐的邻里关系。在公共空间上赋予多维性、多层面、多方式理念，吸引内部人群进入外部公共空间，提高住区归属、邻里交往和参与程度。平面图中 13、14、17 点位为商业空间。在住区内道路打造生活次街，与外围主街道相连，以改变原有店铺闲置的状态。商业天地连接路口与中心花园，为青年人群提供一个安全性高的休闲娱乐场所；共享商铺设置在道路周边的空余处，可供居民依据时间段展开不同的零售活动，产生更多的活动可能性和趣味性。

整体设计共分为 20 个活动节点，在设计上充分预估活动节点设计对城中村住区带来的积极影响，通过对住区公共场所的更新改造解决场地现有的布局及设计问题。改善住区环境、满足居民物质精神需求，达到“以点带面”优化住区的效果。通过空中走廊将住区重要活动节点进行串联，并在活动节点处设置架空平台，提高视线可达性和观赏性。以尺度适宜的居住单元、通达的交通路网、完善的基础设施与生活性街道构成充满活力的居住区。并通过更新设计将住区适度开放，改变传统的封闭模式。通过点、线、面等形式丰富的空间形态，引入城市活力，激发高密度城中村住区的公共空间活力，打破边界，实现空间路径与视线的联动。具体的节点设计如图 4–10 所示。

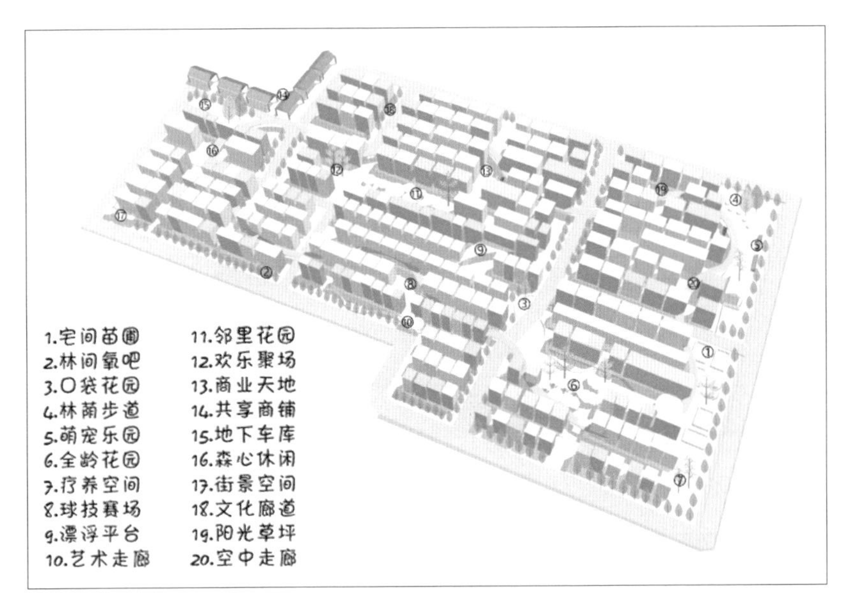

图 4–10　住区平面概况分析

（1）架空平台设计分析

空中走廊贯穿六个居住组团，并在重要节点处设置架空平台，提高居民步行可达性。空中走廊运用色彩划分快慢速漫步道，在易于辨认的同时添加趣味性；在步道上采用缓坡台阶和坡道过渡，保障步道畅通；并设置无障碍通行设施，便于轮椅通行及停留；坡道处设置扶手，地面进行防滑处理等关怀细节设计；另外，在走廊中植入具观赏性与服务性的生态景观，柔化边界，增加整体美观性（见图 4–11）。

（2）宅间空地设计分析

宅间空地的更新通过构建场所特性以满足居民的需求，为居民创造新的空间记忆。规划设计拟在宅间空地处搭建艺术文化长廊，打造独具人文情怀的开放式创意展示空间。场地位于楼道间，通过植物绿化围合“界定”场所，具有一定的私密性；在色彩上采用粉色与居民楼相呼应，增加了场地的活力；另外置入了休闲座椅，优化居民步行、休憩体验，与居民的生活生产联系更加密切，让“老旧小区换新颜”（见图 4–12）。

图 4-11　空中走廊效果

图 4-12　艺术走廊效果

3. 公共交通设计

公共空间是开放式住区最核心的组成部分。交通道路组织与住区建筑网络化特征形成商业与服务设施的网格化布局，主要集中在住区主次两轴。更新设计拟在住区与道路之间采用乔木等不同层次植物分隔，保证一定的私密性。以住区沿街道路立面为例，整体交通组织的更新从多样化打造入手，改变原车辆随处停放现象，在各组团出入口设置立体停车场，通过绿植围合，尽量减少对居民的干扰，使原本的消极空间不再消极。满足居民的物质需求，缓解高密度住区交通拥挤现象。在具体道路设计上，按照各道路的宽度、车流量情况，采用分级控制方式，将整体道路分为居住区级道路、组团级道路和宅间道路三级。为拉近住区与城市之间的距离，将住区内与周边道路和城市道路系统进行分级对应设计。另外，为了保证车辆的畅通和居民的出行安全，居住区级道路与组团级道路采用人车分流形式，宅间道路则采用人车混行的形式。为了更进一步达到居民安全感的需求，步行道与车道间设置下沉式非机动车行道，增高步行道，在高差上形成指引，完善人行系统和防护设计，设置低矮绿植隔断，合理处理人行、车行之间的关系，保障居民出行及活动的安全性（见图 4-13）。

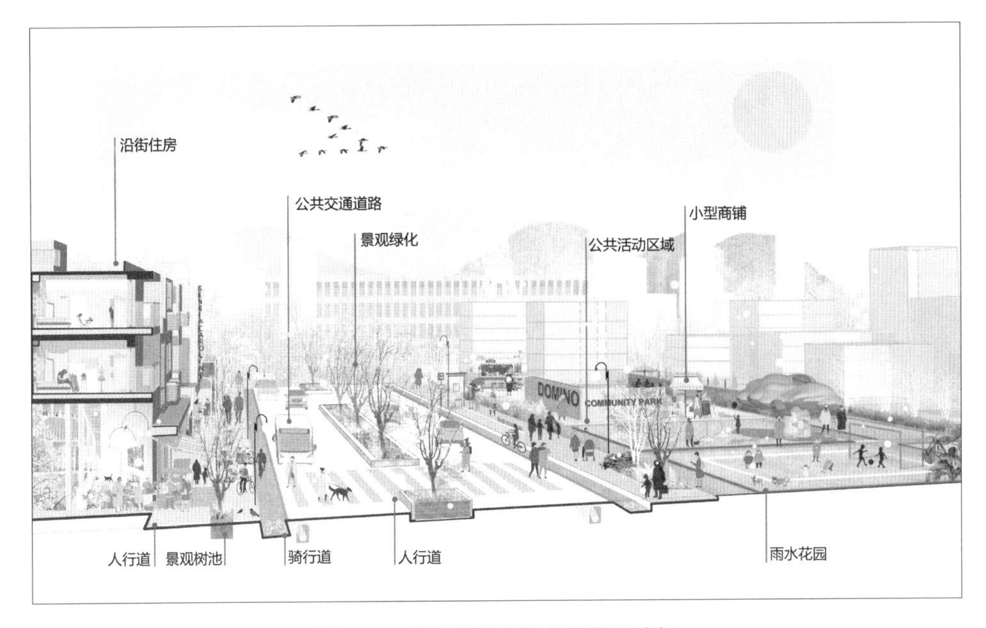

图 4-13　住区沿街道路剖面概况分析

生活型街道空间注重区域内部空间的领域界定，对地面铺砖进行专项设计，并在与道路交界处通过隔离景观座椅和花坛设置来界定居民活动场所，使人们形成一定的场所认知；利用建筑间产生的“弹性”灰空间来提升居民自己参与公共设施设计的参与感，提高空间利用率，植入居民共同的生活体验，使该区域成为人们驻足交往的公共活动场所；在底层商业区的设计上通过亮色和摆件的点缀渲染整体氛围，同时把握广告牌、标识等公共设施的整体风格，达到统一、美观的效果；在居住组团外围零星分布移动商铺。在提高居住区活力氛围的同时，给居民带来获得感、幸福感及安全感。

城市用地的紧缺和容积率的上升为城市化带来诸多的问题，城中村的改造是城市更新的必经之路。如何对高密度城中村居住区空间进行更新，改变以往仅局限于住区内部的物质更新，把开放、共享的设计理念融入住区规划中，将住区看作城市公共空间的一部分，从多维层面对居住区公共空间与私密空间的重构和配置提出解决方案，使城中村和高密度住区建设能有更好发展是我们后续细化研究的重点。

（三）“唤起集体记忆”的城中村更新与再生

“集体记忆”的城中村拥有真实的活动场景，居民生活在其中也能保持原有的生活方式。当下，很多城中村的更新改造是以整体搬迁安置形式出现，城中村整体搬迁到较为偏远的郊区，项目周边相关基础配套不够完善；加之以往政府及设计单位在开发决策中与原住居民沟通断层，导致建成的住房大多基于开发者的统筹规划，设计趋于同质化，往往容易形成结构单一、管理粗放、空间无序的形态和城市界面[108]；导致安置居民在后续入住过程中较难融入，参与感、归属感缺失，集体记忆断层，在微观层面容易产生心理上的矛盾和冲突。接下来探讨的项目，是绿城乐居建设管理集团有限公司倾力建设打造，由绿城集团资深设计总监冯豪先生主持设计的城中村更新项目。笔者结合理论对该案例进行细化分析，基于当下高品质社区营造标准，充分考虑城中村原住居民原有的生活习惯及传统的生活方式，从物质更新到精神层面综合统筹与考虑，探讨如何提升城中村居民的居住体验，使得原住居民能够更好融入新环境、新社群，实现城中村居民从“安置”到“安居”的社会学目标。

城中村的更新是在旧居所中建立新秩序，平衡现代与原有的生活方式、功能与形式的融合之美，使居民在享受优质的居住环境品质时，也能保有原乡的集体记忆。因此，对于城中村这一特殊区域的更新，应该基于以往城中村更新改造的案例以及大量的人群需求分析，在对项目地块住户比例、年龄层次、生活习性、活动范围等调研的基础上，设计能够“唤起集体记忆”的宜居生活场景。此外，亦可根据原住居民的生活习惯和需求增设一些传承性的新场景，例如儿童游乐场地、植物科普学习场地和老人活动、停留休憩场地。在交通场景方面，采用更加现代化的设计方法，通过人车分流、景观介入、空间重构等方式，使景观与交通相互交织，道路空间更加生态自然，也在一定程度上保障了行人的出行安全。设计元素来源于原有文化的提炼，例如当地的传统戏台、鱼池、鱼塘、果林茶田等形态，共同唤起居民的原乡记忆。

义乌双江湖毛店（二期）地块项目于 2023 年 3 月开工，是义乌市重点民生工程，该项目是在城市化进程中、城市高密度开发的背景下，基于“城市更新”，对标“未来社区”，以打造“开放式居住区”为目标进行的设计策划。基地位于双江湖新区内，处于环城南路南侧，距离义乌江仅 800 米，距离绣湖市中心 5.1 千米，由佛堂大道联系佛堂镇，通过环城南路联系稠江街道、江东街道。在义乌市各级领导的重视和双江湖集团的支持下，义乌绿城从规划设计、立面造型、公共空间、绿化景观等方面对项目品质进行全方位把控，项目尊重区域原有文化肌理，挖掘和盘活在地文化，加深居民的文化回忆和城市认同感，从心理关怀角度对城中村居民的归属感和邻里关系打造进行包容性设计，赋予区块多维性、多层面、多方式的理解，实现区域更新和文化再生。

2019 年 11 月，浙江省人民政府办公厅印发《浙江省人民政府办公厅关于高质量加快推进未来社区试点建设工作的意见》（浙政办发〔2019〕60 号），强调建设未来社区是以人民对美好生活的向往为最终目标愿景，以人本化、生态化、数字化为设计主要抓手，探索适应未来生活模式的社区形态。[109]基于此，本项目设计方案围绕“唤起集体记忆”的设计理念，赋予“重塑记忆”“心有所寄”“有界共生”三大理念，倡导多维感官的记忆体验，重视人与场域的纽带重建，强调交往与空间场域的重构。

1. 重塑记忆——寻求群体记忆与历史文脉需求下的空间营造

对城中村原住居民的记忆重塑，拟在寻求群体记忆与历史文脉需求下进行空间营造，以打造一种全方位感官体验。在原有视觉元素的基础上实现创意节点的再设计，在打破单一视觉元素表达方式的同时，以立体化的方式激发人们的感官能力与整体感受。设计通过前期的区域走访及资料整合，将城中村及当地的山水环境、人文精神、美食文化等以抽象化的形态再现于人居环境的场景中，通过现代景观重构人文精神。项目主创团队将该片区的文化分为原乡记忆、美食记忆及人文活动。原乡记忆涉及的文脉景点有古月桥、八面庭、宗忠简公祠、鱼塘、戏台、门庭、新庭、山林果园、双林寺，美食记忆有丹溪酒、金丝琥珀蜜枣、火腿，人文活动涵盖迎龙灯、高跷、罗汉班等（见图 4-14、图 4-15）。

图 4-14 基地文化分析（1）

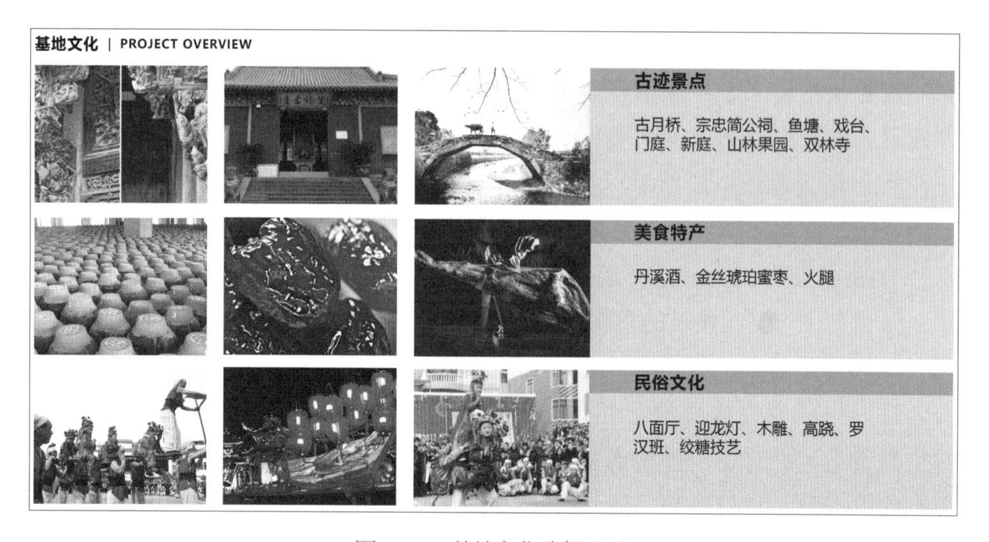

图 4-15 基地文化分析（2）

设计基于对原文化脉络和现居住区规划形态的分析，将传统的花厅、古塘、溪水、果林进行串联，对标设计了“瞻星琼津”“梨台候月”“归念瑶塘”“寻壑撷果”四大景点。“瞻星琼津”寓意上观天候，下听清淼。水景以“玄金”置石和造型罗汉为设计元素，形成一个极富视觉冲击力的入口景观。“梨台候月”则是结合了当地传统戏台的元素，通过构建多功能复合廊架、婺剧舞台、阳光草坪等形成社区的户外生活剧场，打造一曲清音悠扬、戏剧盛宴的场景。“归念瑶塘”隐喻忘却世俗、寄情山水。将传统鱼池、鱼塘场景与现代水景、山石植物结合，通过空间转折错落，依水建景的连廊曲径通幽，在有限的空间中打造出无限的四时风景。“寻壑撷果”通过提炼果林茶田的体态形势，运用果木、水和自然的山茶地形来营造出林间之感（见图 4-16）。

图 4-16　主题元素分析

2. 心有所寄——从“身有所栖”到“心有所寄”

2020 年 7 月，国务院办公厅发布《关于全面推进城镇老旧小区改造工作的指导意见》，提出“以人为本、因地制宜、居民自愿、保护优先、建管并重”的基本原则，明确了在发展土地增量的同时，更要做好存量建筑的基础更新及品质提升，从中可以解读出国家对加强农村精神文化建设的高标准、高要求。当下，基于为城中村居民营造良好的精神家园的目标，城市更新应细化考虑居民原有的生活习惯及城市发展带来的多样化需求，在完成“身有所栖”的物质基础后完成“心有所寄”的生活情感提升。

项目设计首要考虑人群的需求，基于可接受步行距离及成人平均步行速度分析，可以得知人群活动半径直接影响场地的布局。因此，设计在考虑居民活动场地需求的同时需要兼顾考虑安置居民的邻里生活习性；结合基地概况，通过精准分析，得出运动场地应相对集中、儿童活动场地应均衡布局、狭长地块应沿人行道路布局、方正地块应采用中心辐射布局（见图 4–17）。

服务人群 | SERVICE POPULATION

如何更好地满足居住需求?

人群活动半径直接影响场地的布局。运动场地应相对集中，儿童活动场地应均匀布局，狭长地块应沿人行路布局，方正地块应中心辐射布局。

活动场地布局原则图

种类	服务半径	步行时间
运动场地	250m	成人 3-5 分钟
老年人活动场地	200m	老人 3-5 分钟
儿童活动场地	50m	儿童 3-5 分钟
架空层娱乐空间	200m	成人 3 分钟

图 4–17　活动场地布局分析

基于城中村的住户比例及不同年龄的人群需求分析，项目需要尽可能多地为老人考虑活动及便于停留的场所；原城中村生活的孩子，玩耍活动主要以在巷道或小路上转悠为主，或是在山野之间嬉戏，因此设计需要考虑更多的传统元素；现代化小区大多是标准化设计，对于运动场地和体测训练场的设计思考较少，该项目基于各年龄阶段人群的需求，对标进行了深入的思考（见图 4–18、图 4–19、图 4–20）。

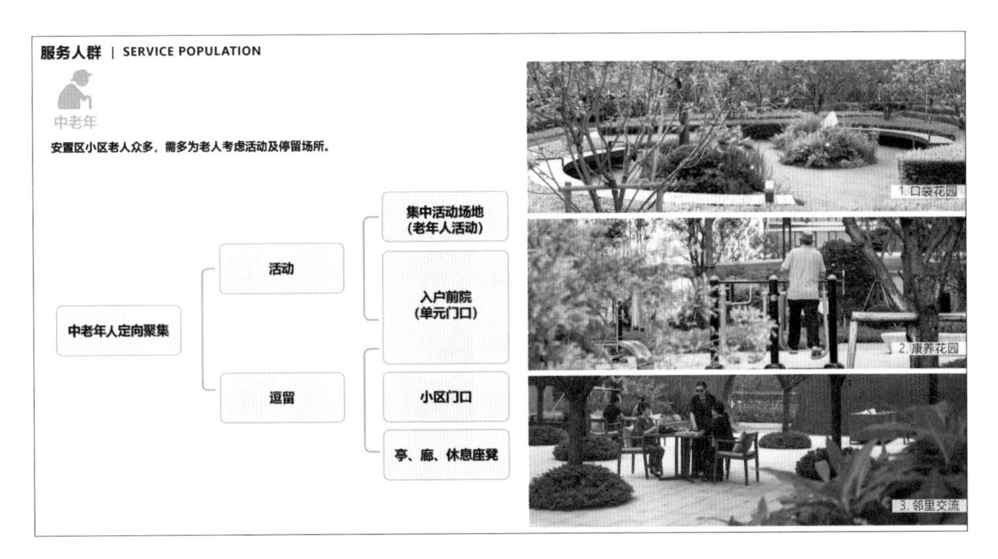

图 4-18　中老年人活动场所分析

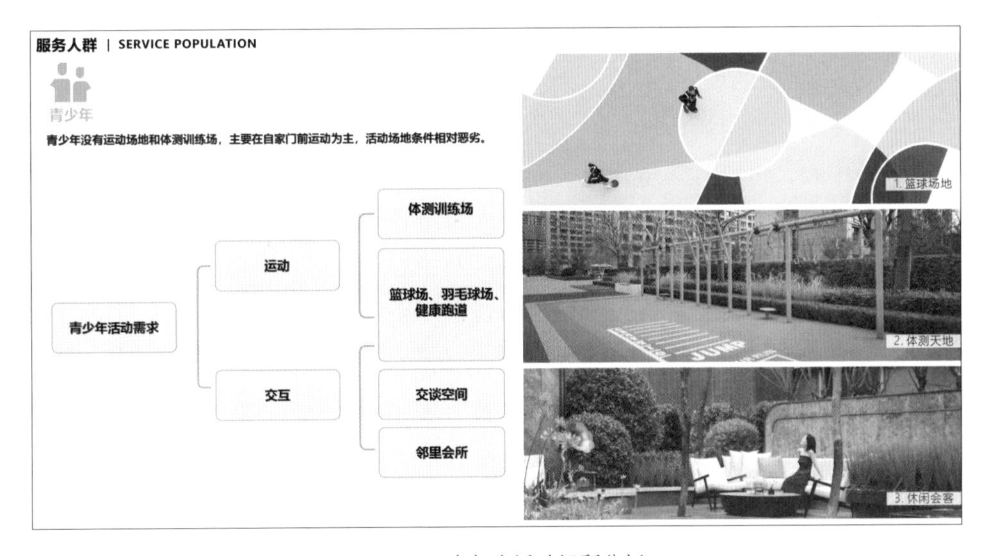

图 4-19　青年人活动场所分析

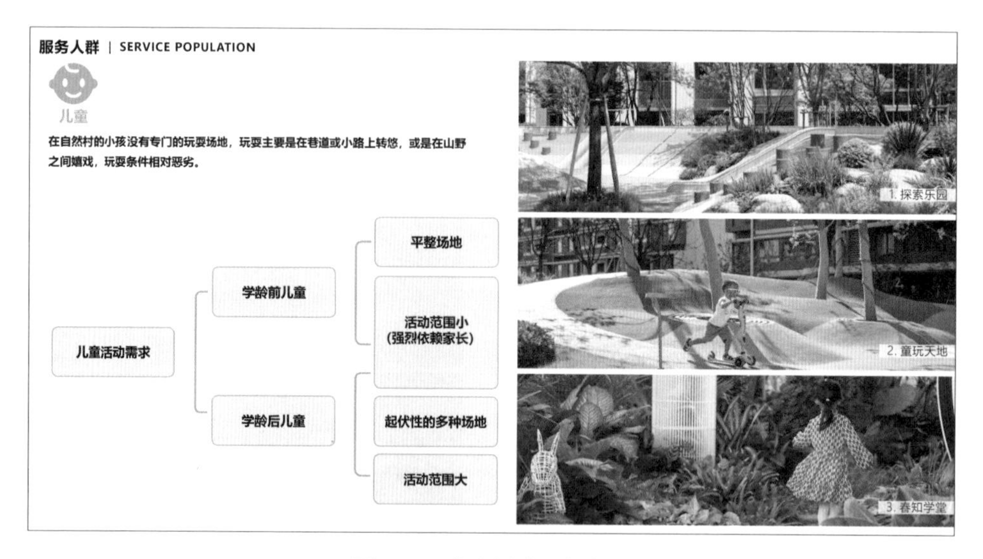

图 4-20　儿童活动场所分析

“共享互动”的场所空间设计可以增强人群之间的互动交流性，促进居民的双向互动，增强参与者的主观能动性。景观互动装置的介入从以物为中心转变到以人为中心，可以有效增强空间的体验感，拉近空间内部人群的距离，提高交互性。以对标 0 ～ 3 岁儿童设计的薪火相传景观区域为例，该区域的标准化模板包括四季植物私塾、科普断面认知区及中心认知区。本案中的四季植物私塾是轻体验、轻社交、重认知的植物科普学习空间，为园区小业主提供家门口的“植物第二课堂”。场景规划以四季植物为主题，配置适量的景观小品，重点展现自然群落季节更迭过程中的生物特征变化，为园区青少年儿童提供寓教于乐的认知空间，达到辅助学习、拓展知识、结交朋友的目的。在满足安全性的前提下，景观元素具有生动、形象、体验感强的特色，较好地符合儿童的认知特点。

3. 有界共生——交通场景从“有界”到“共生”

项目在人车分流、交通组织“有界”的基础上，通过景观的复合化、精细化设计达到微观“共生”的效果，通过景观的介入，打造开合有度、移步换景的交通场景。通过空间区域的重构，打破边界感，使得景观设计与外界交通联系相互交织，营造多元化社区环境，寻找与万物共生的平衡方式。

有别于现代化人车分流的小区，该项目在交通组织上，需要综合考虑城中村居民以电瓶车、三轮车出行方式居多的生活习惯，并在设计中进行合理解决。基于对现状问题即三轮车以及电瓶车通行比较频繁且需要进到单元入户的需求分析，发现园区内部会有大量的人车混行问题产生，存在安全隐患（见图 4–21）。

图 4–21 园区交通组织分析

在茅店二期项目的交通流线规划中，考虑到一期项目中存在的人车混行问题以及电瓶车同行与行人同行的双向安全性。因此规划设计相对比较固定的电瓶车环道，由于不可避免会出现人行与车行的交通覆盖点，因此图面上细化标注了重点管控区（红色标识点），这些区域重点考虑车行的阻隔，以保证人行区域的安全。

基于交通问题的特殊性需求分析，设计团队出示了三种设计方式来解决阻隔车行的问题（见图 4–22）。第一种方式是将道路进行曲折化处理，让车行视线绕转，进而减缓车行速度；第二种方式是通过花箱灵活摆放的形式进行交通慢行处理；第三种形式是通过增加适当的台阶来减缓车行速度，让电瓶车在行进过程中进行停留。通过这三种形式较为合理地解决了阻隔车行的问题。

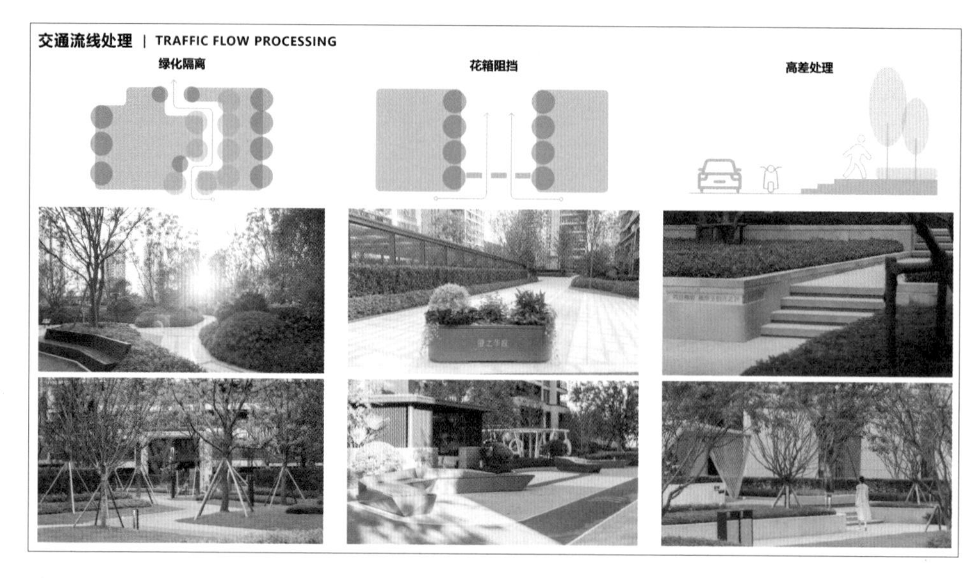

图 4-22　交通流线处理示意

新时代的城市更新不仅关注物质空间层面的物理更新，也不仅仅是对传统规划愿景蓝图的推陈出新，更关注的是城市空间层面的提升及其承载的社会、历史、经济、文化等要素之间的复合化关系。可见，在城市现代化治理过程中，追求经济效益仅是初级目标，提升公共空间品质、落实绿色环保理念、重视历史文化保护等才是更新改造需要重点关注的问题。面对新时期高质量发展的要求，如何实现更高质量、高效率、高参与度、公平合理的城市治理来满足人民对美好生活的新期待是管理者和规划部门所关注的重要问题。城中村的更新改造与再生应该更加关注城市品质的综合提升、城市治理方式的现代化转型，在更新体系构建过程中同步城市功能完善、空间品质提升、文化传承和生态修复，从而构建更为完整的城市有机体。

保障性安置住房的探索与实践

（一）国内外保障性住房的发展现状

众所周知，住房保障是社会稳定和经济发展不可或缺的物质保障，是人民群众安居乐业的重要前提。就我国而言，改革开放后，经济发展突飞猛进，城市化进程提速，使得城市人口急剧增长，规模不断扩大，住房问题凸显；随着城市人口的膨胀和发展资源的集中，住房问题也日渐凸显。基于国内外居住问题的实践探索，在综合解决人口居住问题的全球通用方案基础上，社会保障性住房作为新型居住空间模式在城市化的快速进程中应运而生。

在理论界，学者最早给出的定义是：社会保障性住房，特指由政府扶持，按规定标准建设，以政府核定的成本价格或租金向中、低收入者及其家庭配售或向低收入者及其家庭配租的经济适用房、安居房。上述理论界学者的定义明确了保障性住房五个方面的限制，即保障对象、价格标准、补贴或优惠、建设标准及住房形式。[110]可见，社会保障性住房作为一种特殊类型的住房形式与由市场主导形成价格的商品房在性质上有较大的不同，相对而言，其社会属性涵盖的范围及服务人群更为广泛。

就我国而言，1949 年新中国成立之初，我国人民主要是依靠福利住宅分配的传统住宅分配制度，改革开放以前，我国职工的住房问题主要由工作单位解决；改革开放后，我国对商品房进行了 20 余年的探索，1994 年前后，我国城市保障性住房逐步完成由社会生产型向社会福利型转变，对保障性住房的实践研究也随之展开；1995 年我国启动了安居工程计划；1998 年，国务院出台《关于进一步深化城镇住房制度改革加快住房建设的通知》（国发〔1998〕23 号），该文件正式吹响了房改的号角，中国的住房供给从逐步商品化进入了快速市场化的时期。住房市场化导致地价上涨，加上房地产开发商和投机炒房团的炒作等多方面原因，导致了我国商品房价格暴涨，城市中低收入人群只能“望房兴叹”，住房困难问题也日渐凸显，住房难成为广大人民群众生活中的普遍问题。2007 年国务院出台了《国务院关于解决城市低收入家庭住房困难的若干意见》（国发〔2007〕24 号）等一系列文件，要求各地方需尽快建立健全保障性住房体系，我国社会保障性住房建设的高潮拉开帷幕，越来越多的人开始住进社会保障性住房，从“忧居”到“有居”的社会目标得以实现。2008 年以来，我国中央政府逐步加大保障房的建设力度，设定目标为 2008 年建设保障性住房 63 万套，2009 年建设保障性住房 387 万套，2010 年建设保障性住房 580 万套，2011 年提高到 1000 万套，比 2010 年高 72.4%，进入“加速跑”阶段。“十二五”规划纲要指出，我国将加大保障房建设力度，目标是在 2011 年到 2015 年期间新建近 3600 万套保障性住房；其中，2011 年和 2012 年每年建设 1000 万套；2013 年至 2015 年建设 1600 万套。2019 年底，我国累计完成各类保障性住房和棚户区改造安置房 8000 多万套，2020 年我国住房保障体系基本建成，与此同时供给端政策强化了保障房、旧改、租赁住房三种住房的发展，进一步深化了住房制度的改革，并以此作为“十四五”推进保障性安居工程的新起点。

保障性住房建设是当下政府的一项重要民生工程，随着社会的发展，保障性住房的内涵和外延也在不断更新，其已经从计划经济时代的国家政府、机关单位提供全民福利住房制度向改革开放初期探索市场导向的住房体系以及持续发展起来的廉租房、经济适用房等不断更新转变。就中国目前的发展现状而言，自改革开放以来，我国的保障性住房体系日趋完善，人居环境品质也在逐步提升。近年来，我国保障性住房以前所未有的速度和规模实现，受益于政府保障性住房优惠政策，越来越多的人搬进新居，百姓有居的人居目标基本达成。由于我国的保障房建设仍然处于起步阶段，相关研究不够充分，基于可持续发展的理念，我们反观较早一批保障性住房建设及投入使用的情况，发现一些较为突出的问题。其一，从规划设计的角度而言，保障性住房的增长速度过快，建设周期相对较短，留给建设方的时间较为有限，容易导致规划设计人员对保障房未充分深入研究就要思考相关的设计图纸，使得该类住房在适用性方面存在很多有待完善的地方，导致住房的社会效益相对降低；其二，从需求层次理论及人群结构来看，保障性住房住户涵盖了普通低收入家庭、老年人家庭、残疾人家庭、外来务工家庭，人群结构较为复杂，后续城市更新过程中，其城市结构、空间布局、居住空间组织、社区构建等方面都需要进行优化提升。总结上述多方面问题及实践、研究中的不足之处，可见目前保障房建设暂存建设品质参差不齐的问题，后续需要从城市更新的持续性、规划治理的适用性等角度对保障房的设计进行深入对标研究。

纵观国外发达国家，其保障性住房（也称“可负担住房”）发展起步较早，历经时间较长，因此，笔者基于全球城市更新理论，比较研究可负担住房的政策类型以及政策的优点和局限，通过对英国、美国、日本、新加坡的保障性住房空间探索与发展的借鉴，展示全球在保障性住房空间设计价值取向上的转变。

首先来看英国伦敦市的发展模式，英国伦敦市的可负担住房包括公共租赁住房（Low-Cost Rented Homes）和过渡房（Intermediate Housing）两种。其中，公共租赁房主要针对中低收入者，其产权归地方政府或者社会住房房东所有；过渡房主要针对“夹心层”居民和“关键工作者”，是一种半市场化的住房，包括打折房（Discounted Sale）、过渡租赁房（Intermediate Rented）、共享权益房（Shared Equity）、共有产权房（Shared Ownership），其租金或者价格相对高于社会租赁房，但低于商品房，由住房协会（Housing Association）负责进行产权管理及租赁。[111-112]

对伦敦市的可负担住房政策从供给侧、需求侧和（规划）法律法规三方面进行梳理，从数据统计来看，从2013年至2014年，伦敦市新建的可负担住房数量达到1991年以来的历史最高点；从2011年至2015年，过渡性住房基本保持稳定，其社会租赁房的供应则减少了73%，可负担租赁房增加了70倍。

结合城市更新的发展趋势，英国伦敦市的可负担住房构成变化最大的亮点及可借鉴的地方在于非常重视混居社区建设。由于市场主导的住房系统加剧了社会分异和空间隔离，英国政府在改革和干预的过程中，积极提倡混居模式，并注重社区环境和居民就业能力的提升；具体的措施是通过鼓励中等收入和高收入社区建造可负担住房，建议低收入社区通过城市更新加入商业性住房和过渡房；新建住宅区要求配建商品房、过渡房和公共租赁房；并通过置换老旧住房，改善社区公共空间环境，增加学校、保健中心、社区活动中心和职业培训中心等公共服务，为居民提供环境优良的交流场所，增强社区居民的归属感；社区更新更加注重居民的教育及培训，着力帮助失业居民进行再就业，以便缩小贫富差距。这些措施有效缓解了贫困问题，并同步提升了社区治安环境和社区形象塑造[113]，促进了混合社区形成，使得大量社会租赁房社区转变为混居社区。

与英国相似，美国为促进混合社区，纽约政府拟通过可负担住房政策引导片区居民混合居住以复兴城市中的衰败社区，减轻社会居住隔离问题。例如较为典型的混合收入复兴项目（Mixed Income Revitalization Projects）就是通过租金优惠政策鼓励中等收入者入住低收入的居住区，通过该方式激活并带动这些区域的生活热点以达到复兴相对衰败的社区的更新目标；住房机会项目（Housing Opportunity Projects）则是为经济繁荣的地区及其周边学区的居民提供住房；而中等收入稳定项目（Middle Income Stabilization Projects）是通过引导中等收入者的居住理念来缓解贫富差距及居住隔离的绅士化现象。通过上述多层次的住房政策引导，使中等收入家庭更容易获得可负担住房，为形成混合社区奠定了基础。其中，最有代表性的是纽约提出的包容性区域划分政策，该政策鼓励开发商通过配建可负担住房换取开发权（Development Right）和开发标准（Zoning Variances）。住房相关的规划法规大多为非强制性，对开发商约束力较小，结合金融工具介入，其采取的可负担住房政策也更倾向于需求侧措施，对租房者及购房者进行首付补贴、租金补贴和贷款补贴，基本覆盖了中等收入者、重要公共服务部门工作人员和经济发展部门的就业者。[113]

新加坡的保障性住房建设非常值得我们对标研究、借鉴。新加坡全方位介入住房政策始于1960年成立HDB（Housing and Development Board），我们称之为“建屋发展局”，从最初大规模建造公共住房时为了减少公共住房中的各族分异情况而采取的“分区销售，先到先得”原则，在20世纪70年代至80年代期间，以新加坡不同人口的比例为基准，为实现新城“种族混合”的目标，在所建的新镇中等比例分配各族居民的比例。1989年，为了彻底解决新加坡的种族差异问题，新加坡对种族融合政策（Ethnic Integration Policy，简称EIP）进行了修改，表明新加坡政府希望通过该法案保持所有族裔群体居民在社会住房中的比例，以逐步实现各种族之间的融合，为混居社区构建而努力。除了政策导向以外，新加坡规划部门和城市决策者非常重视邻里概念及社区空间组织，将“邻里概念”引入新镇的空间组织与规划中，与此同时，结合实际情况作了部分修改，最终形成了从“新镇”到“邻里”再升级为“居住组群”的三个层次体系。新加坡提出发展公共住房除满足特定居民必要的居所需求外，更需要考虑如何实现公共住房在城市空间中的合理安排和满足特定居民合理居住空间的需求。新镇内对于建筑空间的组织，遵循高层、高密度的居住区混合安排及低层、低密度的土地利用，以形成棋盘式的布局形态。在开展公共住房和新镇建设的40余年实践过程中，将非邻里社区的居民与邻里社区的居民进行对比，发现邻里社区居民具有更完善的生活圈，社交圈层更丰富，邻里情感友好并对社区公共环境的维护也更具责任感。

上述为国外部分国家保障性住房的总体发展趋势及实践情况，可见无论是美国、英国还是新加坡的社会住房（Social Housing）、公共住房（Public Housing）、补贴住房（Subsi-Dized Housing），它们都是不同国家的中央政府或地方政府在不同时期，在一定政治环境的基础上，通过各种干预手段形成的住房政策或住房计划。当下，基于城市可持续发展及社区更新理论，综合考虑我国现阶段的发展，我们将混居社区的构建进行分析和比较，可见近年来在伦敦、纽约、新加坡等地的更新措施中，有一个共同点，即重视建设混居社区以及缓和社会隔离，上述这些更新措施和规划思维的转向可以为我国保障性住房政策发展提供借鉴。以上海市为例，我国的混合社区构建中，保障性住房选址大多集中在郊区或者城市外围，这些区域公共配套设施相对落后，空间资源分配不均，既不利于居住者工作及通勤，又不利于生活圈的建立，混居社区难以形成。当下，为达到“居者有其屋”向“居者乐其屋”的居住目标转变，一方面，需要通过目标人群多元化来进行居住人群的融合，达成混居社区，以促进不同社会阶层交流，共享服务设施；另一方面，需要建立和不断完善社区物业管理的相关法律法规制度，包括对公共建筑物、基础设施、卫生环境、娱乐设施、电梯及开放空间等方面作明确规定。同时，需要强化社区文化建设理念与公共管理机制，建立良好的社区认同感并构建和谐的睦邻关系。另外，为避免保障性住宅过度集中和郊区化，需要政府制定合理的土地利用政策并进行相关的干预，老旧社区旧房更新改造需要确保回迁居民的比例，政府部门通过经济补贴等政策吸引中低等收入人群入住，以促进混居社区的构建。

结合近年来相关学者对保障性住房的文献研究分析，不难发现目前我国保障性住房的问题主要集中在以下四个方面：一是居住人群结构问题。近年来，我国的保障性住房正处于由粗放型向集约型发展的转型期，虽然新建保障性住房的力度较大，但缺乏区域及空间的整合。虽说设计的原则重在实际及使用的效果，以体现对中低收入人群的关怀，但是单一的居住结构可能对社区本身造成很大的限制，并可能导致严重的社会问题。近年来，我国一些城市居住区两极分化现象较为明显，高收入人群居住在商品房社区，低收入群体则相对集中居住于廉租房或经济适用房社区内，居住分化现象在无形中引发许多社会分异问题。为避免类似国外贫民窟等一系列社会问题的发生，建议加快混居型小区的建设。在现有的建设规划基础上，应该尽可能多地考虑保障性住房与周边环境的融合，加强以多样化住宅设计为基础的混合社区建设项目。

二是功能合理性及居住空间环境满意度的问题。近年来我国大规模的保障性住房建设是通过大量的住房建设来满足不断增长的住房需求，而保障性住房通常位于郊区，远离城市核心区域，基础设施落后，住户面临出行不便等难以解决的实际问题。同时，很多保障性住房的空间布局不太合理，邻里交流空间缺乏，很多原住居民不愿意入住保障房小区，间接性造成了保障房资源浪费。如何在有限的居住空间及环境中不断提高人居环境品质，成为当下无法回避的现实问题。

三是整体规划与区域融合的问题。目前，我国保障性住房片区内的社区商店、工作场所、学校、公共设施以及社区活动场所存在较为严重的缺失和不足现象。因此，应加强社区内文化娱乐设施建设和公共配套设施提升，需要特别重视不同群体之间日常交往区域的公共空间设计，以建立社区邻里之间的良性关系，营造稳定、长期的住区生活氛围。

四是可持续发展与公共服务提升的问题。经专家测算，现有廉租房的租金只够物业公司维持较为简单的运营，若要考虑后期运营问题，建议在保障房规划设计之时就细化考虑十年或长远的运营计划，如可通过后期配建商户用房获利贴补运营。在城市更新的大背景下，我们应当从合理的功能布局、舒适的居住环境以及社区文化的多样性等方面探索未来社区空间发展的方向，毕竟每一次拆除重建都是对自然资源和财富的浪费。基于此，从国家韧性发展的战略决策出发，构建良好的社区规划及空间活力营造，对于未来的人居环境构建显得尤为重要。

（二）基于广泛互动和开放沟通的住房更新设计探索

随着时代变迁和社会进步，在100多年的时间里，发达国家和地区乃至全球的保障性住房设计经历了数次深刻变革并朝着满足住户需求、维护社会和谐、化解社会矛盾的方向良性发展，起到了和谐、健康、人性化的社会效应。当前，随着中国经济的高速发展和人民生活水平的日益提高，人居环境日趋改善。改革开放以来，我国经济的迅速发展推动了社会结构的复杂变化和城市空间结构的演化进程；在过去10年间，我国保障性住房以前所未有的速度和规模建设实施，受益于政府保障性住房优惠政策，越来越多的人搬入新居，基本实现了百姓有居的社会目标。由于我国的保障房建设仍然处于起步阶段，相关研究不充分，基于城市更新和可持续发展的理念，我们反观较早一批保障性住房建设及投入使用的情况，发现一些较为突出的问题。在“城市双修”“有机更新”的大背景下，保障性安置住房的可持续发展也得到了社会各界的广泛关注。目前，因我国所经历的城市人口结构变化、社区空间秩序调整等实际情况，保障性安置住房形成的住区也出现了诸如居住隔离、空间组织、体制构建等现实问题；由于经济基础、社交圈层、居住习惯等综合因素，保障性安置住区的人口结构、年龄层次及人才结构也越来越多样化，为其更新改造带来全新的思考和挑战。据社会空间结构的发展特征分析，未来保障性安置住房的特色化改造将成为未来城乡规划中的新趋势。保障性住房体系作为一个融合了多领域、多学科的民生工程是人居环境构建的重要部分，规划管理部门如何在城市更新过程中营造一个多维立体、服务广、人性化的社区环境，成为日益紧迫的现实问题。

约翰·哈布瑞肯（John Habraken）教授曾指出：住房与人们的关系，不能降低为只是商品与顾客的关系。建设住房是在创造文明，文明最重要的一点是其与人民的生产生活息息相关，根植于普罗大众的日常活动中。社会文明与人们彼此之间的日常活动相互作用，而表现文明的物质形式则是那些日常活动最直接的结果。基于上述国内外保障性安置住房政策导向、问题分析，本书参考国外“共居社区”模式的居住区设计理念，在社区更新过程中，基于文化学、社会学、管理学、哲学等多学科领域进行交叉研究，将“共居社区”“日常生活”

等理论引入保障性住房的空间设计当中，基于邻里空间组织、社会资本重构、社区活力营造等相关问题研究，揭示保障性住房空间设计回归日常生活的必然趋势，遵循品质实用性、功能复合性、参与多元性原则，从住区结构功能形态构建、人居环境氛围营造等多个方面综合探讨，以明确保障性住房空间环境优化设计的目标。概念项目以浙江省杭州市的保障性住房蒋村花园为例进行复合型社区空间设计，拟在社区重塑视角下分析老旧小区人居环境更新和空间重构等诸多问题，探索老旧居住区品质改造与提升的新模式。

1. 保障性安置住区现存问题及需求分析

"共居社区"是后工业时代对现有居住模式的一种反思，作为一个全方位开放、可持续共享的新型社区，其核心目标是鼓励居民之间进行广泛互动和开放性沟通。面对信息时代居住隔离、公共空间场所层次单一、住区归属感弱等问题，"共居社区"的出现对于推进社区发展、稳定社会秩序有重要的现实意义；可以说，它的出现是人类朴素心理需求的一种回归。基于我国国情，在笔者看来，对"共居社区"的研究，不应简单停留在社区建造、布局形式、生活和管理模式等方面的探讨，而应该将重点放置于社区空间组织、环境共享与经营、稳定社区邻里关系等方面的深层次探索。在"城市双修"的大背景下，"共居社区"的内涵拓展对于激发社区活力，创建人与自然和谐共生的居住区人居环境改造具有重要参考意义。

近年来，浙江省陆续提出了《浙江省未来社区建设试点工作方案》《杭州市贯彻全省建设行动计划的实施方案》等省市各类相关政策，拟在未来社区项目中引入"服务+共享+体验"的设计理念，以设计一个具有人文关怀，可以共享空间景观及服务设施的人性化、多元化智慧共享型社区，让老旧小区的住户体验不再止于简单地住，而是重视人在社会、精神、物质、生理、心理上的需求，从而构建新型的邻里关系网。

经资料查阅及分析，笔者以杭州市西湖区蒋村花园为例对保障性安置住区的人居环境进行问题调研。选取该小区进行更新改造的原因之一在于该小区的建设年代处于社会主义初期的增量时代，该阶段，住房等各项需求急剧增长，居住区的规划相对注重数量及速度，而相对忽略人居环境的品质。特别是随着时代发展，最先发展起来的保障性安置住房因为早期规划理念落后，居住区环境欠佳等原因[114]，导致了居住隔离现象严重、公共空间场所层次单一、居住区归属感弱、城市特色缺失等问题。具体总结如下。

（1）社会问题：人口结构复杂、人才层次多样，居住隔离现象严重

以本案研究的杭州市西湖区蒋村花园为例，该小区为回迁房，原住居民多为杭州本地住户，经实地考察，该小区内的住户除了原住居民，其余多为租户。当下，流动人口大规模涌入城市导致住房问题不断凸显，而这些流动人口多为刚毕业的大学生或进城务工人员，其收入水平较为一般，因此，在房屋的租住或购买中多选择价格较低的老旧小区。由于人口结构复杂、住户人才结构多样，加之老旧小区缺少聚合性的管理媒介，真正具有同一归属要求的邻里关系难以构筑；另外，由于年龄结构、受教育程度层次不一，住户的居住目的、价值观和利益诉求也各不相同，导致了住区归属感较弱、居住隔离现象日益严重等社会问题。

（2）城市问题：住区更新“模板化”，“空间收益”效果弱

城市更新是由增量空间向存量空间转型的必经过程，在居住需求多元化的时代，保障性安置住区作为城市空间体系的重要组成部分，对其空间秩序重构应考虑居民对社区居住功能和空间利益的双重需求。2017 年底，我国在厦门市等地开始了针对老旧小区改造的试点工作，据城乡建设部统计，我国各省市上报需要改造的城镇老旧小区数量达到 17 万个之多[115]；但就实际改造情况而言，在国内的大部分改造案例中主要涉及对水电和路网等基础配套设施的改造，模板化的改造方式产生了社区特色迷失、社区定位缺失等问题。针对老旧居住区改造过程中的“模板化”“物质化”现象，我们应该基于城市空间活力营造的角度对“城市居住空间收益”进行探讨，将“居住条件”“共享资源”“居住区附加利益”等元素相结合进行探讨，结合“新城市主义”理论，强调以人为本的邻里空间再造和社区空间秩序重构，重视居住区环境景观的立体化营造对人类活动的支持性和构建的重要性。

（3）规划问题：功能混合度低、空间活力缺乏

传统的保障性安置住区规划建设是以最大限度满足居住需求为设计建造目标，在该目标下建设形成的居住区环境空间形式设计过于统一规范；另外，住宅商品化导致了现代社区在初始规划上就存在空间场所层次单一、特色不足、功能混合度低、空间情感缺失等问题。目前，城市空间活力营造作为城市设计的重要目标已被广泛讨论，基于保障性安置住区功能混合度较低等急需整改的现实问题，需要针对老旧居住区的交通、绿化、公共空间进行多维立体化的更新改造。

2. 保障性安置住区更新策略研究

面对传统保障性安置居住功能混合度低、空间活力缺乏导致的人际交往缺

失、居住隔离等种种问题，笔者认为“共居社区”的初衷与我国的老旧居住区更新改造理念多有相似之处，可以借鉴研究。结合我国国情，保障性安置住区的更新设计，除了借鉴“共居社区”模式的核心目标，即“鼓励居民之间广泛的互动和开放的沟通”，还需注重流动人口和常住人口之间的情感差异及作为居住区共同体在生活理念和价值观上的融合。在分析“共居社区”模式在亚太地区呈现出的新特征，结合杭州市保障性安置住区的现存问题，笔者从社会发展、城市更新、规划管理等方面梳理了老旧小区更新改造策略，希望在社区重塑视角下的更新不只是完成特定项目，更在于传递共居理念，增进居民对于社区的归属感，以便重塑一个融合生活气息、活动范围、生态健康的新型社区。

（1）社会层面：共居模式探讨、社会资源整合

在科技引领的大数据时代，人们的公共交往大量隐形于诸如电子网络、电话等媒体之中，传统“此时此地”的群体生活和邻里交流难以满足当下“多元化”“非地域性”的交往模式，人们之间互助守望的情感需求相对缺失。然而，社会生活不应该只是一个概念，它应该经由一个公共场所、一条街道、一棵树木扩展成社会交往。简·雅各布斯认为多样性是城市的天性，随着流动人口、租客比例的不断增加，国内尝试运用类似模式适应发展需求，北京、上海、广州、深圳四地从 2012 年至今持续开发类似新社区模式并取得了一定的社会影响，从扩展的时间和规模来看，多维化的共居模式已经逐渐步入未来社区的发展轨道。

从保障性安置住区改造到共居社区再到定制社区，开放互动、多元互通的空间成为改造过程中的新方向，一站式生活服务型社区将时间资源、空间资源、人脉资源综合于一体，多功能的生活环境更加符合社会发展的需求。这样多功能的“混合式居住模式”，提倡基质空间的多维混合，使得居住区空间肌理形成不同年龄、不同受教育程度、不同阶层的人群在同一空间中碰撞出“异质同构”等多元化效应，这样的适度混合将带来比单一的同质社区更多的社会资本。

（2）城市层面：重塑社区邻里氛围、完善公共管理体系

“新城市主义”理论提出“重塑邻里交往和创造更良好、有活力的社区是‘新城市主义’的基本出发点”。城市社区空间的重构是在对城市社区空间本质有清醒认识的基础上对邻里空间秩序的再造，它是通过“城市更新”的转型重塑来构建的。[116]从人群社会性角度而言，我们应该关注老年人及幼儿这部分具有较强交往意愿和整合能力的群体；经过调研，这两类人群对于空间有效整合、激发老旧小区的人群交往具有重要的推动作用。因此，共居社区的模式可以将

邻里之间的关系进行动态、有活力地改善。

与此同时，基于社区环境营造的复杂性，共居模式对于居民的自发性参与提出了更高的要求，就目前城市管理体系来说，非政府组织还未达到成熟阶段，居民的参与在社区建设中还未达到一定的规模，全新的模式下需要社区重新规划居民对共享空间建设的知情权、参与权、管理权，加强居民自治；通过居民自发形成完整的管理体系、社交体系、共享体系，从而增强居民对于社区的认同感和归属感。

（3）规划层面：邻里空间再造、重构社区网络

居住区作为城市空间的一个子系统，必须建构于城市规划的网络之中，从规划界面空间重构的角度来探讨老旧居住区邻里空间再造。因此，我们可以在规划界面通过时间和空间的立体化重构来进行设计。其一，在时间层面，通过环境景观多样化、多层次的复合性“空间重构”，营造一种特有的社区氛围，使得居住区一天内不同时段的不同人群产生不同的社交活动；其二，在空间层面，通过更新设计发展住区公共空间和街道系统，发挥边界效应，引导潜在的内外网络整合，形成开放的活力发生界面。[117]通过规划界面立体化的重构，改造后的小区可以比单一功能的社区具有更大的吸引力和辐射力，让居民重新回归社会生活的方方面面。

3.“共居社区”视角下的规划实践探索

从增量时代到存量时代，居住区的更新应该具过渡性和灵活性的变化。在社区重塑视角下老旧小区场所空间、社区品质的改造与提升也日益成为城市更新的一大热点和趋势。下文将结合杭州市蒋村花园更新改造的设计案例来讨论如何构建符合时代发展的保障性安置住区，以期为老旧社区的韧性发展提供全新的可能。

（1）共居空间模式立体化：“联结、围合、架空”

在商业化大生产的时代，公共交往模式的“隐形化”导致传统“此时此地”的邻里交流难以满足当下“多元化”“非地域性”的交往模式，本案设计改造借鉴国外“共居社区”的发展理念，将改造主题定为“此地·彼方”，意在创造邻里之间的“社区感”，在实践中根据实际将小区空间分为“联结、围合、架空”三个层次，从三个方向对社区平面、立面、空间进行多维立体化的改造，并在此基础上将共居模式的具体节点进行模块化定量改造，将居住单元之间的单一空间与集体空间结合在一起组合成空间多元化、功能可变性的共享活动区域，最终形成富有空间活力的社区（见图 4–23）。

01 联结 COUPLING

平面组成 平面改造设计大部分放在南北宅间的位置，分别满足三个年龄层的需求，最大限度将动静区域分开。

→ 轻介入：道路更新
改造节点：友好步行道路

→ 轻介入：道路更新、立体景观
改造节点：宅间种植花园

→ 轻介入：道路更新
改造节点：休闲硬地道路

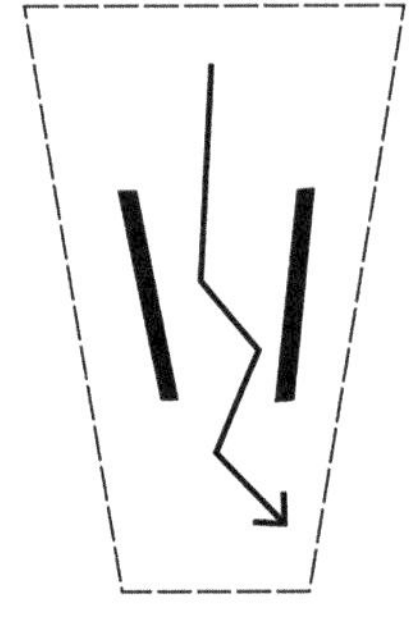

02 围合 ORGANIZE

立面组成 围合空间改造设计是此次设计关于"共居"的概念体现，大范围大空间的活动院落是此次探索设计的一大重点。

→ 空间重塑：共享空间
改造节点：中央架空平台

→ 空间重塑：共享空间
改造节点：屋后架空回廊

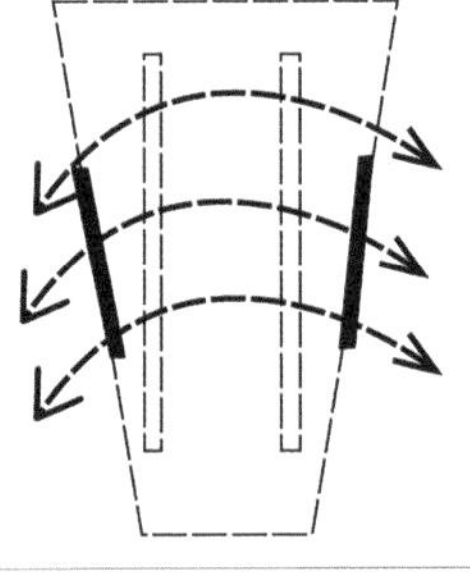

03 架空 OVERHEAD

空间组成 立体空间的改造是此次项目的设计亮点，中央的架空平台将打造成青年社区的"中央公园"。

→ 轻介入：共享空间
改造节点：社交体验院落

→ 改造节点：中央停车场

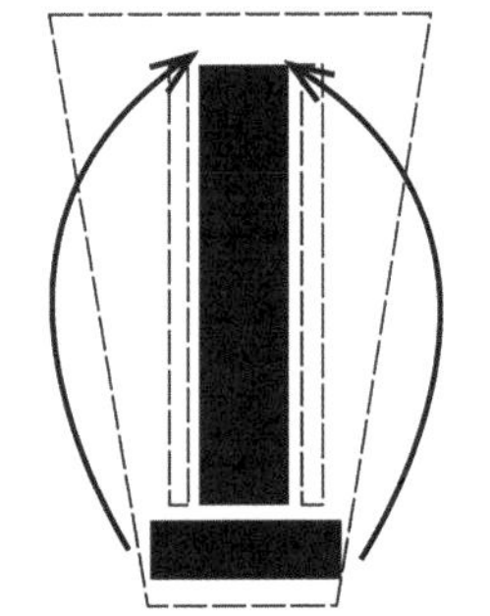

图 4-23 "联结、围合、架空"空间组织类型

本案作为城市更新下的老旧小区改造，在此次设计中优先考虑公共空间的划分和设施的升级问题，做到宅间空间最大程度的优化。首先，我们将小区的空间设计细分为私人空间、公共空间、半公共空间、生态景观空间四个部分（见图 4–24），不同的空间形式在设计改造中围绕“共居”模式充分考虑城市活力营造理论的核心思想，重视对公共区域的可达性、交往空间的建筑形态构建、活动区域功能混合度的改造更新；在满足居民基本的物质文化需求的同时，对公共活动空间、人居环境构建、社区归属感提升等高层次的情感需求进行一系列人性化的设计对接，注重地域归属感，提倡功能混合，重塑多样性、人性化的生活氛围。

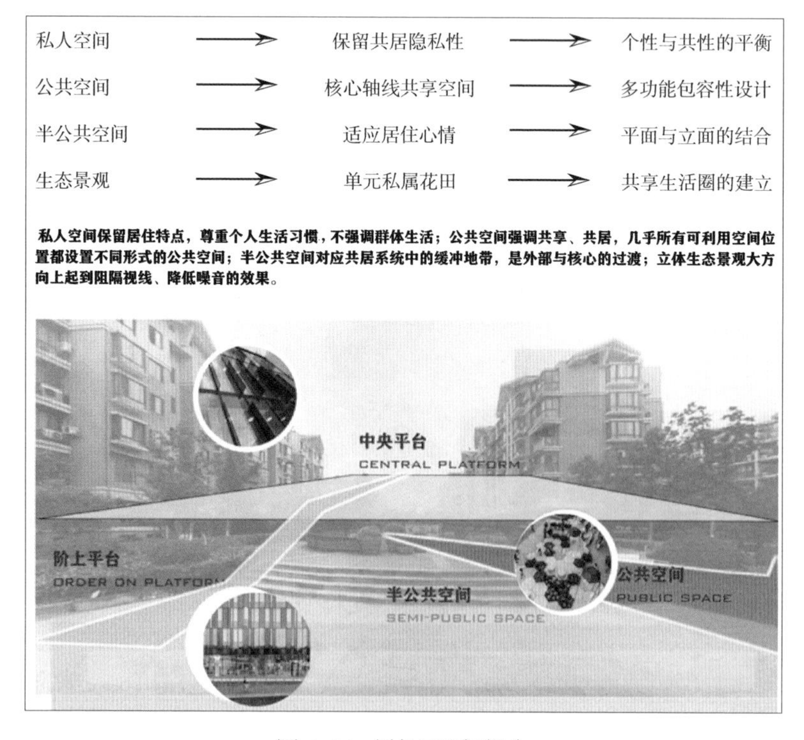

图 4–24　居住区空间划分

不同于原有共居社区理论体系中的分散型居住空间和集中型共居社区规划体系，项目通过“联结、围合、架空”立体化多维度的空间营造，打破居住区封闭式的空间构造，居住者可以充分利用公共空间、半公共空间、私人空间。改造后，居住区内不同人群可以根据使用需要灵活选择空间场所与社交组合，满足生活、工作、社交、娱乐等不同的功能需求。在具有流动性和节奏性的现代社会为那些从地理上与传统家庭分离的人营造一种可依赖的生活氛围。“此地”不仅指我们的社区，更是一种在城市生活中可以完全放松的舒适区，让我们在或陌生或熟悉的地方更好瞭望“彼方”（见图 4–25）。

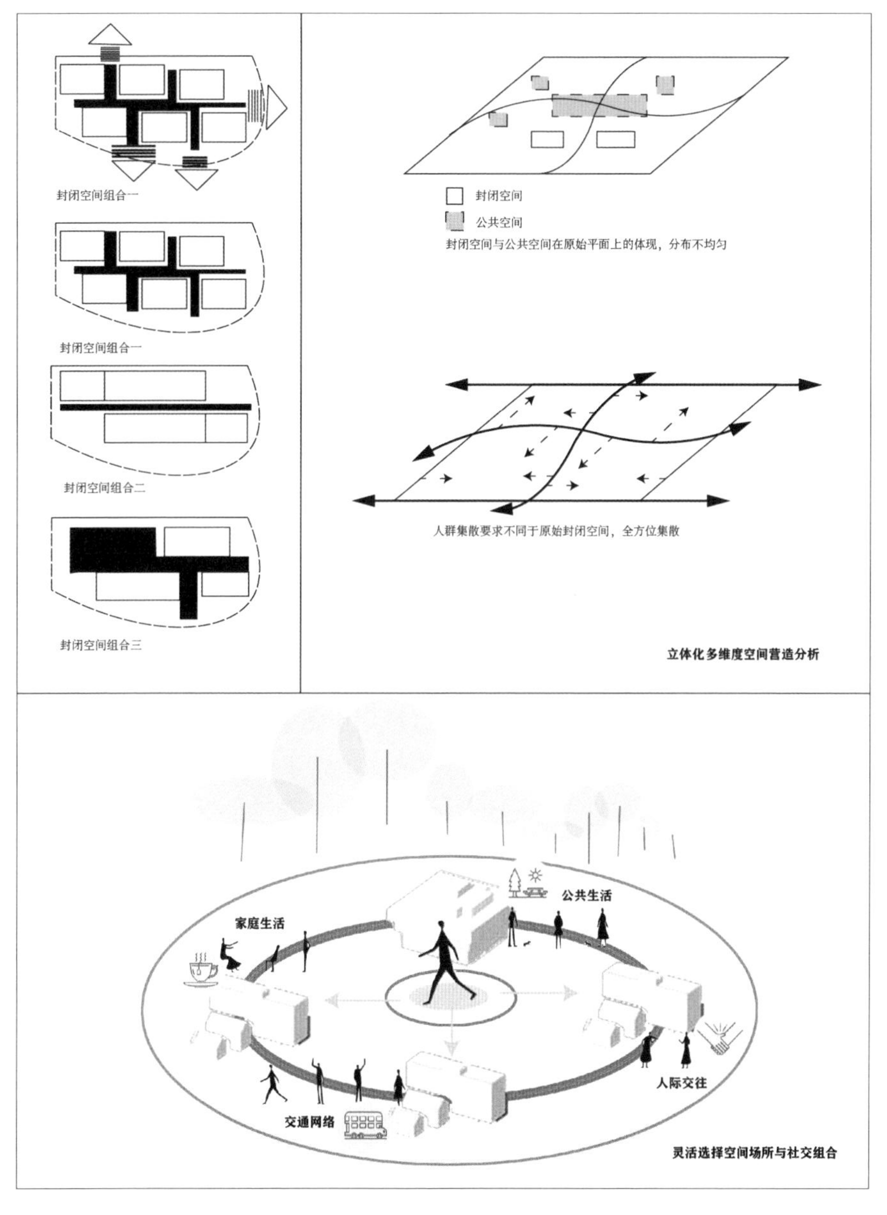

图 4–25 立体空间营造与立体社交圈层分析

（2）空间资源挖掘整合，设计改造“轻介入”

在响应国家“城市双修”的号召下，本案创新性地提出“轻介入”的改造设计方法，摒弃以往大拆大建的“以旧换新”式改造，将空间边界重新定义，打破以往居住空间机械的分割方式，从社会与服务、连接与联动、舒适与想象、使用与活动四大方面进行多种功能融合，构建宜居共居社区模式，强调各年龄阶层的包容性设计和场所归属感营造。

在本案的更新设计中，通过规划界面时间、空间的立体化“轻介入”改造，尊重本体，完整保存原有的小区布局及建筑形态，充分利用原本不被重视的公共空间，如宅间绿地、步行空间等，在设计中以轻介入的姿态，探讨设计如何回归居住的本原，承载人群对于住宅的内在期待，关注和实现老旧社区改造的可持续发展。

比如，街道和步行道是居住区的主要公共空间，一般社区改造强调对于道路平整和线路的规划，本案则认为社区道路应是被充分利用的，在道路建设上吸取各类大型城市道路的经验，引入了“潮汐道路”的全新概念。因此在改造过程中将“友好步行道路”的概念植入其中，利用中央的活动区域将道路分割为“潮、汐”两侧，靠近停车场的位置基本为人流集中地点；将低交通流方向道路闲置资源提供给上下班时间段高交通流方向的车行使用，通过这样的优化配置，使得老旧小区较为拥挤的路段在上下班高峰期交通供给需求关系达到相对平衡。为符合设计主题，在色彩上采用鲜艳明亮的配色，功能上设置儿童活动中心区域，考虑到小家庭生活节奏快，儿童可以先于家长放松娱乐，保证儿童和行车的双重安全；两侧宅间开放的道路区域用作私家花园和创意露营草坪，在长距离大面积的道路活动区域设置硬地灯光，丰富了公共空间的功能，拓宽了道路设计的想象空间，促进了不同年龄段人群的交流，在公共生活中培养居民道路各有所用的习惯，将共享生活圈的理念在道路改造上得到相应的体现。

（3）打造立体圈层，共享公共空间新模式

本案的更新改造综合考虑蒋村花园的实际居住情况和人员结构布局，提出“集合”与“复合”相结合的更新设计策略，以达到“打造立体圈层，共享公共空间”的规划目标。

首先是“集合”策略，该策略的核心思想是有目的地将住户的不同需求进行空间串联，激发住户对公共空间的认同感与参与感。考虑到该小区的住户多为青年人群，他们在平时的工作之余对于交流和休闲的需求较大，故而有针对性地提出了“体验式院落”设计。院落中的围合空间设计很好体现了更新改造在“共居模式”上的探索，院落内部空间在闭合模式之下是社区内青年的大型社交区域，类似国外小型社交公园，在这样的空间营造下，居住区的亲和力和开放性也得到了充分展示。与此同时，在体验院落的设计中，增添了适宜青年的生活、办公、交友为一体的共享设施，该设计体现了网络时代青年人群集生活、办公、交友于一体的生活模式，将空间、环境与人的需求三者协调统一，创造出亲切宜人的社区和舒适自然的社交环境。

其次是“复合”策略，该策略是基于前述空间及时间维度的规划层面发散而来，其目标是拓展空间共享范畴、定义多样化公共空间。考虑到该小区居住的人群多为本地回迁住户，大多都是年纪较大的老人，经实地考察，我们发现该小区的中间两幢建筑间有较大的空置地，因此拟在该区域设置立体架空回廊。在设计过程中，通过动静区域的划分，将静区的圆形架空平台设置于回廊之上，满足休闲茶话的功能，两侧采用旋转楼梯的形式，为下方的动态区域预留足够空间。动态区域安排在回廊下方，在功能上细分公共餐厅、公共电影院、公共咖啡吧和幼儿活动区，形成了代际养老的家庭活动模式。

该立体化空间的处理，可以充分利用公共空间的地理条件，将景观或独立或依附于建筑之中，使得居住区的公共空间设计不再局限于区域的平面布局改造而同时延展到立体圈层的构建设计。这样的设计可以囊括大部分家庭活动及老幼代际活动的需求，做到全年龄段的资源共享，有效应对当下居住区设计对老龄群体考虑不足、适老环境设施滞后、代际分居等问题，对住户交流、代际支持产生一定推动，带来良好的心理效果和社会效益。

基于上述层层递进的分析，在结合我国具体国情的基础上，我们可以得出此次关于保障性安置住区的更新设计为我国城市社区改造模式带来的部分启示。首先，“共居社区”作为一种“定制社区”或“主题社区”提供了一种全新的视角，“共居社区”生活模式不仅可以应用于青年群体、老年群体，也可以是混居模式，本案的设计改造为改善型居住空间提供了更多的选择，为老旧社区的活力营造与可持续性发展提供了更广阔的平台。其次，以追求“共享”理念作为社区友好相处的方式，重塑了邻里和睦关系，低影响策略下的“城市修补”式设计为特殊人群住房和服务提供了定向性选择，也是未来绿色社区和智能社区的提前试验，真正做到“以人为本”的居民自治管理，从根本上改变老旧社区改造的固有思维。

目前，保障性安置住区品质改造与提升在城乡规划领域成为一大热点和趋势，随着各类社会问题、城市问题、规划问题的出现，我们对于如何维护或重构老旧小区的居住模式、如何通过改造更新促进现代邻里精神发育等问题的思考也势在必行。在结合社会、生态的可持续发展目标下，我们在规划、建筑、经济、管理等众多领域进行多维度的交叉思考，既需要各方专业人士介入，也需要“共居”视角下居民团队自下而上地参与，以便科学地梳理内在逻辑。

（三）“共居社区”构建理念下居住区更新策略研究

众所周知，住房保障是社会稳定和经济发展的物质保障，是人民群众安居乐业的重要前提。随着时代的变迁和社会的进步，100 多年来，发达国家及地区乃至全球的保障性住房空间设计发生了几次深刻的变化，更加致力于满足居民需求，维护社会和谐。笔者以“嘉兴市城南职工集体宿舍改造提升项目”为例，结合理论进行分析解读。该项目位于嘉兴市南湖区城南街道，朝晖路南侧，靠近创新路及槜李路两条城市主要道路，城南工业园附近，周边交通便利，园区有大量企业务工人员。城南职工公寓主入口在北侧，从入口进入后，依次为管理用房，两栋宿舍（单户），食堂，三栋宿舍；管理用房为三层，食堂为两层。2 号、3 号、5 号、6 号集体宿舍为六层，7 号集体宿舍为五层。目前有五幢集体宿舍与两幢功能用房，共计约 400 户住户。其中，2 号、3 号为单户集体宿舍，共计约 36 户住户，5 号、6 号共计约 288 户住户；7 号共计约 70 户住户；另配备有 1 号管理用房与 4 号食堂、浴室、活动功能用房。

由于城南工业园区对于项目地块有较为深远影响，因此该保障性住区地块内住户与租户主要群体来自各个产业的工人及家属，该地块周边生活圈内缺少生活化的便民设施，故而在后续设计时将着重思考与之相关的需求及问题的解决方法。对于该区域的改造提升，城南职工公寓大部分住户对改善公寓环境提出了不同的诉求和建议。项目主创团队基于上述的多方问题进行现场调研分析，充分利用现有资源，延续其功能使命，以便更新后的职工公寓重获活力，并为住户提供更好的居住服务体验。为全面提升城市功能、人文魅力、宜居活力；为居民改善居住条件，提高生活质量，提升美好生活的获得感，该项目的更新改造主要包括城南职工公寓用地范围内的道路改造、车位改造、景观改造以及 7 栋建筑外立面改造［1 号管理用房，2 号集体宿舍（单户），3 号集体宿舍（单户），4 号食堂，5 号集体宿舍（中），6 号集体宿舍（中），7 号集体宿舍（单）］、五栋宿舍建筑（2、3、5、6、7 号）内部装修改造、集体宿舍楼加装电梯、新建一间垃圾房。

基于现场调研，发现该住区存在交通出行、垃圾分类、生活安全隐患等多种问题。在交通出行方面，北侧主入口处相对窄小，虽然基础设施在后期建设中进行了必要的加装，但流线不明确，距离相近的两个道闸没有很好的流线引导，桥梁与场地存在一定高差，场地内外城市界面缺乏交流与融合。场地内部道路为混凝土路面，现状侧石为水泥混凝土，导致行车舒适性差；社区内人车混行现象严重，停车空间不足，人行空间狭窄，非机动车车棚设施老旧；住区内部宅间绿地被分割成大小不一的不规则形状，严重破坏了场地的景观体系（见图 4–26）。

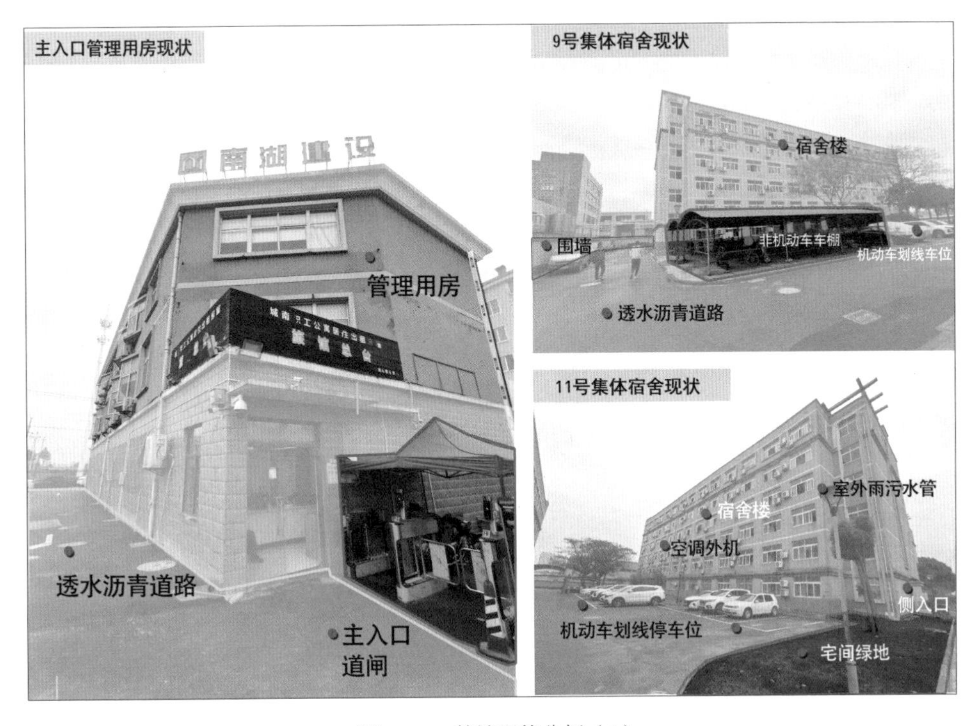

图 4–26　基地现状分析（1）

根据现场踏勘，小区整体建筑存在外立面老旧破败，颜色风格不统一、缺乏整体性，外立面飞线杂乱，空调外机随意摆放、无遮挡，管线等设备外露等现象。特别是原有管理用房建筑外墙脱落严重、设施老旧、管线杂乱；建筑内空间走廊管线裸露、设备老旧，墙面渗水脱落的问题相对严重，存在较大的安全隐患。宿舍内部设施老旧，房屋空间利用率低，已无法满足务工人员的居住需求（见图 4–27）。在景观环境方面，原场地树木如香樟树、垂丝海棠等存在树根隆起现象，少量乔木生长情况不佳，存在补种现象。地被方面，宿舍楼宅间及周边的常绿地被缺乏维护、长势不佳（见图 4–28）。

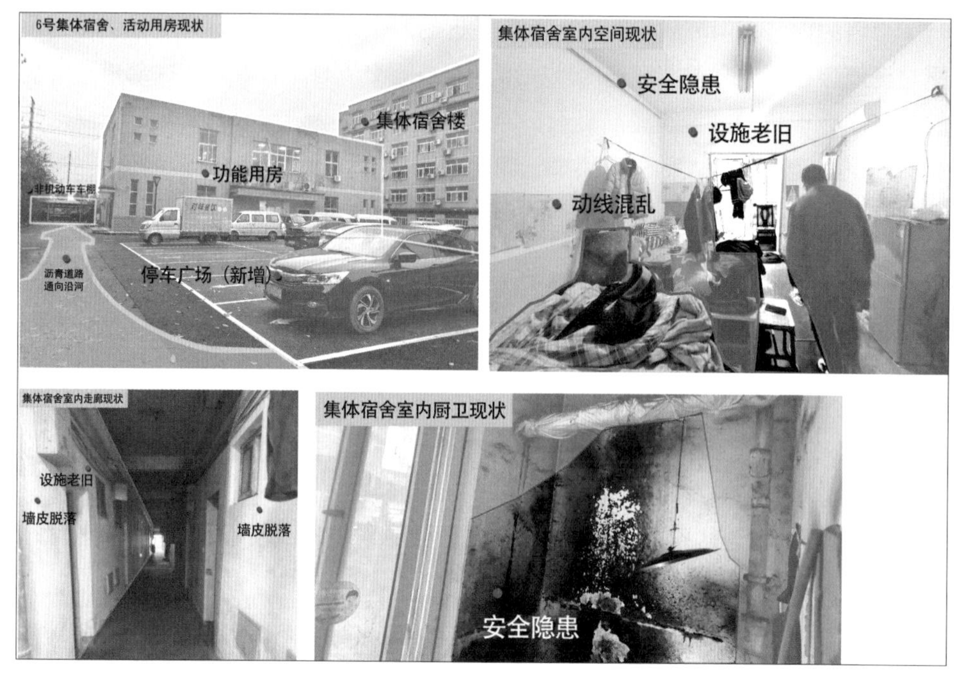

图 4-27　基地现状分析（2）

图 4-28　基地绿化现状分析

目前，多数保障性住房的空间布局不太合理，缺乏邻里交流空间、配套设施欠缺等问题突出，导致很多保障房小区分配后很少有原住居民愿意入住，造成了保障房资源的浪费。如何在有限的居住公共空间环境中不断提升居住品质，为住户提供改造住房空间的可能性，成为当下无法回避的问题。因此，保障性住房的更新改造应该努力与城市整体风貌相协调，与文化发展相呼应，注重居民生活的便利性和舒适性，从居住者的实际需求出发，结合“共居社区”的设计理念，将多元共居的理念植入更新改造中。以该项目为例，更新设计将原有管理用房进行重新规划，将商业、服务等功能融合一体，对原有食堂进行二次设计，最大限度地进行资源共享，提供给保障性住房一种全新的选择，做到便捷、安全、舒适、美观。在公共设施提升方面，注重设施建设的集约和规范，充分遵循国家、行业和嘉兴市的相关规范及标准，科学合理优化基础设施布局，同时强调基础设施的均好性和共享性，提升设施服务水平和能级；努力做到传承社区文化、本土文化，使其不仅仅是居民物理空间上的归宿，更是精神上的家园。

具体的更新设计在结合地块属性及要求的基础上，提出合理改造内容。在景观改造提升方面，通过重构小区道路空间组织形式、重新划分景观功能区，统一考虑公寓整体风貌，科学合理布置景观绿化。整体道路系统采用沥青路面作为主要材料，并根据不同的功能区域选用塑胶场地和硬质铺装等不同的方式进行处理，兼具实用性与美观性，以增强景观体验感；优化小区内部的机动车与非机动车停车位；着重打造沿河景观带，并重新设计公寓围墙、非机动车停车棚等，优化整体动线，以方便居民的日常使用；重新设计道路照明系统，以改善居住体验。

景观绿化设计遵循生态性原则、人本性原则、美观性原则及地方性原则这四大原则。设计中从场地使用者角度出发，增加环境舒适度，采用适用人行道路的花岗岩铺地，适量设计塑胶场地，以整体提升人体运动安全性；在改造提升基础设施的同时，提高生活质量，以获得较高的环境效益。为突显场地特色，更新改造着重设计沿河景观带，依托长水塘的生态资源在沿河区域打造运动场地与活动区，发挥场地优势，将功能融于生态自然中，提升景观氛围。

考虑到原公寓绿化相对集中，主要分布于宅间道路两侧，后期维护差，导致部分草皮光裸、乔灌木缺乏修剪，因此更新改造拟合理地再布局公寓内的道路系统和景观空间序列，种植利于后期养护的常绿植物，如香樟、桂花、垂丝海棠等，达到一定的景观提升效果，以便充分发挥绿地空间的生态效益。公寓现状围墙破损、排水不畅与照明系统毁坏现象均有发生，为提高公寓居民生活质量，将重新设计或翻新景观基础设施，形成完整的景观改造方案。在细节上，注重铺装改造提升，原场地使用的是不透水的硬质地面铺装材料，这些铺装的路面水分难以下渗，降水形成地表径流难以流到河道或地下排水管道，很容易引发地表的积水现象；改造后铺装样式结合场地现状使用沥青道路和透水铺装，运动场地局部使用塑胶与花岗岩结合的形式，增加铺地的摩擦力，达到一定的安全防护性能。

该项目的改造提升对标浙江省未来社区“人本化、生态化、数字化”的理念，在公共区域设计运动中心作为公寓改造的景观特色与亮点，充分结合现存的生态资源以提升公寓商业价值及生态价值；通过增设景观健身步道与游步道，增加居民运动场所，形成特色景观分区；调整居民活动健身区域，适当增加条石座椅组合等内容，打造成可供周边居民休闲娱乐、聚集聊天、散步健身的沿河景观公共空间。全民健身场地设施设计重点强调居民的需求，在设计、施工和运营过程中贯彻绿色建筑理念，遵循体育设施的全生命周期，采用相对耐用、高效、绿色的材料，努力推动场地设施的可持续发展，推动资源的有效利用。建筑改造提升主要是对现状情况进行梳理，明确建筑的拆、改、留更新方式，确立建筑整体风格、色彩和材质等并针对其进行改造更新，在已有基础上加装电梯；建筑内部的改造包括装修设计，给排水管道改造，电路改造。建筑立面改造通过整理拆除飞线和无用装饰物，有效整理，分类走线，尽量上改下，去除废线，归并散线，线缆收紧，新设桥架，利用管道、管沟、管廊入地等各种方式进行综合治理。立面整体统一设计，统一建筑风貌。保留建筑风格元素及城市记忆。墙面选用仿石涂料进行翻新，墙体更改为米黄色系，注入现代化的特征，优化升级。建筑外墙粉刷前对各类附属设施进行检查与加固，消除安全隐患，对损坏外墙进行修补，消除建筑外墙材料起壳剥落影响和外墙渗水问题。另外，对立面功能装置进行风貌优化，统一规范设置空调室外机位置，结合建筑立面统一采用铝合金装饰网罩予以适当遮蔽，设计保障位置隐蔽美观；空调外露管线结合装饰网罩隐蔽设置。在居住区内部环境提升方面，合理优化室内布局，拟将进门空间功能改造为洗手台盆及具有厨房功能的台面；卫生间干湿分离，优化空间及洁具；取消阳台隔墙，拓展室内空间。考虑到原有景观及其配套设施已不能满足当前居民的使用需求，原有管理用房、公共食堂等功能均没有使用。因此，建议结合“共居社区”的设计理念，重新规划区域内的功能，以更加开放、共享的形式服务于社区内的居民，多方面满足居民的使用需求（见图 4–29）。

图 4-29　改造前后对比

在“城市双修”“有机更新”的大背景下，保障性安置住房的可持续发展得到了社会各界的广泛关注。保障性住房体系作为人居环境构建中的重要部分，住户对其更新改造的关注除了满足人民基本生理需求以外，在人居环境质量、社区氛围、归属感营造、人文环境构建等高层次的情感需求上也有很多潜在的要求。因此，管理者应当从功能布局的合理性、居住环境的舒适性以及社区文化的多样性等方面探索城市空间的未来发展方向，毕竟任何一次拆除重建都是对自然资源和财富的浪费。因此，基于国家绿色可持续发展的战略高度，良好的社区规划及空间活力营造在未来的构建中显得尤为重要。

四 历史街区更新改造提升

（一）历史街区内涵解读及案例分析

近年来，在城市更新的探索和实践启迪下，多数城市在经历千城一面的高速发展后，纷纷提出塑造区域特色、提升城区品质，在城市更新过程中，街区作为城市的重要组成部分，是城市更新工作不容忽视的重要部分。随着我国城市由“增量空间”向“存量空间”转变，由外延式发展向内涵式有机更新过渡，城市街区作为同时兼具城市历史特色及文化特色的存量空间越来越多地受到学界及规划界的关注。

当下，对城市街区的更新和修补大致可以分为两大类：第一大类是历史街区，特指布局较为集中、文物保存特别丰富、有一定规模的历史建筑，能够较为完整和真实地体现历史风貌和传统格局的保护类历史街区。近年来，各国政府、学者和研究人员已经意识到保护历史街区的重要性，并逐步探索保存街区历史文脉和记忆的方法。1994 年，《历史文化名城保护法规和管理办法》的颁布为历史街区保护提供了有力的法律保障和规划指引，有机更新等理论开始涌现。自 2005 年《历史文化名城保护规划规范》出台以来，相关研究的文件数量开始迅速增加，促进了历史街区保护体系的理性发展和成熟，《国家新型城镇化规划（2014—2020 年）》的出台和 2015 年中央城市工作会议的召开，标志着城镇化建设在全国范围内展开，中国已进入以品质提升为主的新阶段。自 2016 年《历史文化街区划定和历史建筑确定工作方案》等一系列相关法律法规颁布以来，我国历史街区相关研究及保护工作进一步加快并逐步转向成熟。该阶段，相关检索结果数量显著增加，并在 2016 年达到顶峰，这表明我国历史街区保护研究已经相对成熟。时任住建部部长的王蒙徽在 2020 年党的十九届五中全会召开不久后发表了相关文章，指出“保护具有历史文化价值的街区、建筑及其影响地段的传统格局和风貌，推进历史文化遗产活化利用，塑造城市时代特色风貌”的重要任务。这一阶段研究者的学术背景更趋于多元化，研究成果也更加广泛和深入。目前来看，该类型的街区研究起步较早，研究和实践较为深入，比较有代表性的案例如 20 世纪 80 年代末吴良镛院士等人进行的北京菊儿胡同改造等先行试验。

第二大类是城市非保护类街区，包括非保护类历史街区及正处于向现代街区过渡的传统街区。非保护类历史街区的概念于 2016 年在中国城市规划年会提出，将街区概念进行泛化，指将具有特定时期价值的存量建成环境，如工业遗产、城中村等作为街区，形成非保护类街区的范畴。还有一类城市非保护类街区是指处于向现代街区过渡的传统街区，特指对城市居民有着特殊历史记忆，且具有独特的城市文化价值和空间环境特色，正处于向现代街区过渡的传统街区。该类街区既可能存在于历史文化名城的历史文化街区周边，也可能存在于经无序建设而丧失历史风貌的传统生活街区。这些传统生活街区的功能构成通常包含居住和一定的业态，这些功能会随着外部环境的变化不断进行自我调整，且具有基本稳定的大空间格局和灵活多变的小空间格局等特征。[76]对城市非保护类街区进行有机更新是本书研究的重点，意在实现改善街区空间品质，保留生活化、社会性的生活街区空间结构肌理。

当下，街区的改造和设计提升已经成为学术界普遍关注的话题，在我国现有的城市更新历史文化遗产保护体系中，国家级和省市级历史文化街区共同构成了街区层面的保护载体，因此，政府工作及规划人员相对更加重视历史性街区的保护、更新和改造。而次级保护对象如风貌保护街道及其周边的城市非保护类街区却由各城市自主决定，由于以往在城市更新过程中较为注重历史街区单体景观风貌等“实质力”的保护，而相对忽略了对处于历史街区附近的传统生活街区持续发展的必要性考虑以及对原有居民生活习惯延续、社会认同等人文因子“虚实力”的综合保护，导致一些城市的街区在更新后变成毫无新意的商业旅游街区或文物古迹街区，无法从历史人文、生活生产的角度真正激活街区的内在需求，进而正面引导城市街区系统化更新提质。这种操作不仅导致了“保护类”历史街区的“孤岛效应”，而且在一定程度上破坏了城市的区域特征、历史语境及文脉，与“追求品质与特色双赢”的“城市双修”要求背道而驰。虽然目前我国对于历史街区的保护更新已取得一定的成果，但也暴露出很多问题，基于当下城市更新工作、街区保护的研究成果，我们结合实践发现尚存在以下几点不足。

第一，研究的局限性较为明显，交叉学科和包容性研究尚存在缺陷。具体表现在目前相关文献研究及更新实践主要集中于保护类历史街区，对于城市非保护类街区的研究较少，虽然当下的城市更新已经开始呈现出多学科、多元化发展的趋势，但还未出现多层级融合的特点。众所周知，老城区街区保护与更新是一个相对庞大且复杂的系统，独立层级的研究相对局限，缺乏对问题的综合层级分析，因而不能解决多元化、复杂的城市问题。在当下历史性保护街区更新的研究较为成熟的基础上，扩大研究范围，促进跨区域、跨学科的综合研究显得尤为重要。第二，横向总结提炼和纵向研究深度不匹配，尚未形成较为完整的研究体系。保护街区传统生活方式与社会结构是实现历史街区富有活力的必要条件。现有的大部分研究及实践主要是基于历史文化、景观风貌的特定性更新，因此案例分析和探讨主要集中在历史风貌的保护方面。如今，诸多街区改造都实现了旧貌换新颜，多以改变旧面貌为目的，街区经过改造更新后，出现了区域特色缺失、街区活力不足、街区邻里文化原真被破坏、文化载体缺失、空间流失等情况。这与街区改造过程中忽略整体考量，对街区内部社会结构和生活秩序缺乏关注，对街区居民的生活习俗和地域文化考虑不足等密切相关，导致了更新改造的单一性、孤立化。

设计是历史与现实在空间及时间上叠加的产物。当下，历史街区及其周边的生活片区作为城市中重要的生活型载体，承担着社会生活的功能，是具有生活真实性和活力的街区。简·雅各布斯在《美国大城市的生与死》中指出“多样性是城市的本质”，城市更新要注重空间多样性的维护和活力的恢复。蒋涤非在《城市形态活力论》中提出“城市活力是一个城市为居民提供人性化生存的能力”。居民在街巷空间产生多样的公共活动，这有利于提升整个城市的活力，故多样化的人性空间是保存城市活力的重要基础，也是城市“活起来”的催化剂。因此，城市公共空间的规划设计应源于生活，又回归生活。参考法国社会学家皮埃尔·布迪厄关于“文化生产场域”的理论，可以得出在历史街区更新改造过程中，原居民个体的生活习俗和文化权利应该受到更多的关注。社会关系、文化传统及生活方式等因素被置于场域关系的研究中，揭示了宏观层面城市更新策略与微观层面在地文化之间出现的动态制衡关系及良性互动，该理论已经在某些设计实践案例中得以体现，为历史街区更新改造设计提供了一定的借鉴。因此，城市更新过程中，不管是保护类历史街区、非保护类历史街区，还是正处于向现代街区过渡的传统街区，在更新保护工作中，对其的社会认同及人文关怀是街区永续发展的充分及必要条件。

基于上述分析，如何在现有的理论及实践改造基础上综合研究各学科的知识，进一步拓展保护体系的内涵和外延，以便探索可持续的更新和保护办法，使城市中的老旧街区得到更好的更新和保护，是后续需要细化研究的方向。

在中国，人们对于街巷生活景象其实并不陌生。北宋画家张择端的《清明上河图》就是一种描述和谐有度的街巷生活最直观的表现。再如，我们谈及老上海，人们会在脑海中想起具有上海特色的老建筑景象。当下，在上海新天地区域众多老建筑改造过程中设计师们充分保留了老建筑，并在设计用材方面，结合一些当地独具特色的材料，这不仅使得当地居民能够不失回忆，也为旅客提供了地域文化的观赏景点。在业态营造方面，公共活动的平台场所也增加了许多，例如增加了餐厅、咖啡吧、茶吧等商业空间，这不仅保留了历史风貌，也为公共空间增添了活力。

再如历史街区更新改造较为成功的案例，如浙江省杭州市老城区市中心的南宋御街，该街区改造前因其街区密度大、年久失修、环境破败影响其发展。2007 年，杭州市政府在集合各方专家对街区改造可行性综合论证的基础上，最终由中国美术学院的王澍教授及其团队负责整体策划与设计，并确定南宋御街的保护与更新由杭州上城区委、中国美术学院、杭州市建委三方合作进行落实。对于该项目，杭州市委、市政府非常重视，于2008年1月18日启动了对中山中路的有机更新和综合整治工程；2010年11月1日，杭州市上城区人民政府颁布《杭州市南宋御街中山中路历史街区管理办法》，至此大量南宋御街的历史建筑和特色风貌被保护起来。南宋御街改造策划方案的主要内容包括：保持街区内在的真实性和现有生活模式；不大拆大建，对道路进行分段设计，结合传统及现代的园林景观设计手法，重塑街区空间叙事结构；尽量使用地方性材料；增加过渡性灰空间；通过组织多名建筑师进行联合设计；引入不同文化实体以保持差异性，坚持长期建设，听取群众意见等。南宋御街改造以打造“宜居、宜商、宜游、宜文”的“中国生活品质第一街”为目标；意在突出“展示都城风采、恢复城市记忆、重塑空间肌理、再现市井生活、交融中西文化”的设计原则，街区改造采用了业态调整、建筑综合保护、道路横断面调整，道路交叉口渠化、港式公交站设置、绿化景观提升等手段，结合水系进行街、坊、巷的有机更新，以恢复杭州历史记忆和再现江南水乡的景象。南宋御街博物馆、骑楼、景观阁等沿街建筑成为街区内的重要空间节点。

该项目提倡以人为本的理念，重塑和谐人文情节。通过当地居民、营业商户与游客的共同参与，一方面了解街区存在的问题与不同人群的需求；另一方面，在强调不强制拆迁改造的同时，提倡“生活真实性原则”，确认人与人的日常活动是该地区保持活力的基础，通过强调街区的人文感知提升南宋御街的生活真实性，即在改造之初深入感知整个片区中的小巷空间结构、小弄里原有居民的社会生活，结合传统习俗、生活习惯等社会人文因子进行的综合分析，进行文化认同感的设计与回归。

再如回归市井的南京市门东历史文化街区微更新改造项目，南京门东历史文化街区地处南京老城南，因位于中华门以东而得名，门东地区（简称“老东门”）的保护开发历时多年，且一波三折。自20世纪90年代以来，南京市门东地区已开始被纳入各种各样的保护规划以及不同的开发计划之中。但随后的20年间，该地区却在“保护”和“开发”的博弈中被拆除近半。直至2009年8月，在当地政府、学者及各界人士的努力下，“危改”中止，直至出台《南京老城南历史城区保护规划与城市设计》，城南门东的保护、开发才终于尘埃落定。

老门东历史文化街区南起中华门东段城墙、西抵内秦淮河（中华门武定桥段）东岸、北至长乐路、东至箍桶巷，占地面积约15万平方米，自三国时期，老门东历来商贸文化繁盛，是南京最发达的地区之一。明代，由于贸易和手工业的集中，老门东成为城市最重要的经济中心，清末以后逐渐以居住功能为主。因此，老门东成为南京传统生活的缩影和市井文化的体现。历经变迁，老门东的商贸功能和人居环境逐渐走向衰落，但所幸整体空间格局得以保存。而近年来随着城市化的高速推进，城南片区土地供应紧缺，使其成为底层棚户聚集区，加剧了老门东的衰败。该街区是南京仅存的几个肌理保存较好的历史文化街区，曾见证了南京城南辉煌的历史和丰富的传统文化，至今仍保存着部分文物古迹和传统民居，具有深厚的历史底蕴和卓越的文化价值。

该街区的更新通过街区肌理保护与公共空间更新有机融合，保留了街区的街巷格局及穿堂合院的建筑组织方式。在此基础上，结合当代居民生活和商业贸易的需求，对部分街巷的尺度、形态进行了整理，增加了适量的公共服务空间和文化活动场所，古朴宜人的街巷空间风格很好地烘托出亲近、共融的街区氛围。同时，坚持包容性、平民化的商业业态，老门东历史文化街区微更新摆脱了追求“高端”“小资”的商业模式，力求延续城南原有的平民化、包容性商业功能，业态布局以中低端的餐饮小吃、休闲娱乐和地区特色商品为零售主体，其消费门槛面向多数人群，有效保持了南京老城南地区的市井生活氛围。此外，为满足特定群体的消费需求，街区内设置了高档消费的酒吧和餐饮，使整个街区的消费环境具有包容性和多元性。

以往的经典案例，如上海的新天地、南京的1912街区等，消费空间多是将特有的文化内涵打造成精致、高端的服务场所，其服务对象往往是追求特定品质生活的高收入人群。南京老门东的更新改造打破了这种单一的改造模式，定位于包容性价值和归属感的打造，落实兼有商业开发与遗产保护的改造方案，以此延续城南原有的平民化、南京特色化的商业环境。

随着现代经济社会的快速发展，原本保留着大量真实的历史遗迹的历史街区作为城市中心最具价值的地段，由于环境脏乱、建筑损坏、鱼龙混杂逐渐走向衰败，成为失落的街区，亟须城市更新。城市街区的特征和价值是在当地居民的日常生活实践中形成的，如果这些街区丧失了居住者真实的日常活动，历史街区的社会特征和物质环境就会随即发生转变。因此，规划和设计者要避免更新过程中的同质化现象，就必须在生产实践过程中重视营造居民的场所认同感、区域归属感。当下街区更新较为成功的改造案例基本都是建立在充分尊重本地居民的场所精神、生产生活方式的基础上得以实现。

（二）“格式塔美学”原则在老旧街区保护更新中的探索与运用

随着中国城市化的脚步不断推进，老旧街巷镶嵌于城市内部，众多街巷面临着格格不入的尴尬位置，渐渐失去原有的活力，老旧街巷有了生气，城市才更有活力，这里的“生气”与“活力”体现的是一种物质空间和人的心灵活动之间的互动交流，故作为与实体空间互补的生活虚体空间成为改造的突破口。物质空间是人们的心理行为活动的一系列产物，而各种空间的表现形式又反过来影响着人的价值观念与生存方式。当下，人们的需求层次不仅包括基本的物质需求，还包括追求更高层次的精神需求。城市老旧街区公共空间包含以城市功能为主体的各类基本服务设施以及生态和绿化等要素共同构成的整个现代城市规划系统，其功能富有多元化形态的物质要素和非物质要素，故老旧街巷作为城市当地居民向心力的吸引核心，是当地居民产生邻里感、归属感等的重要场所空间，也是外来人员对当地文化、风俗等生活体验的重要场所。

为改善老旧街巷公共空间的人居环境面貌，在对现代城市中某些重要功能街道、街区开展与城市设计时，应当根据人们现行的生活特征和城市公共服务活动的需要进行综合考量，以便提升相关街道特色风貌和社会活力、改善人居环境。笔者基于上述分析，结合“格式塔美学”原则中的图底关系和群化原则进行研究，针对浙江省杭州市上城区星远里弄老旧街巷的公共空间改造策略进行构想。在具体街巷改造策略提出的过程中，针对以人为尺度、艺术公共化、文化地域性、生态可持续性这四大层面进行设计，为后续的改造起到抛砖引玉的作用。

1. 研究方法和意义

从心理学领域拓宽街巷改造领域的研究广度分析。本项目从“格式塔美学”理论分析和解决问题，进行星远里弄的老旧街巷公共空间改造。将最初应用于心理学领域的知识，从平面设计领域逐渐扩展到城市与街巷设计领域，在改造老旧街巷策略构想时，以物质要素延伸至非物质要素的方式，使得人们在物质空间能体会到心理学的感应，形成较为积极、有趣的心理状态。

从基本需求衍生到精神需求的深度层面分析。本项目在分析人们的基础需求之后对居民的精神需求进行分析和研究。深入剖析星远里弄居住人群特点和需求，从马斯洛需求层次理论的五大需求出发，以使用者基本需求为基点，逐步深入精神需求层次，对应以人为尺度、文化地域性、生态可持续性进行公共空间营造，以期在满足人们基本需求的同时，深入挖掘人们的精神需求，构建独具特色的老旧街巷风貌及高层次的人居环境系统。

从单一学科拓展、交叉学科共融的复合化研究层面分析。本项目设计改造研究紧紧地围绕老旧街巷的有机更新进行第一个主要对象的研究，结合“格式塔美学”原则理论进行第二个重要理论基础的探索，这不仅有利于在老旧街巷改造领域引入“格式塔美学”原则，更重要的意义是能为我国老旧街巷综合改造构想提供另一种新的空间思维模式，使得未来的老旧街巷公共空间更加丰富而有趣，更加适合当代人们休闲的生活居住与旅行，使城市更有活力。

该项目的实践意义可以从老旧街巷更新、城市化发展、居民生活等三方面进行分析。在老旧街巷更新方面，对老旧街巷保护更新路径的探索，深入了解老旧街巷的存在价值与现实意义，探讨作为城市基本单元的街巷对于活化其公共空间的重要意义，知悉老旧街巷存在的痛点及影响因素，并针对居民的多元化需求提出多样化功能服务及装饰形式特色。保护更新老旧街巷有助于衔接城市基本元素的关系，为老旧街巷公共空间的特色地域文化打造驻足之地。在城市化发展方面，老旧街巷保护更新路径是一种有利于稳定城市存量的发展方式，在城市空间优化、土地集约利用与活化城市形象等方面也具有重要意义。最重要的是，老旧街巷公共空间能够使当地居民和外来旅客更加倾向于城市中有趣的公共活动，使人们亲近街巷，增强体验感，形成丰富多彩的空间活动，对城市持续动态健康发展具有重大意义。在居民生活方面，老旧街巷保护更新的举措为当地居民提供回忆的摇篮、为外来居民提供异地风情的心神碰撞。老旧街巷保护更新策略构想中将以人为尺度，将艺术公共化、文化地域性、生态可持续性融合于街巷的公共空间改造，使城市中的老旧街巷焕发活力，为居民的公共生活焕发色彩。

2. 国内外研究现状

基于学术资料分析，在国内既有的研究中，图底关系原则在城市与建筑设计领域有一定的介入。如孙颖教授等通过若干实例阐述了现阶段该理论分别在宏观城市空间层面和微观城市空间具体层面上的应用价值，通过分析与研究，总结了图底关系在宏观层面需满足城市公共空间形态多样化，有利于丰富城市公共空间的活动形式。目前，群化原则在国内街巷领域开展的相关研究较少，大部分以单元空间组合理论为主体，例如，林嵘教授在单元空间中利用各种单体组合，形成建筑空间，如重复、组合、交叉等，一方面满足人们的功能和精神需求，另一方面给予设计师以新颖的思维方式。例如，中国传统四合院建筑群体现的是空间组合的“时空观”，将一个建筑基本单元体进行重复地再生，形成整体的大单元体，再进行前后左右的复合，一个单元成单体，多个单元成大器，当人们行走在四合院之间时，会在这类重复组合的单元之间感受其神奇的时空韵味，产生虽静却动之势。这正是群化原则在建筑领域对人们感知产生的特殊意义（见图 4-30）。

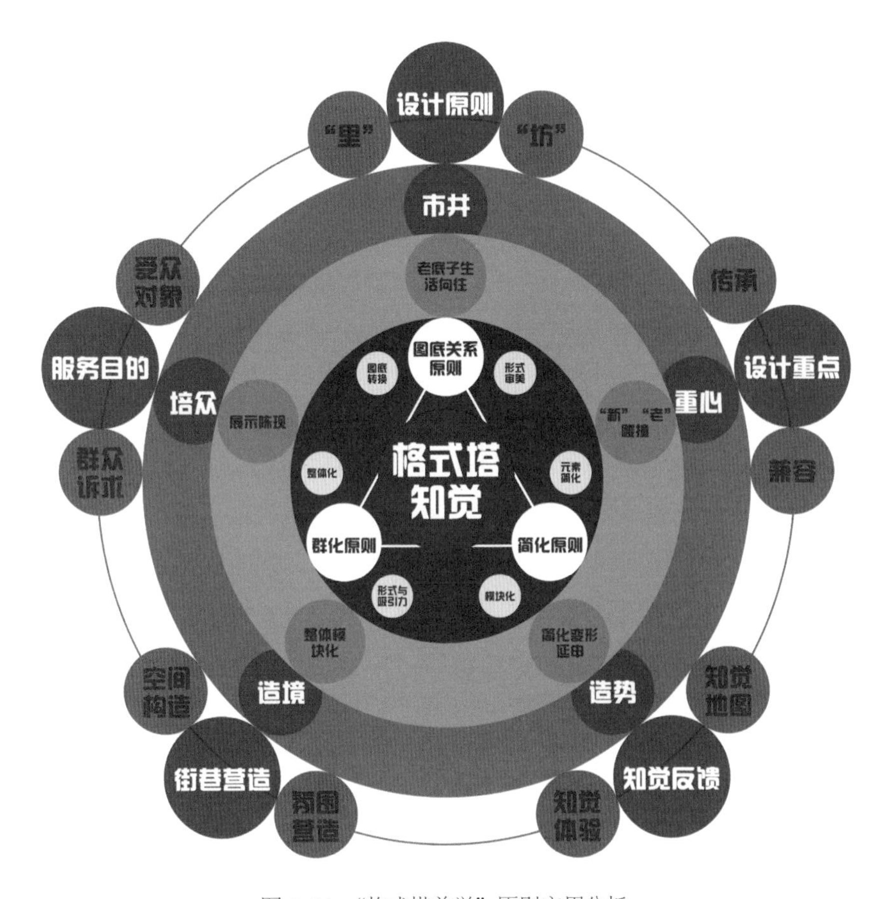

图 4-30 “格式塔美学”原则应用分析

在国外的既有研究中，图底关系理论在介入城市与建筑空间设计后，逐渐被引入城市设计和街巷空间设计方面的研究；不仅在宏观层面能借助图底关系对城市规划空间构建上有一定的指导意义，还在微观层面对公共空间进行具体设计指引。最早，丹麦建筑史学家拉斯姆森（Rasmussen）将图底关系理论应用于建筑和城市空间中，他通过“鲁宾杯图”来系统阐述建筑的实体与虚体之间的关系。其互为辩证关系，互相依存且互相转换。之后，美国景观建筑教授罗杰·特兰西克（Roger Trancik）在研究建筑实体与开放虚拟体之间的关系时认为，图底理论可以提高空间层次，形成多种公共空间形式，促进多种空间内活动的产生。

群化原则在国外的设计研究主要以日本的建筑师为代表，例如，石上纯也所著的《建筑的新尺度》、西泽立卫所著的《没有束缚的舒适的建筑》等，其大部分设计手法都通过群化原则以引发的人们心理感知以及内心精神的分析。譬如，日本设计师山田良设计的山间盒子，他将木格栅材质的盒子随意放置于山间，山间的路径穿过盒子，人们行走在迂曲折回的路径和穿梭在盒子空间时，会使心灵得到轻松和产生趣味。

图底关系原则在城市与街巷、城市公共空间及建筑与街巷空间关系领域的应用，有洛克菲勒中心广场等较为典型的案例。洛克菲勒中心广场周边两面被建筑围合，较难形成完整的图形，故城市空间的积极性较差；设计师通过将广场下沉处理，与周围的空间形成高差，使其形成界线，以构建较为积极的广场空间氛围。该广场冬天可成为溜冰场所，平时则可成为户外休憩如餐饮、音乐会以及儿童娱乐场所等公共空间。《街道的美学》一书中曾对此广场给予了一系列评价，认为该广场不仅满足使用者的使用功能需求，也为城市街区带来了生机活力。又如芦原义信将意大利地图用图底关系的原则进行黑白反转比较分析，发现其黑白图形呈重叠状态，这使得实体建筑空间与虚体街巷呈图底关系，且公共空间的图形性质呈多样性，这有助于形成充满趣味性的街巷景观。

最后，关于公共展示空间领域的群化原则应用。如日本设计师平田晃久设计的位于日本新潟的丰田农业设备展示间，为了将外界自然环境引入室内，其在室内运用几何形的混凝土墙重复组合的方法，将一个完整的空间分割成不同的半封闭空间，达到一种视线封闭的效果。同时，自由路线的设计将宽阔孤独的空间变得更加紧凑而有趣，减少了人们心理上的空洞感，行走在该虚实结合的空间中，似乎穿梭在一个回归自然的环境之中。

随着“格式塔美学”理论在城市与建筑领域的应用，众多教授以及设计师都借助此理论进行了深入的剖析，通过这些原则的合理运用，将原本消极的空间变得更加积极且充满活力，这证实了“格式塔美学”原则运用于城市空间及建筑等领域研究实践的可行性。

3. 杭州市星远里弄公共空间现状分析

（1）老旧街巷公共空间

研究发现，夹杂在城市中的老旧街巷公共空间性质在不断转变，外部公共空间的缺失是人们怀念的一个重要内容，众多外部空间都存在交流的可能性，例如，老年人在此交流往事，儿童在此嬉戏玩闹，旅客在此感受独特的地域风情。因而本项目对老旧街巷的公共空间进行研究，应对使用者需求层面、街区空间营造层面、公共空间艺术化层面、地域文化保留层面以及生态可持续层面逐一分析并对更新改造方案进行构想。

基于上述分析，笔者结合图底关系原则对杭州市上城区星远里弄公共空间进行分析，得出星远里弄的道路系统、实体建筑空间以及公共街巷空间系统性不强且公共空间虽形式多样但空间缺乏完整性的结论。从宏观城市规划角度分析，目前有一定的层级区分，主要以一条主道路作为一级道路、多条次级道路作为次级道路，同时还有众多弯弯曲曲的次次级巷内道路，各级道路分布合理，通达程度较好，人们可以从不同层次的道路到达各自的目的地。但是从微观街巷细部公共空间分析，其道路系统对各个空间的形态划分不明确，使得在公共空间易产生众多杂物随处堆放、人行道和车行道分布不清晰、空间尺度不合理等问题，消极空间由此产生。

（2）杭州市星远里弄人群特点及问题分析

星远里弄有着一大批原住居民，他们在此生活、工作、娱乐，原住居民以老年人群居多，在主要公共空间的活动以聊天、喝茶、经营生意为主。细化分析，对于基数较大的老年人群而言，他们居住在巷子的时间较久，对该区域非常熟悉，需要构建他们对当地文化的认同感，基于场地现状分析，该区域现存的文化遗址较少，公共文化展示空间缺失。对于居住在此处的中年人群而言，他们更期待构建老旧街巷的现代生活气息及氛围感，而当下生活街区的公共空间相对缺失，氛围难以营造。针对儿童，则需要构建一定的娱乐空间，而现状街区公共空间被杂物占据，娱乐空间不足。

星远里弄地处西湖景区，近年来，随着杭州城市化进程的不断推进，经济持续繁荣，大量的游客涌入杭州，在此逗留，感受当地的传统风情；而当下巷弄中的餐饮桌椅摆布在外部空间，占据街巷的空间；街巷的道路系统不规范，人行道、车行道分布混杂，人行横道常出现被占用的情况；居民在此搭建晾衣架，严重破坏了街巷的环境，降低了街道的层次。

综上所述，星远里弄的痛点问题可以总结为以下几点。

其一，空间结构分散，缺乏空间层次。老旧街巷公共空间的分布较为分散且缺乏围合感，空间形态无明晰的边界，导致部分区域尺度感过大，秩序混乱，空间尺度不合理，在人性化设计方面存在不足，无法营造公共空间的安全感及氛围感，容易产生消极空间效应。

其二，盲目追求标新立异。老旧街巷公共空间存在新旧交替的迹象，但在新旧元素融合方面的更新改造却令人深思，诸如一些过于夸张的现代装置设置，不仅造成经济的损失，而且无法满足当地居住人群的生活、生产、交际及娱乐需求。

其三，地域文化缺失。在现场考察时发现杭州市星远里弄存在一些地域性遗址建筑，但有些地域建筑已被破坏或年久失修。一座城市的老旧街巷承载着一代代人留下的记忆，而存留下来的文化遗址是当地人们生活文化习性与精神生活方式的写照。诚然，人们日常生活的价值观念和精神建设活动也受各种空间形态的直接或间接影响，故地域文化元素的提炼是公共空间保存记忆的重要方法，这一点需要引起重视。

其四，缺少空间绿植的分布。经调研观察发现，在星远里弄老旧街巷的公共空间中绿化较少，且植物种植品类少、缺乏层次。

由于杭州市上城区星远里弄公共空间存在上述一系列痛点问题，从某种程度上，对于当地居民来说，已无法满足他们的多元化需求，且相对降低了周边居民的人居环境品质，对于整个城市形象营造也产生了一定的影响。

街区活力主要源于该街区空间中居民进行的多样性活动、社会交往等，街区活力的构成包含了街区邻里活力表征，即人们在街区中所发生的各类社会活动及街区活力的物质环境，也就是街区所能容纳各种社会活动的环境特性以及物质构成。基于城市更新和公共街区的复合化构建，作为城市客厅的街巷公共空间在城市居民生活中扮演着重要的角色，应运用图底关系和群化原则促进街区的微更新，在保护原有城市风貌、肌理的基础上，从点、线、面三个层次进行串联更新，以点带面，发挥并联式触媒效应，形成街区自主更新的连带效应，从而创造出具有活力的街区空间场所。

4. 杭州市星远里弄公共空间改造策略构想

（1）以人为尺度，构建满足使用者需求的公共空间

马斯洛对人们的需求层次进行了深入的分析，将其从低层次到高层次分为生理需求、安全需求、社交需求、尊重需求以及自我实现的需求。在设计中人性化原则存在已久，从最早的设计作品被精英所垄断到后来的为大众设计，随着社会的不断进步与更新，大众设计逐渐细化成分众化设计，更加关注各个阶层人群的需求。将受众人群不断细化，如服务于老年人群的设计、服务于青年人群的设计、服务于儿童群体的设计等，这些是为满足不同年龄层次的多元化

需求而产生的。在当下，设计更加倾向于通用性设计。通用性设计的原则是让设计出来的产品、空间等满足尽可能多的使用者或者所有的使用者的需求。可见，在通用性设计中更讲究设计的公平性、容错性、灵活性以及直观性。在老旧街巷公共空间的改造策略中，也需要尽可能地让设计源于当地人们的价值观念和生活方式，从而服务于人们的生活，满足人们的多方面需求。

（2）以图底关系为理论指导，丰富公共空间底层界面

根据图底关系理论在城市与建筑领域、在宏观城市规划方面的优秀案例分析，可以将空间形态特征总结为形态多样化、形状封闭性，这样的形态特征有利于对微观街巷的公共空间活动产生积极影响，有利于引导街巷公共空间生成多元化的活动形式。故本次研究通过公共空间底层界面的复合化构建对街巷公共空间进行优化，使人们在街巷空间中获得愉悦、安全、轻松、有尊严、有意义的空间感知。

在满足使用者行为习性与生活方式方面。经过问卷调查和实地走访发现，人们十分怀念从前富有生活味的场所氛围，那些倚靠在树荫下交谈的傍晚，那些手捧西瓜嬉闹的场景……在这些空间场景之中人们会产生创造性的想法，这些空间是人与人交流的地方，是一个供人分享、感知的地方，也是满足社会实用和功能需求、满足人们精神需要的地方。如今城市化的发展中，居民逐渐改变了原来的生活习性与生活方式，渐渐地邻里间关系变得淡薄，环境也逐渐失去了生机，故本改造策略构想将逐渐打破人们之间的交往壁垒，重现往昔热闹、愉悦的公共空间关系，正如前文所提到的街道有生气，城市才有活力。更新改造设计将原本规规矩矩的公共空间形态变得丰富有序，拟在公共空间设置满足人们的行为习性，如座椅休息、驻足拍照、饭后遛狗、嬉戏玩闹等基本需求之后，进一步提升到让整个街道层次变得更加丰富、底层公共空间的活动更加多姿多彩的层面；同时，对于不同空间的活动特性也需要进行区分，使得空间结构在多元化的分层中兼顾私密性与公共性的活动需求；在不影响交通流线的同时激发整个街巷的活力。正如扬·盖尔在书中说的：好的设计使人们能够从空间内走出来，形成自发性、多样化的活动。

在营造街区空间结构层面。该区域内原本人行道与车行道没有一定的界线，此次构想运用多样化的物质要素，如在道路边缘地带设置露天咖啡座椅和休闲景观座椅等，使交通系统形成围合感，满足人们对安全防护的需要，增强人们的安全感。人们可以在室外公共空间进行交流和玩耍，形成看与被看的有趣景象。

（3）以群化原则为理论指导，激发公共空间吸引力

在满足基本需求的同时，精神需求也不可忽视，规划者在设计中既要满足人们的功能需要，也要满足人们的精神需要，使得功能与形式在设计中相辅相成。概念方案通过群化原则理论指导公共装置艺术的形式法则，以异型廊架的重复设计为例，营造具有魅力且有趣的空间环境。群化原则以单元空间组合为基础，借用异型廊架多元组合的手法将其分布在街道和巷间，使得该廊架兼具使用功能性与精神审美性。具体设计方法如下：其一，该廊架组合体在与底层界面相结合时，可形成供人们休息的座椅设施以及具备放置公共自行车功能的公共设施等；其二，该廊架组合体在与侧面界面相结合时，可形成半包围座椅，产生一定的围合感，增加安全感；其三，该廊架组合体与顶层界面结合时，可作为街道装饰置物架或节假日文化展示的窗口，形成富有趣味和幽默感的街道景象。

综上，运用群化原则将原本具有物质单体空间属性的廊架设施进行组合设计，在满足人们公共活动需求的同时，以廊架为主的公共性艺术装置也使得整个街巷的空间信息多元化，活动形式更加多样化，可以降低悠长巷子带来的恐惧感，使得巷子和街道尺度更加适宜，在不同的节日打造独具特色的区域文化氛围等。

（4）挖掘地域文化性，传承乡土韵味

一座城一段情，不同的地域因不同的地域文化而出彩。现如今，有些城市的发展对老旧街巷的改造以推翻重来的方式进行，这不仅对街巷的文化有一定的损坏，而且也不利于整个城市的特色发展。吴良镛院士在研究人居环境中曾提到要讲究“人文求善”，然而当下众多文化街巷的改造对于文化元素的保存与提取都趋于统一，因此本案拟将差异化的改造方式引入其中。

如上所述，项目设计运用群化的原则将几何空间单体以成组重复的形式出现，形成“群化”般的文化空间氛围，而后，将具当地特色的古诗词、城市历史故事、人文故事等运用差异化、新颖独特的设计手法展示在街区墙面、地面上，不仅使得当地居民能回味生活，也能使游客们更深层次体味地域文化。人们在此可以自发形成众多行为方式，如观看、聆听、交流、拍照等，在心理学上达到增强人与物、人与人之间的情感交流的效果。

（5）以生态可持续性，凸显动态平衡力

通过实地调研发现，在该街区生活的居民常运用盆栽的形式进行空间绿化点缀，随着现代行为学的发展，景观在人的行为活动中起着重要的作用。生态可持续发展在人居环境设计中的应用需要注意人与生态的动态发展，本次设计

拟通过运用群化原则，运用几何单体空间重复出现的手法，将植物与景观装置结合在一起，综合座椅与娱乐设施的综合功能，方便行人休息闲聊以及观看街巷周围的景观。这些景观植物在构建的过程中，通过簇拥围合增强人与周边生态环境之间的参与度及互动性，在满足人们对休息空间需求的同时，进一步丰富了绿化空间的层次感。

根据上述分析，基于图底关系和群化原则的融入，通过定义一系列功能，规划者在不改变该地区真实面貌的基础上鼓励居民、商人和游客重塑场地风貌，并通过创造一系列条件来吸引不同背景的游客和投资，达到既保存原有街区的传统生活方式又吸纳当代人的生活、旅行方式的规划效果。在我国快速城市化发展进程不断推进的同时，老旧街巷的公共空间改造任务变得十分紧迫而严峻，本项目通过图底关系和群化原则的思维方式，为老旧街巷的公共空间改造提供新的研究角度，使老旧街巷公共空间给予人们更加舒适、轻松、愉快、安全、有意义的心理感知，从而为城市的发展尽一份绵薄之力（图 4-31）。

图 4-31　改造后街巷整体空间格局示意

（三）"生活交往与社会秩序互动型"街区有机更新探索研究

作为"城市遗产"重要组成部分的老城街区，是促进城市内涵式发展的重要抓手，是滋养孕育区域人文环境、地方场所精神、传承历史文化与体现社会多样性的重要载体。[119]随着城市化的高速发展，历史街区、传统生活街区纷纷面临传承、保护与发展的巨大压力和挑战。一方面，历史街区的传统空间格局和居住模式已不能满足现代社会的发展需求，材料和功能陈旧等问题阻碍了历史街区的发展；另一方面，近年来房地产行业的大规模崛起和增长也对历史街区的保护构成了一定的威胁，历史街区的激活和更新成为城市建设中的关键问题和群众关注的焦点。[120]在此背景下，面对城市中众多的历史街区、传统街区"改造开发"项目，管理者、规划者、使用者应该深入探讨采取何种策略以及这些策略是否可以顺利落地实施等相关问题。我国城市发展进入到追求品质与特色共赢的阶段，中央提出城市修补的政策正是对这种理念的呼应。当下，更新浪潮中大量非保护类历史街区被大拆大建改造，这不利于城市文脉的延续。自2016年我国城市规划年会提出非保护类街区更新的议题以来，相关部门对该类街区在城市修补实践中的价值有广泛关注，学界和规划界也都认为非保护类历史街区对城市文脉的延续具有非常重要的意义和研究价值。

当下，我国的历史文化遗产保护体系制度已基本形成，历史文化街区的相关保护规划划定了核心保护区、建设控制区和风貌协调区，并按照相关法律法规标准限制这三个层次街区的建设。以往在法律层面上，对不符合标准但仍保留一定历史价值的传统建筑和历史街区缺乏关注，这表明历史文化街区独特而孤立的保护机制存在一些弊端和空白。随着我国经济发展进入新常态，土地和环境约束更加明显，更新存量空间是必然选择，作为具有一定历史价值但没有法律保护的存量街区，面临欠缺有序提升更新策略、难以空间品质日常化提升的困境。[118]因此，城市更新中非保护类历史街区品质改善提升如何正面规避商业化过度蚕食，提高城市空间的文化价值和人文品质是城市研究者持续关注的重点。

2015年12月，我国先后两次召开的"中央城市工作会议"提出要加强城市修补实践，加强对城市的空间多样性、平面协调性、风貌整体性及文脉延续性等方面的规划和管控，留住城市特有的地域环境、文化特色、建筑风格等"基因"，从国家政策文件中可以看出城市场所营造及城市文脉延续是城市修补的两大重要目标。在规划学科研究方面，要更加注重中观层面的历史文化街区的系统化保护。一个区域的历史文化保护不仅要涵盖名录上的点状建筑或历史文化街区，还应该涵盖那些周边未受保护的、更广泛的历史文化环境及人文氛围。目前规划部门对历史文化街区相关的法规保护要求及规划标准相对清晰，对其保护也较为重视。由于非保护类历史街区的肌理构成更为复杂、规模更加庞大，所需要保留的历史逻辑信息更具复杂性[119]，而许多城市因为保护的复杂性、空间发展所限等问题未对这些区域引起足够的重视。可见，非保护类历史街区的保护与更新刻不容缓，意义重大。

街区的更新、保护、改造、升级和发展涉及周边空间形态、整体生态环境、无形资产等相关资源的融合。城市独特的“基因”除了滋养其发展的生态山水景观格局的天然因素外，还有由生活交往与社会秩序互动的印记构成的历史记忆，与此同时，城市语境的延续也需要规划部门的特别关注。以浙江大学城乡规划设计研究院主创团队负责的《湖州市南浔区旧馆街道城镇有机更新概念规划研究方案》(2023年)为例。随着现代建筑拔地而起，湖州市南浔区旧馆街道保留了历史遗产阅读的辅助作用，因此对旧馆的保护应更加系统、谨慎。旧馆街道位于湖州南浔区北部，地处长三角经济圈、环杭州湾产业圈和环太湖经济圈的黄金腹地，距离湖州15公里，杭州50公里，在150公里半径范围内，可以衔接上海、宁波、苏州、无锡等大中城市。因此，基于透彻解读旧馆周边的关系及发展脉络，规划拟将旧馆辐射对接百强镇织里，形成公共配套互补，打造特大城镇的目标；辐射对接旧馆街道临港产业园，形成产业态互补，抱团形成板块经济一体化提升；科创层面对接南浔区万亩千亿平台，形成产城融合的发展趋势。旧馆作为一个历史、文化的承载，是盛唐刺史颜真卿笔下繁荣富庶的东迁馆，是几经战火不朽，破而后立新生的乡愁回忆；另外，旧馆所处区域作为湖浔一体化发展的重要战略中心，是两区产业过渡的融合地段，具备不可或缺的区域驿站作用。因此，拟在规划设计层面，采用多点开发，彰显旧馆发展潜力；通过文旅融合展示旧馆历史底蕴（见图4-32、见图4-33）。

旧馆街道在新时代、新理念、新格局下面临高质量发展、高水平开放、高品质服务三大战略机遇。鉴于“城市双修”的概念体系，规划团队从物质空间和社会空间对街区进行调研分析，将城市社区更新的“主体—载体—连体”的相关方法论运用于项目之中进行介入分析；从管理、设计、实施层面解构旧馆街区的空间布局、设施重构、环境更新及该区域居民的行为特征、人文情怀，进而累叠分析街区现状各要素之间的关系，以便于从不同层面提出个性化对策，为城市更新夯实基础（见图4-34）。

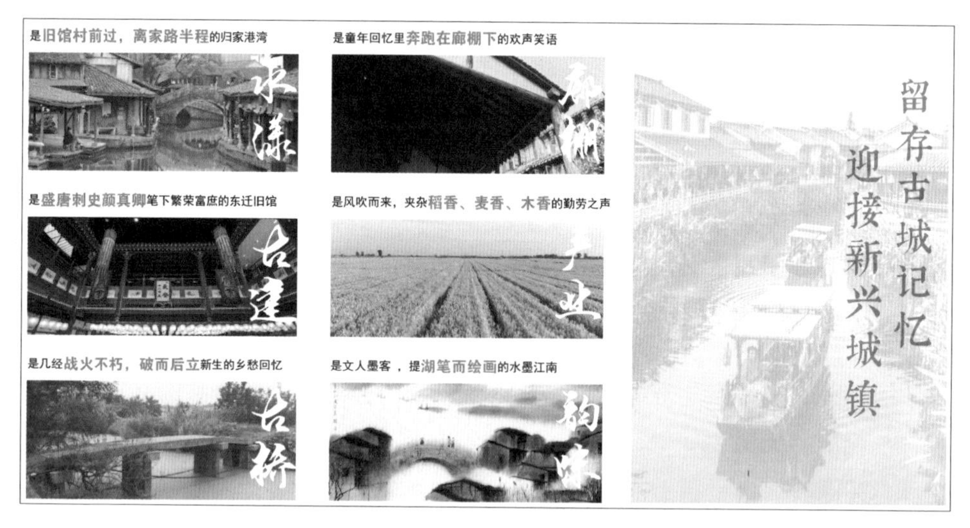

图 4-32　旧馆街道历史文化分析（1）

图 4-33　旧馆街道历史文化分析（2）

图 4-34　区域发展战略分析

以规划为前瞻，从“生活”“生态”“人文”的角度，坚持布局因规划空间而构，风貌因水脉、文脉而成，品质因“三生”提档彰显活力，基于特色项目激发高起点、高标准、高质量规划新时代旧馆新城建设，坚持立足现有基础、瞄准独特优势、注重特色差异、聚焦市场运营等四项原则，从实际出发，以实效彰显，走出更具旧馆辨识度的美丽城镇“蝶变”之路。强调落实见效，用小城镇环境提升、产业布局优化、特色文化凸显等多方面内容，推动旧馆城镇公共服务均等化，认真布局旧馆特色产业、确保旧馆街道城市更新合理有序推进（见图 4-35）。规划策略以构建“四个一”为目标进行打造，即“一个美丽舒适的归家港湾”“一个交通通达的便捷之城”“一个开放包容的新城核心”“一个传承文化的活力街区”。对内外部路网关系梳理、串联绿道成环、聚焦核心轴线、地块功能调整进行近期及远期的规划。

CLD · 文化生活社区

旧馆文化客厅　南浔活力社区

探索塑造把民众生活、历史人文和自然景观融合的主题生活圈

挖掘独有文化魅力
打造慢享文化廊道

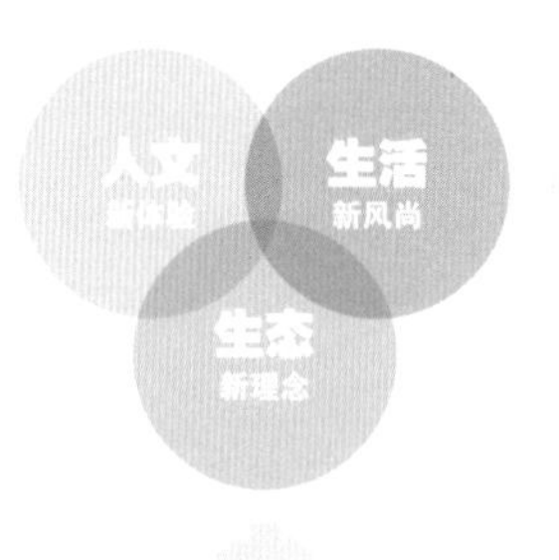

改善片区城镇风貌
打造现代宜居组团

打造亲水活力岸线　梳理绿地休闲网格

图 4-35　区域发展策略分析

基于前述部分对街区规划中提及的“格式塔美学”原则、图底关系原则在城市规划与设计领域中的宏观城市空间层面和微观城市空间具体层面上的应用价值分析与研究，在旧馆街道规划与更新中，以图底关系为理论指导，丰富公共空间底层界面，在对旧馆街区的内部环境进行分析后，发现现状内部“T”字形交叉口较多，规划道路等级不明晰，缺少与四周大路网的衔接规划。需要在规划层面对街区内的保留区域、建设中区域、拆迁安置区域、待拆除厂房区域等进行现状明晰。通过图底关系理论的运用及分析，在交通路网更新层面，提出改“Y”为“十”路口；增加滨水道路，道路沿水边调整，打造环状路网；新建纵向道路，增加南北联系；局部路网拓宽，形成核心内环道路；新建横向路网，连接工业区。在城市规划层面对旧馆街巷及其周边交通环境产生积极影响，有利于产生街巷公共空间多元化的活动形式（见图 4-36）。

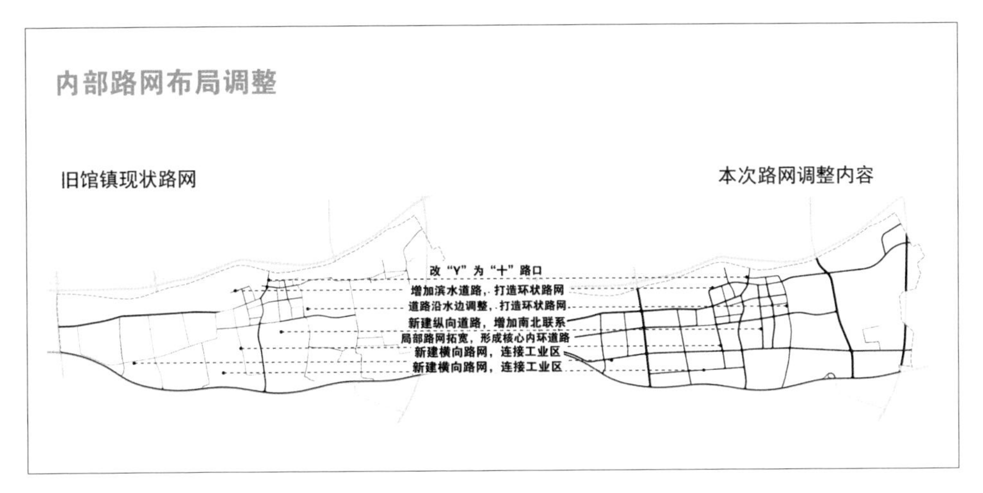

图 4-36 图底关系分析（路网布局调整）

项目主创团队立足国家发展战略，以“人民对美好生活的向往”为出发点，对标未来社区，构建宜居生活圈场景，规划构建“体系完善、层次分明”的公共服务体系；提供充足多样的文体服务，建设全龄覆盖的终身学习场所，健全全面优质的医疗服务，完善扶弱济困的福利保障，扩增行政服务和公用设施，营创融入社区的商业服务系统。基于未来社区九大场景属性，针对性融入宜居配套的相关生活场景。

设计亮点一：以中央公园为中心，激活漾塘景观风貌；现有阡陌交错的水网为旧馆街道城镇有机更新孕育生机，而中央公园区具有较大水域面积及宽阔的绿化空间，是激活旧馆街道漾塘景观的契机所在，基于此，优先打造旧馆中央公园成为绿色休闲补给站，带动居民对美好生活品质的追求。更新策略以中央公园为中心，汇八方景观，聚四面水系，打造旧馆绿肺，带动旧馆街道生态、健康发展；由点串环，基于中央公园辐射镇区内街角公园、口袋公园、文化公园，营创镇区绿色生态景观圈；并最终形成一张开放交织的空间网络。具体的设计可以通过增强水岸、堤岸互动，植入亲水欢乐活动；重点打造特色商业街、室外商业休闲界面、慢行道等，通过亲水步道、戏水浅滩、演艺广场、音乐喷泉、灯光水幕、文化墙、景观小品的更新设计，打造人性化空间。

更新设计亮点二：基于九大未来场景，选择性引入未来邻里场景、未来教育场景、未来健康场景、未来建筑场景、未来交通场景、未来服务场景、未来治理场景，令旧馆街道以人居生活高品质吸引居民入住。根据《浙江省美丽城镇生活圈配置导则》，规划构建“体系完善、层次分明”的公共服务体系。配齐社区服务与行政管理设施、文体活动设施、教育设施、医疗卫生配套设施、商业服务设施等进行规划设计。特别值得一提的是，设计基于旧馆大道及其周边街道的更新，通过商业界面的更新提升街区与行人的互动，保留街道生活，盘活公共空间，塑造街区活力。

更新设计亮点三：可总结为“文创融合”。旧馆的两大特色文化为漾塘文化和廊棚文化；更新设计结合两大文化设计漾塘公园、特色廊棚水街，以塑造展现旧馆文化、服务旧馆文化生活的盛景剧场和市民广场。其中漾塘公园以湖塘水漾为资源，打造亲水、亲民的生态公园；廊棚水街以复刻旧馆港廊元素，依水而建特色廊棚结构的商业街。再通过植入剧场广场，以提供休闲主题、文化主题等不同主题的广场及演绎剧场空间，达到传承旧馆历史文化，演绎旧馆时尚文化，打造主题文韵趣街的更新目标（见图 4–37）。

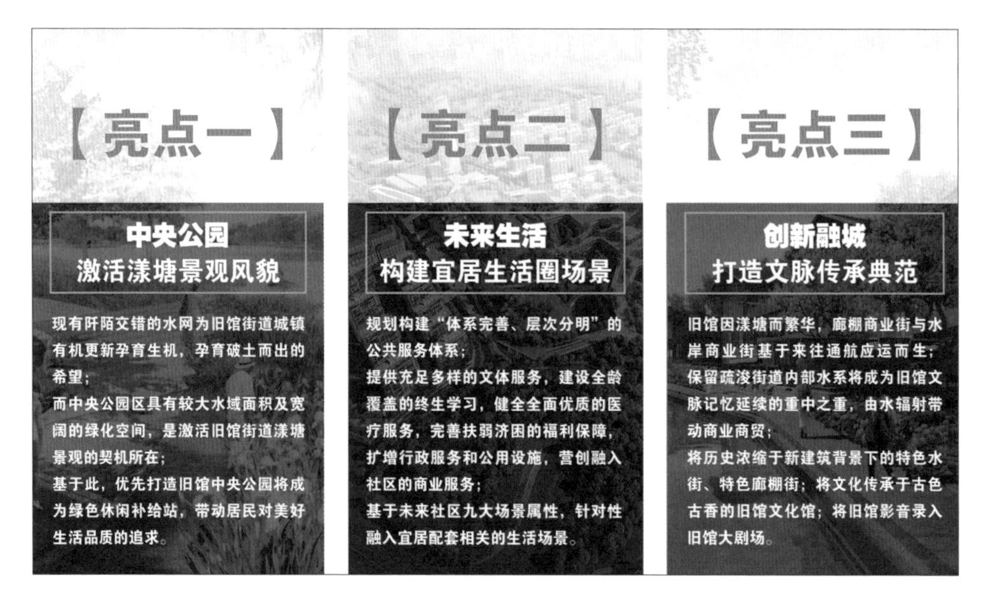

图 4–37　规划设计亮点分析

生活化的街区兼具社会属性、公共属性和生产要素属性，受市场驱动发展浪潮影响，一些城市因保护意识低，在老城拆除建设中严重破坏了“未受保护”的老旧街区，打破了城市历史街区的文脉语境，造成了历史街区相对独立存在的“孤岛效应”。当下，面对空间物质性衰败及公众参与主动性不强等问题，街区的更新应基于城市更新及未来社区构建背景，分析保护类、非保护类历史街区的价值、特征及现状；以城市修补、更新、改造、提升为切入点，通过历史“载体”强化，串联复合“功能”“自组织”治理模式创新等策略来提升老旧街区及其周边所属区域的整体价值，复原其区域特征，制定个性化的更新思路，以老旧街区更新、保护与提升作为城市历史街区更新的补充，来进一步完善城市历史文化的保护体系，进而拓展城市更新的内涵及外延，最终达到改善空间、有序治理的街区城市更新目标（见图 4–38）。

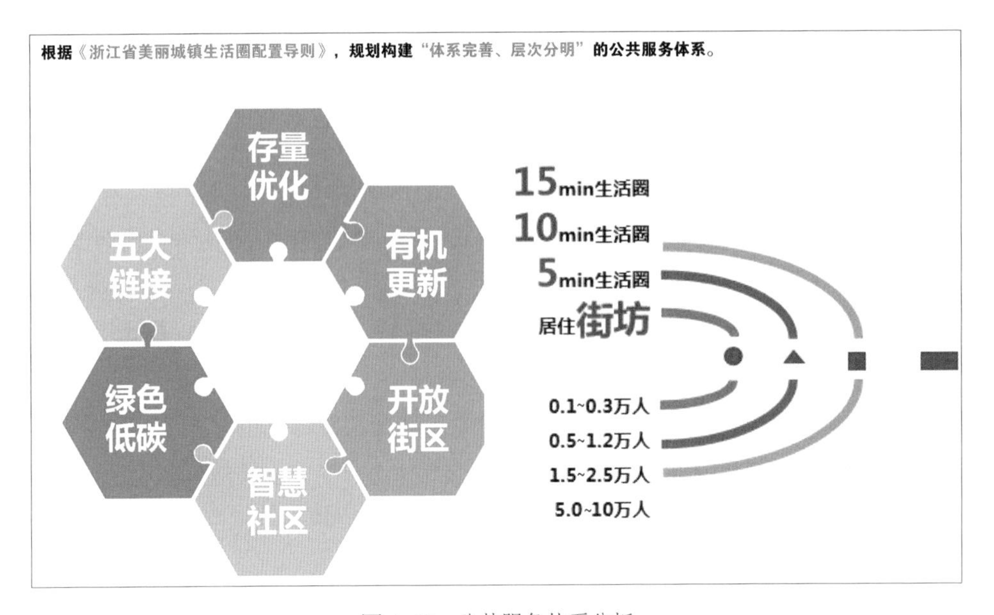

图 4–38 公共服务体系分析

（四）“王马·初心小巷”更新理念分析

中国城市化的脚步不断推进，老旧街巷镶嵌于城市内部，众多街巷面临格格不入的尴尬局面，渐渐失去了原有的活力，城市更新通过老旧街巷的更新与复苏来提升城市活力，由于老旧街巷生气与活力反映的是物质空间和人的心灵活动之间的互动交流概念，为改善老旧街巷公共空间的人居环境面貌，在对现代城市中某些重要功能街道、街区开展城市设计时，应当综合考虑当下人民生活的特征并满足城市公共服务活动的需要，在提升街道的特色品位和社会活力的同时改善人居环境。当下，人们的需求层次不仅包括基本的物质需求，还包括更高层次的精神需求。城市老旧街区公共空间包含以城市功能为主体的各类基本服务设施以及生态和绿化等要素共同构成的整个现代城市系统，其功能富有多元化形态的物质要素和众多非物质要素，故老旧街巷作为城市当地居民向心力的吸引核心，是当地居民产生邻里感、归属感等的重要场所空间，也是外来人员对当地文化、风俗等生活体验的重要场所。在老旧街巷改造过程中，除了结合规划角度的宏观研究，针对一些小体量生活街区、街道的更新，还可以采用微更新进行提升提质。

以全国第一个楼道党支部的诞生地杭州市王马社区“王马·初心小巷”的更新项目来做细化讨论。“王马·初心小巷”改造范围：直燕子弄东起东清巷，西至新华路，全长 240 米，横燕子弄南起王马巷，北至直燕子弄，全长 140 米，改造总面积约为 2190 平方米，涉及居民 1740 户。由于王马社区是全国第一个楼道党支部的诞生地，而在横燕子弄短短 100 米路程中，全国先进单位就有四家，王马社区党委是“全国先进基层党组织”，青蓝小学是“中国教育学会中小学整体改革专业委员会实验基地”，长庆潮鸣街道社区卫生服务中心是“全国示范社区卫生服务中心”，长庆派出所是全国首批“枫桥式公安派出所”。因此，该街区被称为“初心小巷”。设计主创团队基于区域、人文基础，在改造过程中充分结合“不忘初心、牢记使命”主题教育，牢牢把握“以群众的呼声为第一信号、以群众的利益为第一追求、以群众的满意为第一标准”的工作理念，以“三巷、一中心、‘1+4’公园”为改造主线，对红色文化、居住环境、基础设施进行全面提升。

更新设计重视公共服务均等化的“多方参与”原则，达到“让党建更红、让环境更美、让生活更美好”三个“更”的目标。首先是“让党建更红”，通过小巷改造，将社区党群服务中心、初心公园、街道党群服务中心、富润里楼道党支部诞生地等党建元素串珠成链，打造成一条体系化的红色党建垂直带。同时，以“线上+线下”为学习载体，通过线上的扫码听红音、看红书和线下的党建宣传牌，将习近平新时代中国特色社会主义思想等红色内容搬进小公园，让党员群众可以在日常生活中随时随地学习感受红色文化，从而进一步擦亮红色王马“金名片”。

其次是“让环境更美”，通过建设宜居王马“新家园”，对外立面进行整修，统一更换59个单元门口顶部彩钢瓦，并进行外墙面粉刷。结合老旧小区综合改造提升，率先对横燕子弄7幢、8幢二层住宅的雨棚、晾衣架进行更换。同时，对架空线进行清理，设计单位对接市地下管道开发公司，并组织华数、移动等多家运营商踏勘现场，梳理架空管线，历时45天，长达180米的“空中蜘蛛网”全部清理完毕。在环境绿化提升方面，以四季有花为主基调，按照春有繁花、夏有绿荫、秋有硕果、冬有暖阳的思路，补种早樱、垂丝海棠、春鹃、紫薇、桂花、香泡、红梅、蜡梅、茶花、银杏、红枫。充分听取专家及当地居民的意见，在初心公园采用“玉兰+海棠”的搭配，寓意金玉满堂。

最后通过完善基础设施，达到“让生活更美好”的目标，街道对改造范围内的表层路面全部进行沥青重新铺设，并对燃气管道和供水管道进行更换。对公共卫生间进行重新设计，新增了母婴室，调整了无障碍卫生间。在初心公园和王马生活馆前增加了公共座凳，方便居民休憩。针对老小区夜晚光线昏暗的普遍问题，在一些路口节点增设地灯、射灯，加强夜间照明。

需要强调的是，此次更新改造非常贴近生活气息，街道就地取材，取巷名中的燕子元素，对新华路口北侧幕墙、横燕子弄地下车库透窗进行点缀。新华路入口南侧以寓意“丰衣足食”的“红枫+竹子”开篇，沿线设计能够体现社区历史、居民生活的墙绘，侧墙为江南特有的园林窗格，展现古典韵味，与老年食堂养老敬老文化融合。

同时，注重挖掘历史文脉。在民国初期，白衣寺与昭庆寺、净慈寺、灵隐寺并称“四大丛林”，新中国成立后也作为名寺得以保存。在本次小巷改造中，对白衣寺东侧进行绿化调整、整治铺地及增加座椅，通过硬件改造将原先杂草丛生的地段打造成环境优美的口袋公园，进一步增加白衣寺周边人气，更好地传承历史文化。

“王马·初心小巷”改造项目，以微更新理论为基础，以街区活力再现为切入点，在改善街巷空间物质环境的同时，提升街区的吸引力，实现街区活力激活再现，从而保障街区的可持续韧性发展。该项目的改造方式，适用于城市居住性街区，更新改造策略立足现状资源，尊重人文内涵，从街区物质环境层面、功能复合层面、文脉传承等多方面多层级提出相应的更新改造可实施策略，使复合型社区空间更新与再生更上一层楼。

 老旧居住片区综合改造升级

（一）老旧居住片区人居环境现状解读

城市是一个较为复杂的社会系统，也是一个大型的人类聚居地，随着社会的不断发展，城市也经历着生生不息的迭代。纵观历史、现在和未来，城市在新陈代谢的过程中难以避免会产生难点、痛点，而这些问题促使我们思考城市的可持续发展，这也成为城市有机更新的内在驱动力。老旧小区作为旧城更新中的重点内容，一般存在两种更新模式的选择，即拆除重建式的成片改造和各小区主导式的自主更新。基于财政平衡的视角，政府需要对这两种更新模式的投资及收益进行对比分析。由于当下城市更新从增量空间转向存量空间，老旧居住区的成片改造可行性不高，且没有招商引资带来新的现金流，存在不可持续性。自主更新的改造模式目前最大的问题是区域发展不协调，各个老旧小区的更新设计不统一，需要政府在规划改造之初最大化地综合考虑老旧城区的整体改造政策及更新思路，协调周期长、统一设计的成本较高。目前，国内对于老旧小区更新改造大多是各个居住小区独立进行，虽然各个小区的更新都较为完善，但仅仅局限于独立自主改造的局面，一些老城区在城市更新进程中难以避免会出现同一小区不同楼栋外立面色彩、材质等不统一的现象，老旧居住区也出现外部公共空间杂乱无序等问题。因此，如何基于自主更新的现状对老旧居住片区进行综合改造，以促进片区的可持续协调发展是本节探讨的重要内容。

以往的城乡规划及城市更新实践是在系统思维指导下对地域、景观、业态、人文等要素进行分类总结，并在分析的基础上进行城市空间规划设计；在城市更新目标制定过程中，传统的思维模式往往将设计目标细化分解，然而，在项目的具体实践中，设计目标之间存在多重交互联系，过于细节的分类容易出现自相矛盾的现象，导致整体目标难以实现。1943 年，美国心理学家马斯洛将人本需求划分为五个层次，分别为尊重、生理、爱与归属、安全和自我的需要，这就是著名的“需求层次理论”。虽然该理论为人本科学研究的理论基石，但这五个层次的解释逻辑仅仅在系统维度上分解人的需求，未从辩证的角度回应人本主义及可持续发展观，较为单一、平面化；因此难以从科学、辩证的角度理性地指导项目实践。且该理论受西方自由主义思潮和进化论思想的影响，难以摆脱时代的局限性。在现阶段的城市设计实践过程中，人的因素被社会性所包含，在规划设计过程中会因为被降维的“社会空间”属性而忽略考虑“人本主义”

与其他各要素之间的包容性关系，导致后续的城市更新实践难以触及项目的本质问题，在解决项目主、客体需求及城市韧性发展的实质研究层面实施起来略微困难。

作为与城市发展相伴的新生代城市更新实践，是在规划设计基础上涉及社会学、经济学、人文地理学等多学科的综合性城市社会治理实践，涉及的人、事、物较为复杂，是巩固城市化进程“上半场”的建设成果及创新发展城市化进程“下半场”的关键性行动。城市更新作为以问题为导向的行动计划，想要通过梳理城市发展脉络、沉淀人文精神及构建美好的“熟人”社区，需要充分尊重发掘内驱力，结合多学科进行逆向思考。随着全球范围内城市更新研究信息的不断交融，学者对该领域的理解、研究及解读不断深化，近年来结合未来社区构建、文化传承、品质提升、活力再现、低碳环保、公平正义等课题的探索，城市规划管理者和学界从政策制定、社会实践、空间更新等多角度、多方面提出了有机更新、城市针灸、渐进式改造、包容性设计等理论方法，对不同类型、不同年代的老旧小区进行细化分析，总结多元化更新路径和更为有效的改造模式。2021 年，两会政府工作报告将“城市更新行动”作为“十四五”时期国家的主要任务，赋予了城市更新工作新的时代使命。在新型城镇化时期，呈现出国家、社会发展从基础保障到人本关怀的发展逻辑转向，重点关注“以人为核心”的内涵式发展，促进城市更新向人本化、人性化方向转变。

老旧居住片区的更新实践作为连接传统与未来城市规划的桥梁，规划路径及指导也应有别于传统的方式方法。基于目前国内老旧小区独立自主更新的现状，在“以人为本”的理念下切实对老旧居住片区作可持续协调改造是后续空间营造的重点所在。美国城市规划专家凯文·林奇（Kevin Lynch）指出城市设计的关键在于如何从空间安排上保证城市各种活动的交织。学者王建国认为城市设计主要研究城市空间形态的建构机理和场所营造，是对包括人、自然、社会、文化、空间形态等因素在内的城市人居环境进行的设计研究、工程实践和实施管理活动。基于黑川纪章的“灰空间”、爱德华·霍尔（Edward T. Hall）的“人际距离”基础理论，作为不断适配人本需求发展变化的社会实践过程，城市更新在城市空间发展过程中以空间设计及场所营造为目标进行的老城区区域化改造也同样存在结构化心理模式。在多重要素的影响下，基于对城市主体空间矛盾取向以及发展层级差异化的系统分解，在构建美好“城市范式”的过程中将空间“公共灰度”进行分层次分阶段调解，在充分控制矛盾冲突的前提下，尽力寻求各方矛盾在公共区域的缓冲、整合与共存。

中国工程院院士庄惟敏提及“空间的弹性”概念时，曾对“弹性”做过详细解释，指出“弹性”可以引申为一种可变的适应能力，或者说是一种更为关键的恢复自适应能力。在笔者看来，基于老旧居住片区成片改造的复杂性及各个居住小区自主改造的“孤岛效应”，我们应该将弹性空间、城市灰空间的概念引入城市更新及老旧居住片区改造中：其一，我们可以通过公共空间的营造创造片区空间变化的可能；其二，可以通过老旧居住片区公共空间的过渡性改造创造该片区可持续更新的转折空间；其三，激活老旧居住区片区的自我修复能力。城市作为一个空间共同体，对其弹性空间的价值营造有助于未来规划者及使用者应对不确定的变化带来的冲击，以便更好地构建空间理想，使城市社会群体对未来城市空间抱有更美好的想象，将人本视角真正导入实体项目并进行规划运行。

（二）对话型社区公共空间综合改造提升

21 世纪，我们正处于一个瞬息万变的时代，随着城市化进程加快，城市公共空间将在形态、内容、风格等多方面趋向多元化，城市公共空间与私有空间边界模糊，人们越来越注重城市生活品质、环境可持续发展、文化审美价值的提升。如何将复杂的城市更新系统目标归一到以人本主体系统为判别标准，提炼其核心价值，将空间与人们的诉求进行适配，进而突破空间系统论的思维盲区，保障城市更新顺利展开，是我们研究的重中之重。目前我国对于老旧居住片区综合改造提升的系统更新尚处于初级阶段，如何针对不同的人格特征对空间环境的不同需求进行合理的城市更新适配，通过设计构建和谐的人居关系成为当前城市公共空间改造提升的重要目标。

从西方城市公共空间的发展历程来看，主要经历了 15 世纪以前的封闭型形态，15 到 18 世纪的构成型形态，18 到 19 世纪的功用型形态及 20 世纪的开发型形态四个阶段。其发展历程规律性较强，具有强大的生命力与渗透力，目前已形成了一个较为完善的理论体系，对全世界的城市公共空间形态体系的形成有着较为深远的影响。

我国城市公共空间的发展与演化经历了四个阶段，按照时间顺序梳理，分别为封建时期、半封建半殖民地时期、近代时期、现代时期，以下为四个阶段的简要分析介绍。

第一阶段是封建时期。封建社会长达数千年，城市空间结构层次分明，尊卑有别，有明确功能分区。手工业作坊的发展推动城市商业公共空间形成，并逐渐由集中设市向街区设市转化。少数城市发展出水城相融、“天人合一”的城市公共空间环境。

第二阶段是半封建半殖民地时期。鸦片战争后，城市中心商务区初具雏形。居住社区分化使得城市公共空间层次多样，且城市公共空间私有化现象突出。

第三阶段是近代时期。随着城市经济及社会环境的不断发展，城市公共空间形态大致可以分为以下两类：第一类城市空间指新兴城市或变化较大的城市；第二类城市公共空间则沿袭原来的封建城市。

第四阶段是现代时期。随着社会的发展、文明的进步，人类从最原始、单一的生存需求不断提升，形成了需求的多层次时期。

当下，不乏关于城市公共空间的优秀设计案例，如北京宋庄镇小堡村微景观设计。宋庄镇政府希望提供一个具有多功能和包容性的公共空间，于是委托Crossboundaries建筑事务所将毗邻小堡文化广场停车场的街道景观改造成一个热闹、符合民生诉求的户外社区公园。考虑到小堡南街公共空间改造的项目背景是城市副中心建设，因此设计以副中心规划和小堡艺术区规划为蓝本，选取了这个重要节点，探索尝试“城市更新”的落实规划，通过政府投资改善公共环境，引导环境升级、功能升级，实现街区品质提升。

再如北京宋庄镇小堡村微景观设计，这是一个由政府主导、市场参与的公共空间设计。该项目位于通州区宋庄镇，不同于以往高度城市化的设计，宋庄镇仍保留了天然的乡村景观，宋庄镇政府希望通过设计为大众提供一个可休憩、娱乐的多功能公共空间，为此，当地政府委托Crossboundaries建筑事务所将毗邻小堡文化广场停车场的街道景观进行改造提升，期望能够将场地改造成一个热闹、满足居民诉求的户外社区公园。项目通过盘活闲置绿地，进行功能重组与规划，以政府投资、市场参与的模式改善公共环境，实现该区块的共享性。在材质的选用方面，采用就地取材的办法，保留了当地砖元素，同时用大胆的明黄色地绘与灰砖形成反差，提升整个区块的活力，吸引居民前来玩耍娱乐。该项目通过对街角公园的提升改造，推动区块的环境升级及功能升级，实现公共空间品质提升，探索“城市微更新”的多种可能性，为类似的区域改造提供可借鉴思路。

上述分析的这几个城市公共空间设计改造案例为当下的城市更新展现了许多新的可能，如城市公共空间将住宅区公共空间的建设与社会、环境相融合，形成多元的空间形态和功能设施系统，激发城市活力。目前看来，对老旧居住片区的公共空间改造研究尚处于初级阶段，未见对该区域的系统性研究及政策指导，特别是在“以人为本”的城市更新理念下，我们要认识到这不仅仅是简单的人性化空间设计和公众参与式空间治理。为此，我们需要根据不同人群的需求属性、不同区域的发展模式，细化分析与审视城市复合型社区空间更新的问题与矛盾，多角度地思考与建构符合社区韧性发展、具有人文关怀的社区更新理论及方法。

1. 对话型社区公共空间设计实践探索

当今，随着我国经济水平不断提高、城市化进程加快，城市群的发展在我国被提升到前所未有的战略高度，人民对美好生活的需求日益提升。在城市更新背景下，全国各地涌现出不同的新路径和新思考，但在老旧居住片区公共空间的有机更新方面相对缺乏系统研究。我们可以注意到，老旧居住片区的改造，不只是简单地针对居住区改造，而应该综合考虑该片区的公共空间系统提升，以系统化改造为目的综合协调整个片区的人居环境。美国城市社会学家雷·奥尔登堡（Ray Oldenburg）在第三空间理论中就该问题进行探讨，认为第三空间具有集聚资源和人气、促进城市发展的功能，可以增加城市的多样性和丰富性，一个城市最能体现多样性和活力的地方就是位于第三空间中的公共设施。[121-122]由此可见，一个城市的存在不仅仅包含着社会人口结构，还蕴含着人类社会、文化等，基于城市老旧居住区片区改造的现存困境，笔者将以城市公共空间为突破口进行分析研究。

笔者基于浙江省杭州市凤起路沿线社区的实地调研，对城市传统社区、老旧小区公共空间微改造方法及路径进行探索研究。区别于以往大规模改造成本过高、时间过长的拆建式更新模式，在注重“以人为核心”内涵式发展的当下，以“第三空间”公共设施系统提升为基础，提出“对话型”城市公共空间的概念，以人的心理、人的社会价值活动为中心，结合大五人格理论［OCEAN，包括开放性（Openness）、尽责性（Conscientiousness）、外倾性（Extraversion）、宜人性（Agreeableness）和神经质性（Neuroticism）］，探索人物个性，发掘共性，创造多元整体的社会生活共存平台。通过优化城市基础设施，塑造公共空间景观，提升城市街道风貌。倡导低成本、微更新的方式来提升城市公共空间新活力，弱化人群交流边界，为增强对话感，营造舒适的城市生活氛围做出尝试。“对话型”城市公共空间更新区别于以往的城市更新，其设计构建方式更注重人性化的联系，更强调以人的心理、人的社会价值活动为中心，增强城市与人、人与人之间的对话交流。当下中国城市更新普遍缺乏自己的特色，城市风貌存在“千城一面”的现象。“对话型”城市公共空间深入探讨“对话”理念，为避免实施城市更新行动而沿用以往过度房地产化的开发建设方式，避免随意拆除老建筑、搬迁民居、砍伐绿植、变相抬高房价、增加生活成本等问题，对城市公共空间进行有选择的微更新、小改造是城市可持续发展较为可行的途径之一。

本次更新设计项目将地址定为杭州上城区凤起路沿线街区，场地包含凤麟社区、三魁里、白泽弄小区、竹竿巷社区、仙林苑北区五大社区，紧靠嘉里中心，西起凤起路，东至中河北路，南接庆春路，调研面积达 1 万平方米。周边交通发达，涵盖了铁路交通、公交、步行街等，在位置上是不可多得的商贸休闲旅游中心。笔者对小区周边环境以及相关配套设施进行了实地调研走访，发现老旧片区内公共空间利用率低、绿化系统构建较弱、公共服务设施老旧等问题。在此基础上，根据研究项目的实际用地情况确定对话型公共空间的整体布局，考虑规划设计区域地处拱墅区中心地带，属商业、经济、休闲中心，周边集中分布大量老旧小区，故在设计中强调对话型城市公共空间与周边街区的生活链接，运用多重复合的“对话框”形态打造未来社区“对话交流圈”的概念，从公共空间的多类圈层模式出发，打造未来社区场景。

2. 城市公共空间的现存问题

（1）城市公共空间“对话”缺失

随着城市化进程的不断加快，经历时间流逝、历史积淀的城市公共空间应更具城市的独特个性与人文情怀，但如今的城市在更新改造过程中往往会出现为了表达碎片文化和强调艺术特色而出现“千城一面”的现象，有如“表达性失语症”一般呈现千篇一律的画面。

城市公共空间系统是城市公共体系中的重要组成部分，应当具有丰富、个性、多元等特质。笔者通过对凤起路沿线街区调研，发现由于该区域建成年代久远，在最初规划上对公共空间系统构建未加重视，老旧街区长期处于任其自然发展的“失语”状态，缺少对基础设施以及公共景观的维护、修缮、交流等问题的关注，城市公共空间的管理机制、更新方式等都有待改善，陷入一系列“对话”缺失困境。这主要反映在“与人对话缺失”“与景对话缺乏”“与场对话不足”几个方面，具体如图 4–39 所示。

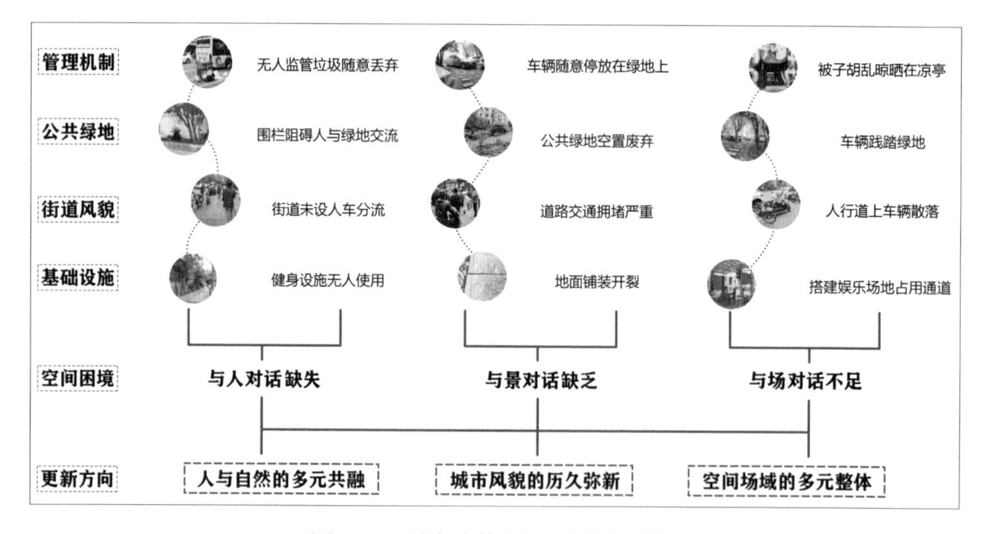

图 4-39　城市公共空间现存问题分析

（2）与人对话缺失

公共空间服务于人，其内核应当依人而设，而目前城市公共空间大多缺乏系统性，其中的重要原因是管理分散和设计实施中缺乏对人们需求的思考。在管理机制以及基础设施层面，健身器材大多属于物业管理，而老旧社区的物业管理运行系统相对薄弱。人们对于诸如此类设施使用感不佳，物业管理方未加强重视，久而久之，两者的“对话”关系减弱。街道上的垃圾桶属环卫局管理，社区内部垃圾桶属社区物业管理，但老旧居住片区大多街道与社区界限模糊，容易造成垃圾无法及时清理的尴尬局面。在街道风貌以及公共绿地层面，为解决车行友好问题，城市内道路不断拓宽，忽视了人们的步行友好问题；人行道上非机动车在人群间不断穿梭，需重新思考“人车分流”设置的合理性及必要性。另外，虽然在居住区规划之初就对绿地率有一定的要求，但现存的交互空间及公共绿地空间屈指可数。在老旧居住片区中，无论是街道还是社区内部绿地，大多用围栏分隔开，这样的社区绿化空间使用非常低效，解决措施除了拆除围栏、释放部分绿地，通过公共空间的优化设计以增强生态系统与人们之间的“对话”，人与自然的多元共融也是更新改造能否具体落实的关键所在。

（3）与景对话缺乏

随着城市居民的生活水平提高以及对健康生活的追求，游憩者对于城市绿地公共空间及漫游步道有着更高的需求和期待。在当下，随着城市化进程的不断加快，原本经过时间沉积后应拥有独特风格与特质的城市景观却因为不恰当的设计使得景观同质化，千篇一律的固定修复淹没了城市公共空间原有的特色风貌，加剧了城市“失语症”，例如统一装配、风格单一的导视系统，缺乏特色与美感的建筑外立面，以及废弃空置的绿地。这些“千城一面”的城市风貌以及碎片化的景观使人与城市记忆割裂开来；另外，景观维护、整修、管理机制的缺失以及城市规划实施中的片段化整合使得人与景、景与景之间的对话愈加匮乏。

（4）与场对话不足

场地作为城市公共空间的载体，是能最直观展现城市风格特色的媒介。与传统的城市绿地系统规划相比，现如今城市绿地公共空间是从大区域的角度出发思考，更突出城市公共空间的生态整体性和居民参与的公共性。在场域设计层面，应当更多考虑人的需求，增强人们在场地内对各项功能设施的体验感，促进人与场域的对话。

3. 对话型城市公共空间系统构建的必要性

（1）“对话型公共空间”概念解析

复合型社区周边的城市公共空间是综合体现人民生活状态和表现城市文化的重要载体，优秀的城市公共空间可以更好地促进人与人之间、人与自然之间、人与场所之间的交流，其内核依人而设。本案所论述的“对话型公共空间”正是基于城市公共空间现存的部分共通性问题，针对当下公共空间“对话”缺失进行的分析讨论。城市公共空间作为民众在户外活动及邻里交往的主要空间，是城市生活、生态环境的精华所在。“对话型城市公共空间”拟塑造一个以人为主体，以场域、自然为客体，三者互相信任、互相依赖、互相认同的可交流的美好人居关系。在设计思考过程中，切实感受人们在城市日常生活中的各种行为，针对不同人格特点打造多元化空间场域，构建对话型城市公共空间，修复城市“失语症”。

（2）与人对话构建

城市公共空间的配置是一个城市片区中必不可少的公共区域，这些公共空间是周边居民休闲娱乐的重要场所，与人们的生活息息相关，也是人们工作之余释放天性的场所。公共空间设计的基本尺度应符合人机工程学，符合安全性原则，使之满足全龄需求，体现公共服务均等化原则。例如公共座椅的设计应当满足民众休憩、等候等基本需求，而基于心理学上神经质性人格具有容易紧张、焦虑等情绪特点，因此在满足设施安全的基础上，应当体现舒适性、疗愈性原则；在遵循“人与万物对话”的设计理念基础上，在材质的选用、空间尺度的协调与色彩的搭配选择方面要舒适得当。最后，如何将风格贯穿城市之中，运用多元化设计手法形成一个系统，让居民在使用过程中产生特殊的情感体验，以塑造相对完整的对话型城市公共空间也是我们需要重点思考的问题之一。

（3）与景对话构建

笔者通过调研风起路沿线街区，发现城市街道风貌存在“千城一面”、部分城市景观存在公共绿地使用率低下等问题。城市公园作为民众户外活动及交往的重要场所，公众对城市公园的建设、维护、提升有着本能的热情。本案将居民的这种自主参与融入公众参与（Public Participation）的城市公共空间中，通过更新改造，设计具有疗愈性、自主性、公众参与性的城市场域公共景观，让民众的需求得以自我实现，并由此提升片区民众的参与感及自豪感。城市公共空间的设计不仅仅是为民众提供户外活动的场所，而应该尽可能展现城市文化精髓、视觉审美和社会价值，以此激发城市活力，促进城市风貌历久弥新。例如，外倾性、开放性人格具有喜新颖、对意愿有自主探求的特征。那些人们愿意主动逗留的城市公园，都具有创意化、艺术化、审美化特点，能够在公众参与过程中营造出愉悦与亲切的氛围，能够较好地满足人们的休闲、娱乐和交往需求。

（4）与场对话构建

城市公共空间的设计应向着实现民众、社会互动的完整性，交往愉悦性等更加理想的方向拓展，应当更注重人与空间场域的对话。在20世纪80年代，科斯塔（Costa）和麦克雷（McCrae）基于特质理论认为人格由剖析人物人格特征得出，并提出了大五人格理论。每种人格均有不同的表现特征，其中，积极心理学认为人的态度、行为、情绪是可以相互影响的。在大五人格因素模型中，外倾性、开放性人格存在较大的社交需求。在心理学领域有一种“人际气泡”理论，代表着不同尺度的公共空间带给人们的不同心理感受，与此同时，人们在不同的外界场景中会形成一个以自我为中心的无形气泡，文化背景、学识修养、临场心态、不同的习惯爱好等都可以对人际气泡产生影响。结合上述不同的影响因素，人们在不同的场域环境中，个人的人际气泡会发生不同的变化。较小场域的人际气泡带给人安全感，而较大场域的人际气泡会让人产生落寞感，因此在空间场域的设计中应当注重多元整体的设计原则。宜人性人格特征表现为信任、坦率、利他等，所以在公共空间中需要根据不同的场景需求设计符合人性化的空间尺度，使人们在公共空间中创造出大大小小具有“对话感”的人际气泡。适当的尺度和造型不仅可以丰富公共空间的美感效果，激发民众的交流与求知欲，还能给人们的心理提供慰藉。

4. 对话型城市公共空间系统构建的可行性

（1）对话型公共空间系统构建的可行性

优秀的公共空间是与人协调共存，促进城市美好发展，凝聚城市风貌，承载文化与时代主流价值观的艺术。基于老旧居住片区公共空间在“与人对话”“与景对话”“与场对话”方面存在的问题，笔者通过系统分析杭州市凤起路沿线街道面临的优势、问题、机遇、挑战，通过综合分析得出结论：该区域地处商业休闲中心，区位优越，周边配套设施丰富，交通便利；但场地内公共空间存在基础设施老化破败、街道风貌“千城一面”、公共绿地废弃冗余等问题，需基于“人、景、场”的缺失和需求等问题进行公共空间的更新设计。

根据分析，可见对话型公共空间系统更新需要我们对使用人群的行为及情感进行细化讨论研究，将公共空间的价值对接人的需求来对空间进行系统更新，如利用人群需求改良设施格局和美化视觉景观，重新激发街区居民的活力；利用人与景之间的互动，升级行为融入景观设计，打造宜人的城市公共空间环境；达到对场所精神再塑造，继承城市文脉，创新城市凝聚力的设计目标。在与人对话构建、与景对话构建、与场对话构建方面打造区域空间“人性化”“人情化”以及“人际化”的多元复合价值。

（2）对话型公共空间系统构建策略分析

对话型城市公共空间将人作为一切研究和实践的核心，分析居民的生活方式、居住的安全感、舒适感与归属感，深入对话型公共空间研究，以期构建美好人居环境。在规划之初对基础设施、街道风貌、公共绿地、道路交通等进行更新设计梳理，通过与人对话构建、与景对话构建、与场对话构建分析，达到人与自然的多元共融、空间场域的立体整合、城市风貌历久弥新的更新设计目标。主要更新策略有以下几点。

第一，完善基础设施，设计智能化系统、建设多功能基础设施以便利民众；第二，塑造历久弥新的城市街道风貌，优化传统老街风貌，传递民俗风情，以彰显地域文化特色；第三，构建具有“对话感”的公共艺术景观，对场地内废弃绿地进行重新利用，例如拆除无效围栏、释放绿化，塑造艺术小景观装置等；第四，编织具高可达性的交通路网，提高场地内外的道路线密度，合理运用TOD模式实现城市漫游，促进对话。通过一系列对话型城市公共空间的设计，以期构建美好人居环境（见图 4-40）。

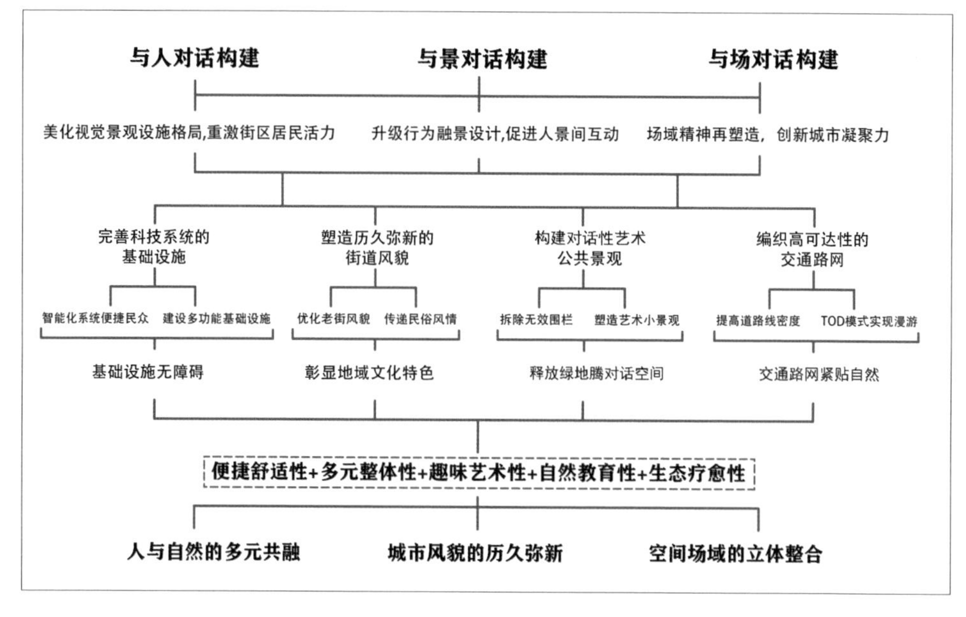

图 4-40　公共空间塑造策略

5. 对话型公共空间更新设计表达

该老旧片区的更新基于“人与自然的多元共融、空间场域的立体整合、城市风貌历久弥新”的设计目标，将对话型城市公共空间构建策略植入设计中，在整体改造上削弱公共空间与私人空间的划分，依据城市微更新要求，对城市街道风貌微更改，将设计的重点放在废弃空置绿地以及公共区域上，从逻辑上规划“一圃、三园、多点位”的设计理念，融入“对话型”城市公共空间概念中，做到多元共通共融。

设计重点放在景观及公共空间部分，各地块对标设计使用人群需求，在设计过程中细化各区域的景观功能属性，将便捷舒适性、生态疗愈性、多元整体性、自然教育性、趣味艺术性等空间功能属性运用解构、重复、叠加等元素进行片区复合化设计，形成多元化的公共空间形态和功能设施，激发城市活力（见图 4-41）。接下来，笔者将结合上述的更新策略进行细化分析。

图 4-41　凤起路沿线街区部分景观节点设计分析

杭州市凤起路沿线老旧居住片区的更新改造设计以提取“有效对话”元素为出发点，对老旧居住片区公共空间进行解构重塑，尝试将对话型城市公共空间模式植入设计的功能范畴内，并在整体改造上削弱公共空间与私人空间的划分，在整体设计上多运用“弧形”以塑造自然交流空间的柔和感，同时基于大五人格理论分析人群需求活动的变化而选择灵活的公共空间及功能设施。在整体设计上塑造“一圃、三园、多点位”的公共空间，将整个居住区片区的公共空间从外至内进行更新塑造，具体的空间活动分布类型见图 4-42。

在具体的景观节点设计上运用“活力红”作为主色调来提亮重要景观节点区域，因“对话型”城市公共空间更加强调人与人之间的交流互动以及文化的多元融合，所以在设计上没有一味追求刻板生硬的尺度，更加倾向于从心理学角度关怀民众及游憩者的心理及生理感受，塑造满足人们需求的空间氛围，具体设计如下。

	空间活动	设计效果	功能
A 邻里花圃	“对话感”公共设施景观构建		邻里交流+自然教育+自我参与+智慧休闲+文化审美
B 社区闲园	多功能基础设施构建		邻里交流+自然教育+智慧休闲+交通功能+景观功能+养老功能
C 悦动乐园	文化特色公共设施构建		邻里交流+智慧休闲+文化审美+景观功能
D 街角游园	数字化公共设施系统构建		邻里交流+自然教育+商业功能+智慧休闲+文化审美+养老功能

图 4–42　凤起路沿线街区对话型公共空间设计分析

第一，“对话感”公共空间景观构建。

如A地块的邻里花圃作为本次设计的主要空间，充分考虑了大五人格理论中的宜人性、外倾性、开放性、尽责性、情绪稳定性，结合对话感“喇叭”的造型建造农具储放小屋，用绿地、植被与灌木相融合的方式将一个个圆形围合形成“对话气泡”形态，起到了交流空间的集合感。

项目设计目标在于构建具有“对话感”的艺术公共景观，邻里花圃作为本次设计的主要空间（见图 4–43），拟通过拆除无效围栏、释放绿地并重新整合公共空间边界；同时，将原本松散杂乱的几片活动场地合理利用以构建花房艺术公共景观。在设计上将通过“邻里花圃”及“异形曲廊”置入公共空间体系当中，其中异形曲廊可作为元素变形翻转形成“对话框”式的负形空间，为绿地系统开辟可变元素。项目将作为第三空间的公共空间，尝试以“对话感”的形式进行构建，充分满足全民、全龄的需求，体现趣味艺术的特征，强调人与人的对话、人与空间的对话，这样的空间有着较为强大的交流互通能力。“对话感”艺术公共景观设施可以最大程度彰显具有特色的视觉艺术审美，诠释创意性特征并赋予城市公园以个性化艺术标识。

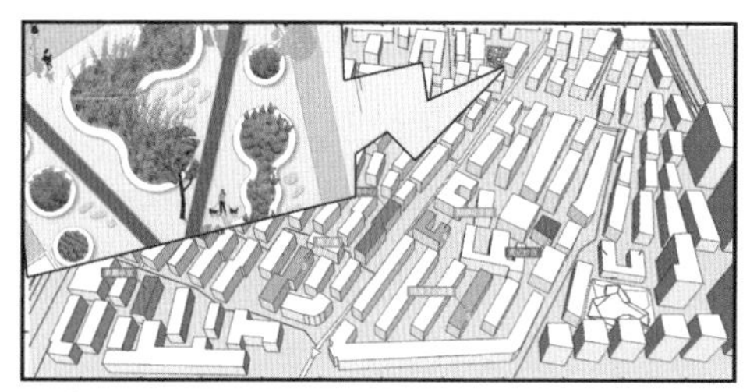

A地块:邻里花圃

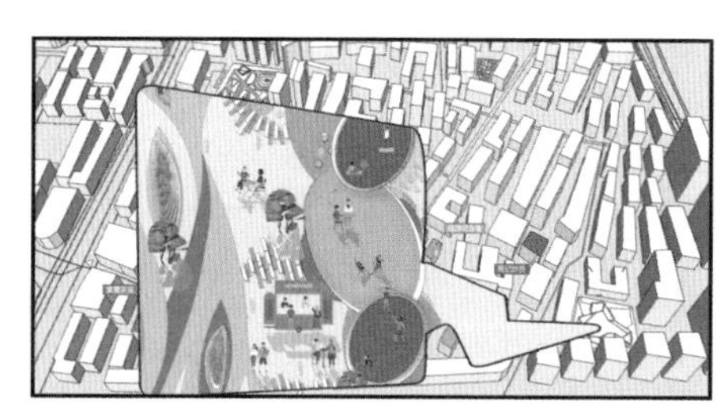

B地块:社区公园

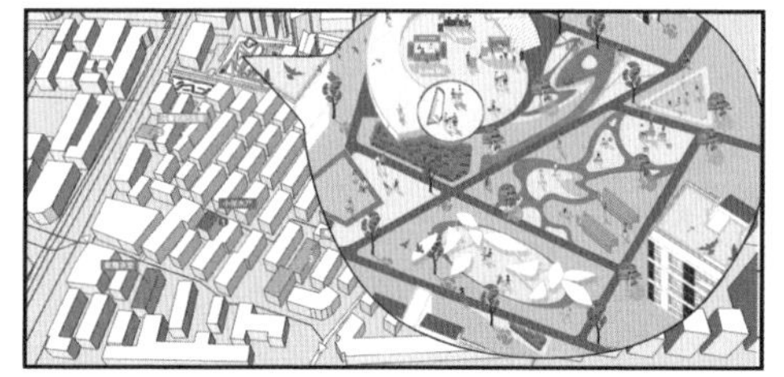

C地块：悦动乐园

D地块：街角游园

图 4-43　A、B、C、D地块效果示意

第二，多功能基础设施构建。

B地块的社区闲园作为社区内的公园，主要服务对象为小区居民与部分游憩者，在设计中侧重宜人性、外倾性、开放性、情绪稳定性人格，拟在楼与楼之间构建立体绿化空间；考虑到社区内老年群体占比较大，因此需要同步进行适老化公共设施设计。B点位的社区闲园设计，主要考虑如何通过完善基础设施、设计智能化系统、建设多功能基础设施以便利民众（见图 4-43）。设计的核心策略是通过低成本、精巧化的设计来调整现有公共空间关系，并激活原有空间要素的潜在动力。作为社区内的公共公园，主要服务对象为小区居民与部分游憩者，

考虑到突出景观疗愈性，设计运用景观环境因素，创造可促进身心健康的环境，通过人与景观之间的相互作用，在一定程度上提高人体机能并减轻使用者压力，促进人们的身心健康。公园的设计结合了现场环境，选择适当的材料和种植方式。设计的主体构件是流线型半开放公共景观空间，在指定区域设置集中的休闲座椅。街道一侧，斜面长形花盆里种上蚕丝树，将车行道路与公共区域隔开，并使新增的树木与现有的成熟树种相结合。

第三，文化特色公共空间构建。

C地块的悦动乐园拟规划为居住片区内的小尺度公园，主要考虑宜人性、外倾性、开放性的人格特点；以提升街道风貌，塑造历久弥新的街道风貌为目标，在设计中注重趣味艺术性以及环境教育性的展现（见图 4–43）。弧形楼梯与锥体滑梯组合成的幼儿游戏区可以延续原始构件的秩序感，构架的彩色配置采用红色、黄色，交错分布可构建轻松活泼的氛围；趣味传声筒、悦动大风车、植物标本墙等公共空间可以最大化体现环境教育性的设计目标。

第四，数字化公共空间系统构建。

D地块的街角游园作为人群流动最密集的场所，主要侧重宜人性、外倾性、开放性、尽责性、情绪稳定性的人格特点，根据不同的设计路径引导，做到多元整体动能区划（见图 4–43）。设计将街区办公建筑的外侧围墙打开，纳入“休憩台阶”的公共空间体系当中，以街角游园为节点，将每一节点设一主题，利用人行步道将节点串联起来，形成愉快的漫游步行体验。构建数字化公共空间系统，沿墙设置休息和交流空间星星点点的“休憩台阶”节点，创造让人停留的空间，让游憩者、居民在交流对话中感受休闲、和谐的人居氛围。

老城区人居环境更新是未来社区发展长期规划中必不可少的环节。老旧居住片区的更新设计需要深入分析老城区的实际情况和居民的现实需求，本案基于与人对话、与景对话、与场对话的多层次分析，跳脱传统公共空间固有的设计思路局限，将公共空间设计放在更完善、更宜人的角度下进行思考，并以较低成本对接城市公共景观微更新，达到人与自然的多元共融、空间场域的立体整合、城市风貌历久弥新的更新设计目标。然而不同地区的城市问题各不相同，城市社会结构、区域社会活动与文化也存在可变性，如何统筹大部分群体的需求，最大程度改造出适合他们生活、休闲、社交等的公共空间，还需要研究者投入更多的时间去总结和探索。

（三）未来社区“先行探路者”：杭州市萧山区七彩未来社区项目解读

未来社区“先行探路者”杭州市萧山区七彩未来社区项目所在的萧山区瓜沥镇，处于国家级临空经济示范区——杭州临空经济示范区核心区位，下辖75个村社，面积126.9平方公里，总人口近30万，区位条件优越，经济实力强，历史人文荟萃，位居全国综合实力百强镇第35名。作为浙江省未来社区建设“139”顶层设计指导下的“先行探路”首个样板，属于杭州大都市圈周边崛起的新城镇改造更新类典型社区，总规划单元79.21公顷，近3万居民，其中实施单元面积40.34公顷，总投资约47亿元。

杭州市萧山区七彩未来社区在选址合理性、创建示范性以及基础条件成熟性上具有一定的优势，但在片区更新规划过程中面临老产业转型、原住民蜕变、新活力导入这三大需要破解的问题，区域城市更新面临缺乏优质公共资源和公共服务的现实挑战。经资料整合及数据分析，作为工业强镇，当下瓜沥镇的化工类、纺织类和卫浴类等高能耗、高污染产业占比较高，过于传统的产业结构成为其未来发展的瓶颈。因此，如何在未来社区建设过程中结合临空优势，在现有的基础上实现转型升级是该片区规划需要引起重视的一大课题。[82]从社会学的角度分析，城市更新的过程会导致原区域居民生活、生产及心理的变化，原住民如何成功蜕变，也是项目需要重点关注的问题。据统计，目前瓜沥老镇区有待整体片区更新改造的旧小区规模达到1500亩以上，涉及的居民约6万人，而其中以城中村村民居多。如何确保老镇村民在未来社区的创建中顺利成为“居民”[123]，紧跟杭州机场城市的国际化建设要求，从而提升全体原住民的生活服务设施的“便”和文明素养的“变”，也是需要解决的核心问题。未来社区构建，构建的不仅是一个区域的环境，同时也在构建城市的未来。从城市发展的角度来看，给瓜沥产业和社区带来活力的将是从杭州都市圈溢出的大批年轻人才，人才的“引”“留”问题对于未来社区的成功创建及顺利运营起到重要的作用。基于上述分析，通过未来社区创建为年轻人才定制集工作、学习、生活、娱乐、休闲于一体的社区公共服务设施和高性价比的住房，通过用空间和运营的活力吸引人才入驻也是该项目实施的一个重点。可见，杭州市萧山区七彩未来社区的创建，承载着城市更新中最急需解决的产城融合和城乡融合两大任务，通过试点建设，为浙江四大都市圈未来城市发展提供了一种密度较高、功能混用和公交导向的集约紧凑型开发模式。

杭州市萧山区七彩未来社区结合自身产业、人群特色优势以及发展方向，融合未来社区“139”系统指标，以“炫彩瓜沥，数创未来”为总体愿景，以“人人享有活力数字社区”为目标，从创新规划和土地发展理念出发，通过用地功能规划、城市空间规划、流量运营规划、蓝绿生态系统规划、数字场景规划的“五位一体、多规合一”，激发社区土地和居民活力的最大价值，着力打造可复制、可参照的都市圈TOD卫星城镇高质量发展社区样板。

未来社区试点的场景领先在于项目前期的顶层规划设计是否在空间、内容和可持续模式上展现出与众不同的集大成和创造力，因此杭州市萧山区七彩未来社区充分发挥国际化顶层智库与设计资源优势，透过实施主体企业的国内外资源网络，引入新加坡盛裕集团、浙江省发展规划研究院、浙大城乡规划院、南方设计院等优秀设计团队共同开展杭州市萧山区七彩未来社区产业规划研究、城市规划设计工作，通过“创建工作专班化，设计资源集成化”，博采众长，保证项目规划理念的在地性和领先性。

杭州市萧山区七彩未来社区重视“精细化问需于民，人本化复合场景”，从2019年下半年起，邀请同济大学课题组和科技团队，持续一年对社区和周边镇区的全龄居民、社区运营者、社区商家、物业管理人员、居委会人员、社团成员、社区志愿者等多跨人群进行定制化调研，通过社区行走地图、驻场调研人群活动轨迹、线上问卷抢答等方式，保证调研数据的颗粒度和鲜活度，准确勾勒出居民画像，同时集合多专业进行场景剧本的编写，形成系统性的《七彩未来社区实施蓝皮书》，切实保证设计师能全景式把控社区多维人群需求的空间设计要求和故事线，真正把“空间服务于人”的理念贯彻到设计方案中。

未来社区是个涵盖多领域、贯穿全周期的系统性工程，尤其关键的是建成后的可持续运营。杭州市萧山区七彩未来社区构建提倡“运营前置指导设计，全过程咨询横贯实施”，从项目前端规划设计开始，整合研策、投融资、运营、建设和社区治理人才共同参与，保证在前端提供概念与落地一体化，既适应市场又符合政府民生的可操作方案。同时委托七彩全过程咨询团队作为横贯未来社区全周期的牛鼻子，总体把控项目的三化九场景系统蓝图实施落地（见图4–44）。

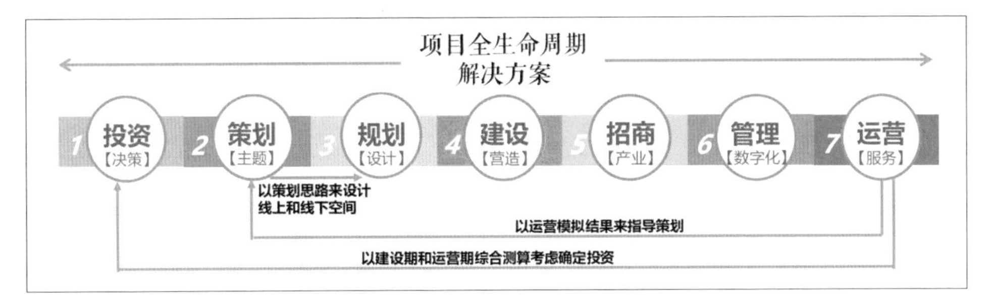

图 4-44 杭州市萧山区七彩未来社区运营前置指导设计逻辑

1. 规划思路与方法

（1）总体规划与空间结构

杭州市萧山区七彩未来社区在微观的社区总体规划上，注重与区域上位规划的有效衔接，同时充分吸纳城市更新规划和土地规划中存量空间资源优化的主导思想，在满足城市社区空间高质量发展和高品质生活场景营造的基础上，尤为重视社区产业创新用地、公服用地的土地利用效率和给片区带来综合效益提升，通过对原规划纯商住、纯交通等功能低效单一用地的控规调整，为区域新产业发展、居民公共服务一体化营造了良好的开端，实现社区和城镇的“全面提质”和“合理增效”。

在总体规划形态上，借鉴新加坡棋盘式公共邻里单元规划理念，以TOD公共交通为导向，步行距离社区设施全覆盖，规划形成“一环三带四心两极”的整体结构。一环是指围绕社区中心、文体中心、城市公园等主要公共功能空间形成的步行联系环；三带是指贯穿规划单元的生态景观带；四心包括一个社区级公共核心（15分钟圈）及三个组团级公共核心（五分钟圈）；两极对标瓜沥地铁站及公交TOD两大内外部交通联系极（见表4–1）。

（2）规划思路与主要特点

第一，以人的生活尺度，规划立体多维、集中共享、均衡分布的社区美好生活圈体系。未来社区设计的核心思想是以人为本，坚持的评价标准是居民的幸福感和获得感，并非建筑的新颖奇特。杭州市萧山区七彩未来社区紧紧围绕社区全生活链服务需求，以“未来社区生活”为切入点，设计符合未来居民的生活场景，从社区层面整体谋划5～15分钟步行宜人的生活圈，重点突出开放式社区共享系统、集成式社区邻里中心、传承式社区文化脉络、生活化低碳智慧技术运用等特色，构建TOD土地利用一体化、开发集约、动感协同的网络化空间格局，努力将杭州市萧山区七彩未来社区建设成为“宜居、宜业、宜游、宜学”的生活共同体和“居民和谐生活、快乐成长复合”的社区共同体。

表 4-1 杭州市萧山区七彩未来社区美好生活圈分级空间体系

需求	功能		主要空间响应
实体空间	一级	社区服务、社区公共设施	教育：小学、中心幼儿园
			医疗：社区医院
			健康：运动场所
			文化：综合文化活动中心
			服务：社区综合服务中心
	二级	功能复合的空间综合体	邻里中心
			邻里公园
			共享连廊系统
	三级	组团内部快速到达的立体空间体系	底层架空层、中间层架空共享空间、屋顶共享空间
			老年交往空间、儿童友好空间、健康运动空间
			四点半学堂、有机农场
虚拟空间	移动端手机应用小程序		
	可穿戴设备		

第二，以人的创业尺度，规划工作、生活、生态一体化产业空间，推动社区创业职住平衡（见图 4-45）。杭州市萧山区七彩未来社区聚焦瓜沥传统产业数字化转型，为引入大量的创业活力人群进社区，重构创业场景。针对都市圈年轻人才面临的钟摆式职住分离通勤难题和主城区房价高企的生活压力，在新建地块的规划设计上，紧密围绕 5G 时代数字创新创业人才的工作、生活、娱乐、运动等多样性、全时化、复合型的诉求，规划建设一个新基建设施完善、职住功能高度复合、绿色低碳全覆盖的产城融合示范样板，同时为引进社区的创业型企业和员工配建租住型人才公寓、定向限价销售人才住房，为融入当代都市生活圈的年轻人才提供一个全设施、低房价以及便于通勤的理想创业平台及生活环境。

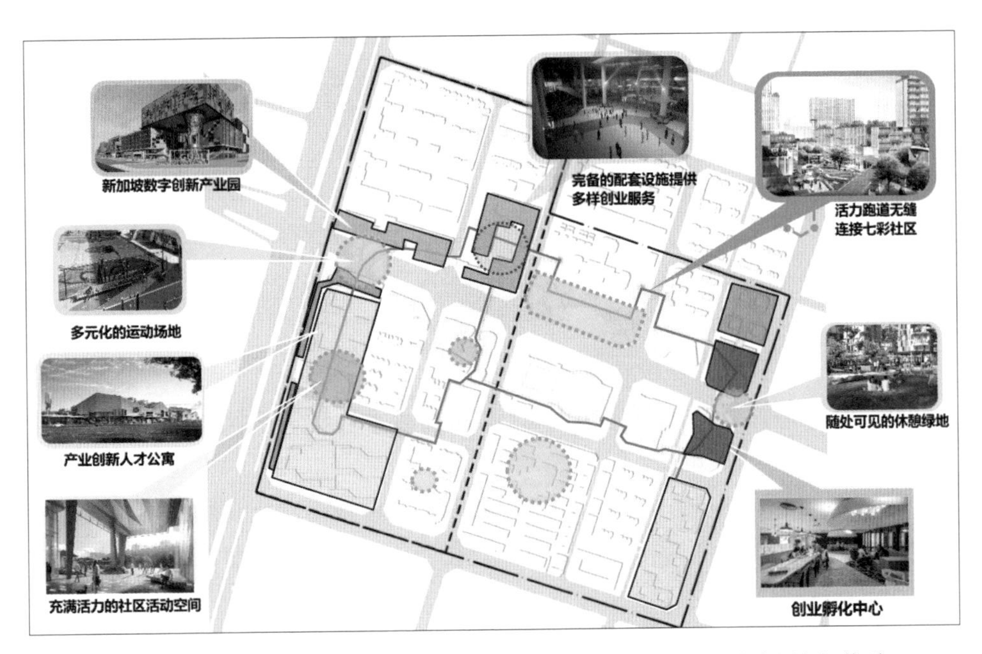

图 4-45 杭州市萧山区七彩未来社区功能混合、产业结合生活一体发展空间体系

第三，以人的感知尺度，规划绿色、低碳、智慧的前沿技术社区专项方案。

在立体绿化专项设计方案中，从人的视野舒适性和建造成本合理性出发，引入“绿视率>25%”概念，注重远近、上下组合搭配的多维度立体绿化系统，同时向跨地块空中廊道和空中公园要绿量，打造“小尺度、多样性、多形态”的绿色系统。在能源综合利用创新方案上突出一个“回收亮点”：学习借鉴新加坡组屋成熟的气动垃圾回收系统经验，探索应用到人才公寓的垃圾回收系统，通过分类投放口加管道系统真空抽取垃圾，集中密封外运，杜绝二次污染，为居民从源头上提供健康生态的居住环境。在数字化平台方案中，依托浙江省未来社区在线平台的底层架构，综合应用数字孪生、AI视觉算法、IOT物联边缘计算、5G通信等前沿技术，通过社区治理G端、社区管理B端和社区服务C端的应用场景，在社区的数字治理、数字教育、数字康养、数字邻里等多场景实践方面有了很多应用新亮点和数据沉淀。

2. 运营前置的规划双链接策略

（1）区块流量协同的水平链接策略

在未来社区总体规划上，项目创新提出“区块链”的规划理念，破除社区活动边界，重点强化各地块之间的联系，用贯穿全区的空中连廊有机串联社区七个场景综合体与各居住小区，形成高度密合的场景空间和人流动向的循环，不仅人人享有社区优质场景配套资源，而且有效引导整个社区居民的流动与连接，为社区建设完成后的可持续运营创造良好的基础。

（2）功能立体混合的垂直链接策略

对于A区的社区邻里中心和B区（之江七彩云创城）的数字创新产业园地块，设计团队创新提出“马赛克”的规划理念，用都市交汇和垂直城市的设计手法，将不同产业服务功能、公共服务功能和商业业态功能高度混合。其中邻里中心通过对场地、功能精细化分析后，在宏伟规划上，将智慧管理、公共交通、公共服务、文化传承、全民学习、邻里宴请、体育养生七大功能相叠加，通过规划将这些功能合理地分布于建筑的不同楼层、不同位置，并通过每层的空中连廊将它们连接成一个有机的复合体，最终形成立体环形流线，将人潮带入空间并使其停留于其中。

3. 投建运维一体化的实施机制

杭州市萧山区七彩未来社区打破传统政府、企业两条线平行推进的社区建设模式，通过混合所有制机制创新、土地混合出让机制创新、投建运维混合一体化机制创新，率先在资金、土地、投建运维机制上实现“三混合”的创新突破，有效保障试点建设的顺利推进。具体的实施机制总结如下。

第一，混合所有制机制创新。杭州市萧山区七彩未来社区先行探索“政企合作+混合所有制”在社区建设模式上的实践创新，由浙江省文投集团、萧山区国资公司和七彩文化科技集团三方合资组建基金进行投资，充分发挥民营企业的专业优势和市场灵活性，负责项目全过程实施，从而在投资端和实施端找到最优组合，保证社区资产运营的可持续。

第二，土地混合出让机制创新。杭州市萧山区七彩未来社区在TOD公交立体综合楼的用地出让上，率先采用土地立体混合出让模式，将原交通划拨功能单一用地，整合成多功能混合用地进行出让，不同土地权属面积按整幢建筑物的占比分割确定，解决了存量土地不能复合开发的土地出让机制难题。该综合楼总建筑面积为2.9856万平方米，其中一楼是6200平方米的公交首末站，按容积率折合约为3.1亩，建成后免费移交给萧山区投集团用作公交首末站；二楼以上则升级完善为运动健康中心、公益性老年健康生活馆、电影院和社会停车场，并以公共交通为纽带，为社区居民提供一站式邻里服务，包括公益服务、配套设施及商业性运营。可以说，该项目整体规划通过落实“低效用地、高效开发”的理念，在便利群众出行的同时，破解了政府对公共服务设施长期补贴的困局。

第三，投建运维混合一体化机制创新。杭州市萧山区七彩未来社区坚持以终为始的投建运维一体化理念，政府和企业相互赋能，共同成就。其中：A区邻里中心，企业按新加坡先进理念规划，政府在供地机制上予以创新；B区产业园（之江七彩云创城），政企合作共同持有产业物业，共同招商，合力共建创业园区；C区创新人才住区（之彩城），企业带方案、带运营摘牌，政企在人才引进核心指标上紧密合作；D区改造提升区，政企共同策划场景，政府投资、企业运营。

4. 未来社区构建路径探索

（1）创新城市更新的运营前置一体化落地路径

杭州市萧山区七彩未来社区的规划建设是贯穿全周期的系统性工程，从项目前端规划设计开始，实现区域评估、实施计划和全生命周期管理相结合全过程管理，保证前端提供概念与后期落地一体化。尤其在TOD公交综合用地的混合创新、民生公共服务和商业服务功能复合创新、创新产业和生活服务立体功能混合创新等方面多规划叠加、全周期管理，为全国其他城市更新提供了面向未来宜居社区场景规划的实践范例和创新经验（见图 4-46、图 4-47）。

图 4-46　改建前简陋的瓜沥露天公交站场

图 4-47　改建更新后现代化的TOD立体公交综合楼

（2）完善城市更新中土地利用管理政策和机制

七彩未来社区在TOD公交立体综合楼的用地出让上，率先采用土地立体混合出让模式，将原交通划拨功能单一用地整合成多功能混合用地进行出让，不同土地权属面积按整幢建筑物的占比分割确定等，是土地混合出让机制和土地利用管理方式的创新。当前，土地制度改革推进正在完善存量土地更新制度条件，该项目从实际出发，结合存量用地特点进行多样化功能更新。

（3）探索建立社区规划、政企共创、公众参与、共同缔造的“七彩模式”

七彩未来社区在规划、投建、运营等方面致力于政企共创，社区公众参与、共建共商共享，突出“人人共享的社区规划、多维共生的流量空间、持续迭代的社群运营”三大特色。其前端规划、过程建设、后续招商运营，走的都是长期持有物业的运营之路，在探索中坚持问需于民，率先从搭建全民社群平台出发，围绕流量进行空间规划和内容运营，注重从服务中带入流量，导流（吸引人流）、生流（产生人流）、助流（相互导流）、化流（人流转化为消费），最终完成流量变现，进而反哺社区。这些经验将在连接人与人、社区营造、城市赋能等方面具有很强的推广和示范意义。

目前杭州市萧山区七彩未来社区正处在“边建设，边运营，边总结，边迭代”的螺旋式创建过程中，累计投资已超过40亿元。其中A区社区邻里中心与B区产业园（之江七彩云创城）均已建成并投入运营，D区（住宅提升区）已交付并投入住宅使用，C区创新人才住区（之彩城）将于2024年内完成交付。社区中心通过三年多的持续运营，在社区邻里中心土地复合高效利用、TOD立体公交开发模式、社区居民数字化运营等方面取得了非常好的成效，让社区居民提前享受到家门口的未来生活（见图4–48、图4–49）。

可以说七彩未来社区试点通过贯彻国家政策、浙江省未来社区“139”理论体系的切实落地和创新，形成具有系统性、实操性的创建经验。这些宝贵的实践研究及探索经验将为当代都市圈构建过程中的新城镇和中小城市提供触手可及、可参考借鉴的现实案例，具有一定的可复制性和较高的推广价值。未来社区作为城市更新、规划运营层面的复合化工程，突出体现了我国城市现代化、高质量发展、高品质生活的理念，成为实践“让老百姓幸福”理念的新平台。

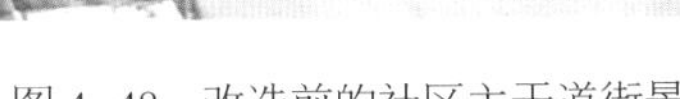

图 4-48　改造前的社区主干道街景

图 4-49　改造更新后的主干道街景

（四）老旧居住片区综合改造提升实践案例

浙江省作为老旧小区改造的试点省份和亮点省份，针对老旧小区的改造设计已日渐成熟，接下来，我们结合嘉兴市南湖区“长新公寓片区化综合整治提升改造工程”进行分析，从老旧居住区片区综合性更新改造层面细化探讨。

长新公寓一期、二期、三期位于嘉兴市南湖区城南街道，西邻翠柳路，南侧为由拳路，东侧毗邻长水塘，生态资源丰富，地块靠近城市核心区，周边交通环境良好，距离城市快速路相对较近，具备优质的周边资源。项目合计总用地面积约为 21.9633 万平方米，其中，长新公寓一期总用地面积为 9.6101 万平方米，二期总用地面积约为 3.9132 万平方米，三期总用地面积为 8.44 万平方米。现状方面，长新公寓片区建造年份相对久远，由于该公寓楼建设标准较低、室外景观环境缺乏维护、设施缺损、功能不全，极大地影响了该小区居民的基本生活。因此，项目结合小区需求缺口与用地资源潜力，合理划分改造范围，结合小区突出问题，制定可行的工程设计方案，以期全面提升该片区居民的生活品质。

在政策方面，嘉兴市以“区域转型、服务共享”为理念，以“聚焦全局管控、突出重点、强化核心、惠及民生”为原则，以解决居民最迫切、最关心的问题为切入点，融入未来社区理念，着力填补社区功能空白，完善社区公共服务，因地制宜为该片区打造完整健康的生活圈。根据《嘉兴市老旧住宅区改造提升整治导则》对嘉兴市老旧小区改造的总体定位，为全面提升居民生活质量，合理划分改造范围，结合小区突出问题，对长新公寓片区进行改造工程设计。

长新公寓片区地处嘉兴市区西南部，东临长水塘，是马家浜文化的发源地，也是嘉兴经济技术开发区，国际商务区行政中心所在地，辖区内完善的基础设施为长新公寓一期的改造带来了极大的便利。老旧小区改造要深入思考分析小区内外存在的居住需求和解决方法，统筹考虑公共服务配套设施，重点完善社区道路、交通停车、基础设施等的配套服务，另外，规划设计应与城市更新整体规划同步。长新公寓一期主入口靠近翠柳路一侧，南侧设置一个出入口，北侧设置一个消防出入口，由主入口进入，小区内共建造 43 幢住宅，两幢公共建筑（见图 4–50）。长新公寓二期主入口靠近长桥路一侧，由主入口进入，小区内共建造 29 幢住宅，两幢公共建筑（见图 4–51）。长新公寓三期东面和西面设置两个主入口，分别位于翠柳路和长桥路，并在翠柳路和长桥路靠近小区南侧设置两个消防出入口。小区内共建造 36 幢住宅，两幢公共建筑（见图 4–52）。

根据现场调研发现，在交通出行及道路现状方面，该居住片区内部主路为沥青道路，支路为混凝土道路，原有景观园路为石材铺装，人行流线混乱，道路材质、颜色不统一，且路沿石破损情况严重；车行道路系统混乱，占用道路停车现象明显且地面停车位破损严重。

图 4–50　长新公寓一期现状

图 4-51　长新公寓二期现状

图 4-52　长新公寓三期现状

建筑现状存在如主入口保安亭利用率低且建设标准不高，存在一定的功能缺失，现状围墙破损严重，具有安全隐患且不符合现代化的审美等问题。景观植物现状方面，原场地树木包括香樟树、榉树、紫藤等，存在树根隆起现象，少量乔木生长情况不佳，存在补种现象。地被方面，宿舍楼宅间及周边有常绿地被，现状部分缺乏维护，长势不佳。

长新公寓片区整体改造设计注重社区公共环境与城市整体风貌、文化协调呼应，注重居民生活的便利性和舒适性，从居住者的实际需求出发，实现老旧社区更新改造的六大目标，即基础设施更加完善、居住环境更显整洁、小区服务配套齐全、管理机制更长效、小区文化有特色、邻里关系更和谐。传承社区文化、本土文化，使其不仅仅是居民物理空间上的归宿，更是精神上的家园。更新改造提升主要分为建筑设计及景观设计两方面。

建筑设计遵循以下四点原则：第一，注重文化。从社区主体建筑改造到公共环境的场地更新以及配套设施的提升完善，提倡“注重人文素养”的理念，在为居民提供舒适宜人的生活环境的同时，提升社区人文景观的内驱力。第二，具有创新意识。积极采用新材料、新技术，将本项目进行整合优化，提高建筑的功能质量。第三，注重安全意识。充分考虑建筑结构的安全可靠，力求不破坏原有建筑结构，形体简洁，从而降低工程造价。第四，注重节能环保，强调社区内现存资源的充分利用。基于此，建筑改造工程设计原则上强调该居住片区与周边环境相协调、与景观相配合，以彰显本土建筑风格和品位。

在具体的设计中，采用了建筑沿革法及象征统一法。其中建筑沿革法主要通过对现有建筑的分析，旨在保留原有的设计氛围，在不破坏原有建筑风格的基础上对门头进行针对性优化设计与改造。象征统一法则是在建筑上通过分析周边建筑立面的主要色彩和风格，将门卫亭颜色进行统一地调整，提高小区的整体性。建筑改造提升设计对建筑门头与围墙进行针对性优化与改造。设计注重周边建筑色彩与风格相协调，造型上既重视强调竖向线条与设计元素的融合，又不失对细部的处理；重新设计小区内围墙，符合整体现代化风格与审美。

在景观更新改造提升方面，首要是在功能性原则下提倡人性化设计，更新改造在兼顾小区基础功能提升的同时，强调住户的体验感和社区的亲和力，突出各种绿色植物的功能，促进建筑物的采光与空气流动。强调经典性原则，考虑到更新改造项目投资较大，设计必须保证项目的持久性。提倡耐久性原则，公共空间设计要求使用的材料持久耐用，高质量材料的使用保证了小区面貌始终如新。另外，基于生态学理论的角度分析，生态特征可以反映在群落的地理特征和建筑布局上，考虑到因地制宜的原则，在植物育种过程中要充分结合群落的地理环境和整体特征。社区的文化内涵可通过特定的文化主题景观小品来呈现，使社区景观具有独特的文化氛围。舒适感原则主要是针对老旧片区的公共空间设计，通过合理布置的人行道路与车行道路尺寸以及合适的灯光高度和亮度构建安全畅行的路面和舒适的功能空间。最后是平衡性原则，对标未来社区九大场景构建，更新设计肩负平衡各种需求的职责，需要尽量平衡居民使用需求和业主运营需求，平衡行人与非机动车及机动车之间的空间关系，平衡植被和硬质景观之间的关系（见图 4–53）。

图 4–53　景观节点改造前后对比

在具体的设计上，第一，改造需解决机动车停车位与非机动车停车位缺乏、道路不满足规范要求、景观功能动线混乱、绿地杂乱、围墙破损、排水不畅与照明损坏等问题，促进景观空间的生态可持续发展。第二，重构小区道路空间组织形式、重新划分景观功能区设计。统一考虑公寓整体风貌，科学合理布置景观绿化。整体道路系统采用沥青路面作为主要材料，并分析新建沥青面积与铣刨沥青面积，合理控制成本；主要景观节点区域利用花岗岩石材进行铺装，拓展原有园路面积，兼具实用与美观，以增强景观体验感；优化小区内部的机动车与非机动车停车位，采用沥青铺设；优化改造小区原有中心景观带与休憩广场，增加多处室外晾衣区域，满足现有居民的使用需求，使景观动线更加合理；优化苗木设计，打造景观轴线与绿化层次，以方便居民的日常使用和后期维护；重新设计道路照明系统，以改善居住体验。第三，考虑到现状沥青道路动线混乱且部分不满足现行消防需求，改造后重构道路组织形式，同时也根据新增停车位对道路进行综合调整，使楼栋间预留适宜的道路通行；小区内机动车与非机动车停车位数量不足，存在乱停放现象，改造后在宅间与入户位置布置停车位，尽可能满足居民需求。第四，在绿化提升方面，原小区绿化层次设计明显，但乔灌木明显缺少后期维护与修剪，导致小区绿化空间杂乱，部分草皮裸露现象严重；因此，需要合理地再布局公寓内的绿化系统和景观空间序列，种植利于后期养护的常绿植物，如无患子、鸡爪槭、金边黄杨球等，达到一定的景观提升效果，以便充分发挥绿地空间的生态效益。第五，在公共设施方面，小区内现状围墙破损、排水不畅与照明系统毁坏现象均有发生，为提高小区居民生活质量，改造将重新设计或翻新景观基础设施，形成完整的景观改造方案。

景观绿化设计遵循“人本性、生态性、地域性”原则，设计中从场地使用者角度出发，增加环境舒适度，采用适合人行道路的花岗岩铺地，适量设计塑胶场地，整体提升人体运动安全性；改造提升基础设施，提高生活质量，同时获得较高的环境效益。为突显场地特色，设计中将着重优化与改造中心景观带，依托长水塘的生态资源在现有景观节点内优化设计活动空间，发挥场地优势，将功能融入生态自然中，提升景观氛围。

绿化种植工程依据国家及地方颁发的有关园林绿化工程施工的各类规范、规定与标准。小区内绿化根据场地设计需求种植乔木，以无患子、鸡爪槭、金边黄杨、无刺枸骨球为主。绿化种植设计遵守科学性、艺术性、季相性等原则，因地制宜，适地适树，小区内选种的乔灌木可净化空气和土壤，改善城市小气候，降低城市噪声，起到安全防护作用。选取无患子作为行道树，能统一、组合城市景观，体现城市与道路特色，创造宜人的空间。

中心景观带设计是此次景观提升改造与设计中的重点区域，在前期的调研走访过程中发现小区普遍存在公共绿地缺乏、活动空间不合理等问题，因此此次更新改造首先通过对现有中心景观内有足够改造空间的公共绿地进行场地清理，并修补破损区域（见图 4-54）。结合造型灌木、五彩地被植物与休憩廊架进行中心微景观改造，针对原有廊架的破损进行修补或部分重新设计，并新增石桌石椅，赋予场地空间更多的功能，方便居民的日常生产生活。同时，中心景观带保留的大量现状景观小品作为景观记忆的同时也控制了改造成本，无法建设大面积活动区域的公共部分选择布置绿化，以灌木和地被植物为主，利用绿化的围合造型在中心形成多个点状绿化，增强设计感。其中，对于根系深厚的大乔木，在此次设计中采用了保留与维护措施。休憩广场利用花岗岩石材铺装，拓宽了活动空间；统筹考虑各类人群的使用特点，在南侧广场布置室外健身活动器材，保证青少年、老年人、残疾人等的健身需求，并通过绿化等隔离措施避免活动区域对于居民休息的影响。

图 4-54 中心景观带改造前后对比

在细节改造上，中心石材铺装在改造中拉平高程，作为社区活动广场使用，与之相结合的宣传栏位置也进行了翻新，形成功能性与美观性并存的休闲绿色游园。铺装样式结合场地本身使用沥青道路和花岗岩石材铺装，原场地使用的是不透水的硬质地面铺装材料，这些铺装的路面水分难以下渗，降水形成地表径流难以流到河道或地下排水管道，很容易引发地表的积水现象；另外，小区内部人行绿道采用透水砖的铺装形式，增加铺装设计的多样性，满足居民的审美需求。包容性设计体现在竖向设计方面，为了使建筑、构筑物周边雨水顺利排除，竖向设计的坡度为 0.08% 左右，使其地表径流自西向东排入河流，尊重周边市政道路的原有标高，保证场地内标高高于市政道路标高，重新组织设计电梯出入口处的台阶高度，增加一个踏步高度（见图 4–55）。

图 4–55　铺装改造前后对比分析

围墙设计充分发挥围墙的景观介质功能，加强围墙内外的景观渗透与交流，现状围墙破损现象相对严重，特别是在沿河区域与城市主干道区域存在安全隐患，景观内外的沟通性差，故对围墙进行拆除重建。围墙的设计风格、造型、色彩、体量、形式应与所围护的建筑及道路景观相协调，符合城市景观、消防、环保、交通、园林绿化等方面法律法规和专业规范的要求，小区围墙设计将采用与建筑风格相符合的简约现代的设计形式，利用深浅不一的灰色与白色的涂料外墙，呼应小区内灰白色的主色调，通透的围墙形式能很好地沟通水系，为小区内居民提供最为优良的沿河景观视野，美化了场地内景观界面，增强了景观对于城市的影响。

浙江省未来社区构建强调智能化设计与管理，通过建立统一的社区数字化信息平台，构建全生命周期的未来场景的服务应用系统。改造后，老旧居住区的通信网络系统统一采用铜缆或光纤到户方式，视频安防监控系统采用数字视频矩阵和硬盘DVR监控系统，系统能够实时有效地监控、控制和记录建筑物周边、主外车道、主要出入口、电梯轿厢、大堂等重要区域。同时，监控电视系统可以连接到防盗报警系统和门禁系统，现场图像可以自动切换到适当指定的监视器并自动记录。电梯轿厢中的摄像头图像叠加在当前电梯水平和电梯运行趋势信息上。入侵报警系统拟在主要出入口通道等部位安装红外/微波等各类报警探测器和紧急按钮，同时设置出入口系统。系统不仅能将报警信号传输到安保中心，还能按区域、时间任意编程设防或撤防，值班人员可根据事发所在分区联动现场摄像机录像及时获得事故信息，并呼叫保安人员即刻前往处理。安保人员巡更系统在预先设定的巡查路径上安装无线电子巡更设备，以确保安保巡逻人员在夜间或设施无法稳定运行期间系统自行定时、定点地进行相关情况巡视。

随着人群结构及需求的不断变化，老旧居住区可持续更新改造也受到了更多的关注。将未来社区的理念融入老旧小区的改造中，通过分析不同社区的人口情况、建筑风貌、周边环境、基础设施等条件，有利于精准定位老旧居住片区的改造策略，同时对标浙江省未来社区人本化、生态化、数字化的价值坐标，突出和睦共治、绿色集约、智慧共享的内涵特点，以充分发挥老旧小区在现代化城市建设中的作用。该老旧片区综合改造对标未来社区九大场景，聚焦三化价值坐标，明确需要改造的主要问题和重点方向，全面升级该片区人居环境品质，营造宜居宜业的优质生活家园，积极探索一条老旧小区综合改造与未来社区同步构建的新路径。

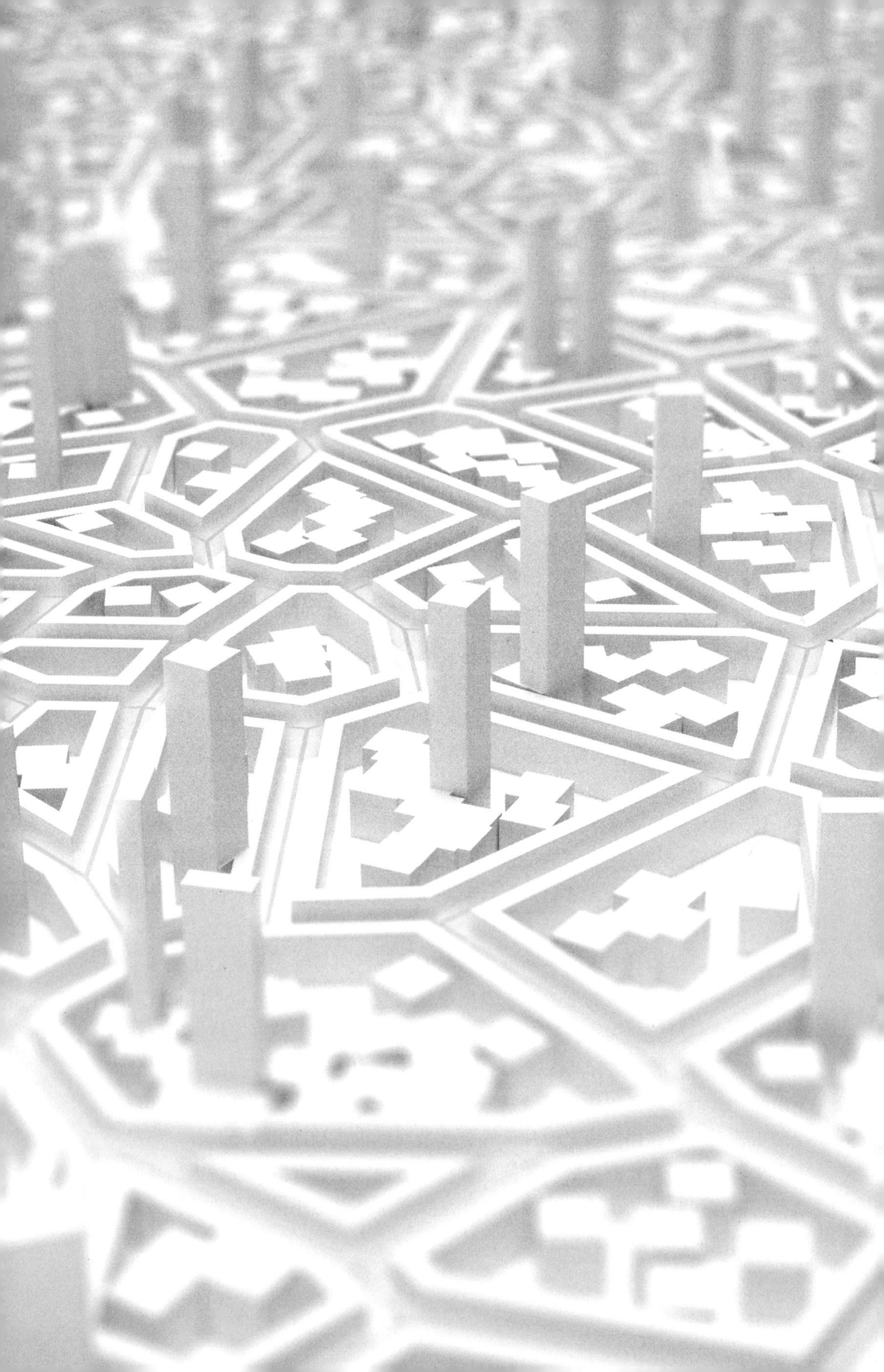

复合型社区系统设计方法与路径探索

CHAPTER 5

介入社区更新的“科学数字化”构建

居住区作为城市空间的子系统，必须建构于城市规划的网络之中。在大数据时代，城市设计已不同于以往仅仅依赖于设计师自身经验和直觉的传统空间营造时代。当下，未来社区数字化的构建理念应当同步植入老旧小区更新过程中，规划管理部门可以通过科学化的数据分析来指导未来的更新设计，从而为构建未来社区便捷的交通、人性化的空间布局、适宜的空间功能混合度提供更为扎实的基础和保障，以确保设计改造的效果更上一层楼。

“大数据”“泛智慧城市技术”在社区中的推广与创新运用是城市更新及未来社区数字化建设的重要组成部分。目前一些省份的老旧小区更新改造的方法与路径仍较为陈旧，科技层面的提升不明显，在如何构建适应民生的复合型空间环境方面的实质性措施上待进一步探索，未来社区推广复制的科学路径及策略研究需要继续深化。围绕当下新型城市化建设中长期积累的结构性、素质性问题，更需要使用“大数据”“泛智慧城市技术”等数字化手段，从方法与策略上集中研究未来社区的可持续推广模式，探讨复合型社区的营造思路及实践路径。

（一）规划层面：未来社区“科学”与“环境”的立体化重构

从增量时代到存量时代，老旧居住区的更新应该更具针对性和灵活性，需要从居住区空间形态和居住区更新设计等多角度综合考虑老旧居住区有机更新设计的复合化路径，从空间重构的角度来探讨老旧居住区邻里空间再造。基于此，我们可以在规划界面通过“科学”和“环境”的立体化重构来进行设计。其一，在“科学”层面，通过数据分析，拓展老旧社区的公共空间和服务体系，发挥边界效应，引导内外部网络潜在融合，形成开放互动、具有活力的界面及接口[32]；其二，在“环境”层面，通过环境景观多样化、多层次的复合性“空间环境”更新，营造一种特有的“社区”氛围，使得居住区一天内不同时段不同人群产生不同的行为社交活动。通过规划界面的立体化重构，创造出比单一功能的社区更大的吸引力和辐射力，让居民重新回归社会生活的方方面面。

例如，传统定性的空间形态学理论可以和新的定量方法（空间句法、空间矩阵和混合功能指标）相结合，使用GIS实现对于居住区空间活力的城市形态特征的分析，并通过调研分析居民日常聚集较多的区域，对其进行空间活力验证，以进一步丰富社区生态空间营造在规划设计与运维建设过程中遇到具共通性与特异性问题时的相应策略。

以浙江省杭州市江干区景昙社区为例，首先可以利用空间句法对其交通功能及系统进行居住区交通可达性分析；然后通过空间矩阵基于容积率、建设强度和层高等数据分析居民在该小区的活动频繁度来界定该小区的空间形态特征；最后，基于混合功能指标的计算（通过地块中居住、公共空间、基础设施这三种主要功能的建筑面积比值）来界定居住区功能混合度的高低（见图 5-1）。

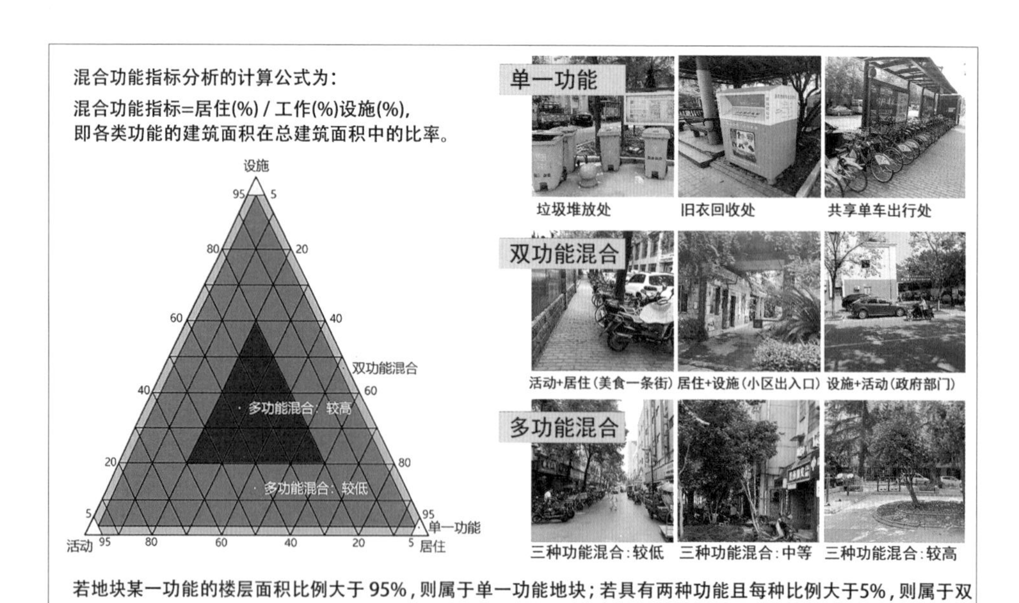

图 5-1　混合功能指标示意

根据前述对老旧小区的问题分析，我们提出以实验设计的方式对社区更新改造技术路径进行研究，具体分为以下两方面：一方面基于GIS将形态学的定性传统理论和新的定量方法（空间句法、空间矩阵和混合功能指标）相结合，实现对于居住区空间活力的城市形态特征分析；另一方面从居民的选择性活动强度来验证前述分析有效与否。我们以浙江省杭州市江干区的景昙社区为例进行技术论证。

首先，我们利用空间句法对景昙社区的交通系统进行空间连接关系的抽象及组构分析，可以通过数据图像在一定程度上反映居住区的交通可达性；其次，通过空间矩阵（Spacematrix）基于容积率、建设强度和层高等数据分析，我们可以高效界定居住区的空间形态布局，更直观地说即通过分析居民活动强度来界定该小区的空间形态特征；最后，基于混合功能指标（MXI: Mixed-use Index）的计算，可以通过地块中居住、公共空间（工作）、基础设施这三种主要功能的建筑面积比值来界定居住区功能混合度的高低。

通过上述分析，我们结合混合功能指标的分析计算［公式：混合功能指标=居住（%）/工作（%）设施（%）］来预判居住区人居环境空间功能混合度并形成分析图，该图可以较为精准反映景昙社区的空间情况，以便于引导后续的改造。通过数据的精准化计算，规划方可以较为精确地了解景昙社区不同位置居民的空间活动强度（见图 5-2），并在此基础上根据人群活跃度等要素的数据化、科学性地分析定位设计改造的节点。通过对居住区所处地块的空间句法、空间矩阵和混合功能指标三种方法的数据化分析（见图 5-3），可以分别实现景昙社区居民居住空间可达性、地块建设强度与建筑形态、地块功能混合情况的分析表述[32]，并在此基础上根据人群活跃度等要素的数据化、科学性的分析进一步明确更新改造的节点，对该小区空间形态如居住区交通、建筑高度、公共景观节点、公共活动空间布局进行更新设计研究，并以此类推到不同区域老旧居住区更新设计的基础数据收集工作。这一模式可以类推到不同区域老旧居住区更新设计的基础数据收集工作中，具有较强的应用价值。

上述研究表明，城市空间活力的营造不是一个相对缥缈、缺乏实际度量的概念。我们可以通过数据的分析来引导未来社区的更新设计，从而为营造社区良好的交通可达性、适宜的建筑空间布局、一定程度的公共空间功能混合度提供扎实的基础，以确保设计改造达到较为良好的效果。与此同时，在改造后，还可以进一步从居民选择性活动强弱等非空间要素的数据分析来反观设计改造成效。可见，这些在图面上量化记录的数据可以为我们的更新设计提供参考，

编号	城市空间活力鉴定	空间句法	空间矩阵	混合功能指标	类型示意	类型说明
I	很低	低	低	低		活力指数很低的空间在老旧社区总的占地面积并不是很大，功能性单一旦实用性低，并未经常进行打理导致损坏严重。
II	较低	中	低	低		活力指数较低的空间的可达性较好，存在功能性单-的现象。
III	中等	中	低	中		活力指数中等的空间在可达性以及混合度上相对较高多呈现为复合式的空间。
IV	较高	中	中	高		活力指数较高的空间大多为多功能混合的空间，类似便利店、健身房等空间。
V	很高	高	高	高		活力指数很高的空间相较于前几个类型可以明确的看到人类流量的增多，多为公园，菜市场等日常活动的空间。

I类和II类分别为城市空间活力低和较低，其形态要素分析结果多为低，少数为中。

VI类和VII类则分别为城市空间活力较高和很高，其形态要素分析结果多为高，少数为中，即同时具有较好的可达性、建设强度和形态、功能混合度；III、IV和V被归为中间类，则是由于兼具较好和较差的空间形态要素。

图 5-2　居住区空间活力鉴定示意

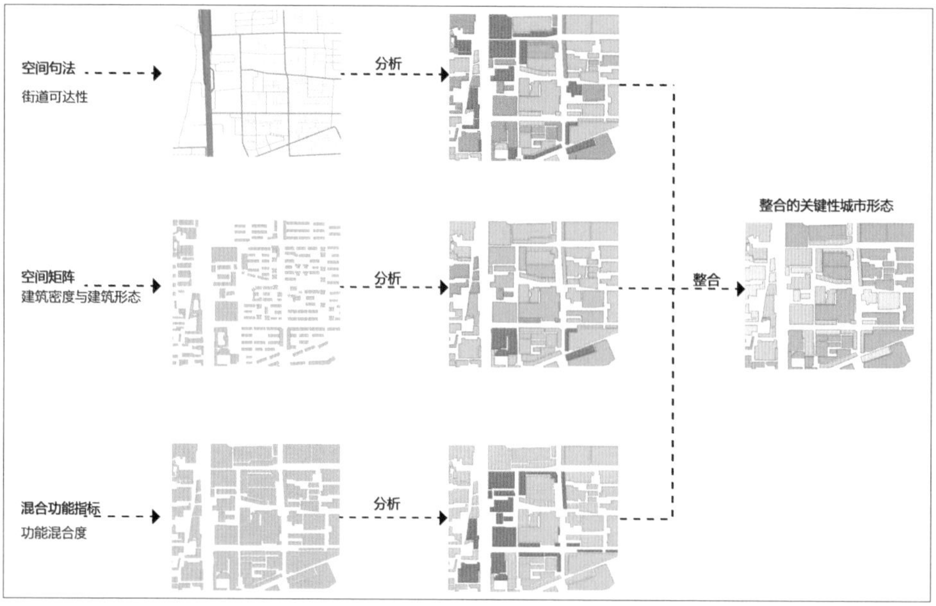

空间句法
街道可达性
分析
空间矩阵
建筑密度与建筑形态
分析
整合
整合的关键性城市形态
混合功能指标
功能混合度
分析

图 5-3　景县社区功能混合度复合性分析示意

为城市空间活力营造提供一个新的视角，在一定程度上有助于落实城市设计从原有的“传统意向性设计”到“以大数据为基础”的“多维复合型设计研究”。

（二）“数据科学化”视角下“共居社区”微气候研究

在后疫情时代，我们对人居环境应当进行深刻的反思，在规划界面需要将居住区微气候的因子纳入数据分析当中。2014 年，基于《国家新型城镇化规划（2014—2020 年）》，我国龙瀛等学者提出了“大模型”研究范式，通过评估第四次工业革命背景下出现的一系列泛智慧城市技术在城市发展运行过程中的作用，分析科学计量手段与城市系统发展的一般规律，进而引导未来技术发展与城市规划设计、建设和治理的协调关系[124]，达到对已有的城市理论进行完善或提出全新理论的目的，为城市发展政策编制提供参考依据。

基于此，笔者通过分析杭州市蒋村花园广安苑居住区的空间形态与微气候设计参数之间的相互关系，将居住区内抽象的微气候形态因子的变化通过数据量化总结为有据可循的定量指标，在后续居住区公共空间环境更新设计提供改造的科学化依据，为老旧社区的韧性发展提供全新的可能。

本案以杭州市蒋村花园广安苑小区为例进行模拟，结合Fluent风场模拟，通过嵌入本地气象数据，采用 CFD 软件 1∶1 等大小的数据模型对该居住区进行模拟，整体模型面积为 282770.3 平方米，所取小区内部流场面积为 88599.815 平方米。网格整体数量，对内部流场区域进行网格细化，数量为 68002。为了研究外风场对小区内部的风流影响，使用Ansys Fluent 19.2 进行模拟。CFD模拟过程中入口处，以内部流场的入口为特征尺寸（以所选择小区的内部空气流入方向尺寸为来流方向），根据杭州市风速 1.3 ～ 2.2m/s 为参考流速，假设空气流经小区的流动速度为 1.7m/s，气体为不可压缩空气，本次计算采用东南西北四个方向进行数值模拟，取来流方向建筑长度为特征尺寸，计算得到Re>2000，均处于湍流阶段。采用Couple 方法，考虑到求解精度使用二阶迎风求解，收敛条件为出口处流量保持稳定和内部场流速的平均值稳定，波动差小于 0.1%，一共计算 10000 步，保证数值的稳定性。以整体流场分布图的图面形式来展示最终模拟的结果，居住区空间形态现状可以通过图形处理软件进行量化统计，在数据计算的基础上对重点研究区域进行分析研究。[125]

1. 区位整体流场分布及空气指数分析

根据前期对小区的调查，我们发现小区里的人群多聚集于小区出入口及两幢住宅建筑之间公共区域，根据从北至南的方向，我们暂且简单地定义为如下八个区域，以便后续细化分析（见图 5-4）。

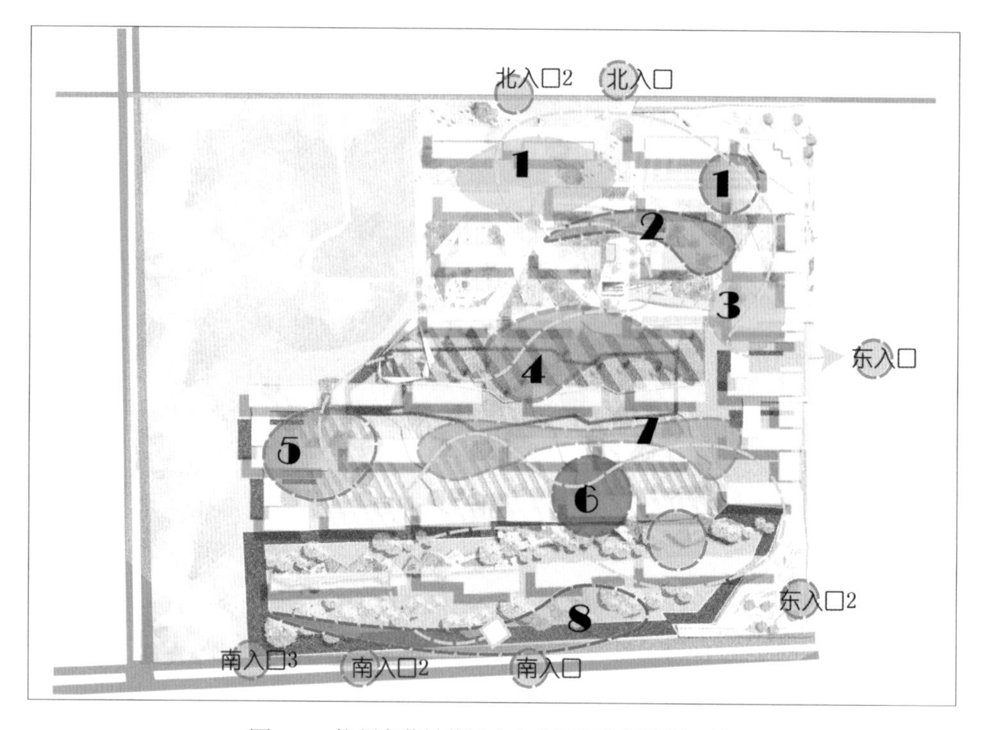

图 5-4　杭州市蒋村花园广安苑调研数据分析区域

根据杭州市的整体风向和气候分析，杭州从 9 月（入秋）至次年 2 月，乃至整个冬半年约六个月的时间偏北风（图中从上到下）占较大优势。[126]因此，针对该次的数据模拟，对北风做了重点分析，具体见整体流场分布图（见图 5-5、图 5-6）。

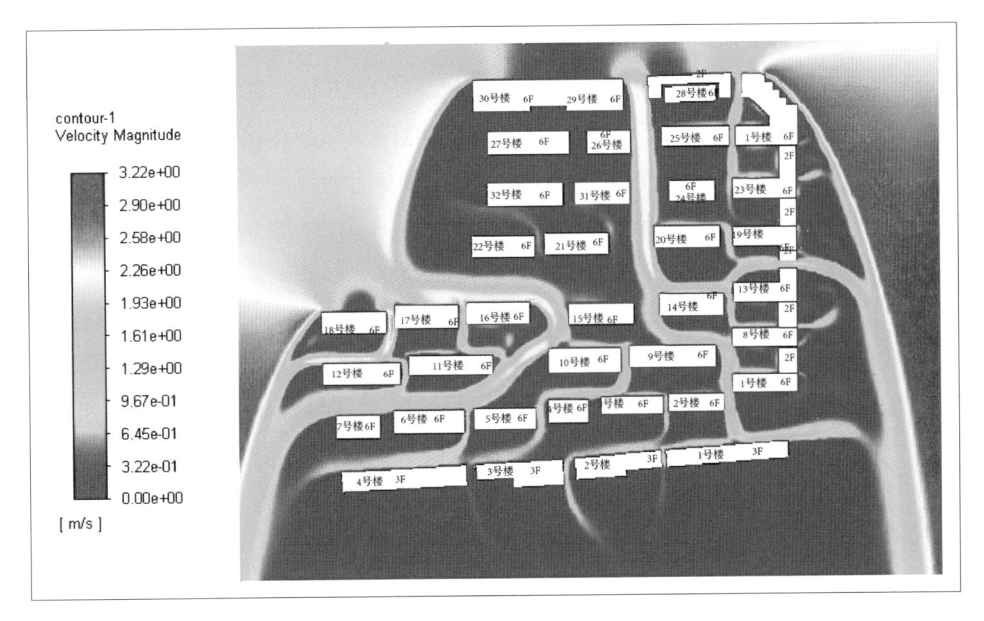

图 5-5 杭州市蒋村花园广安苑北风风速分布云图

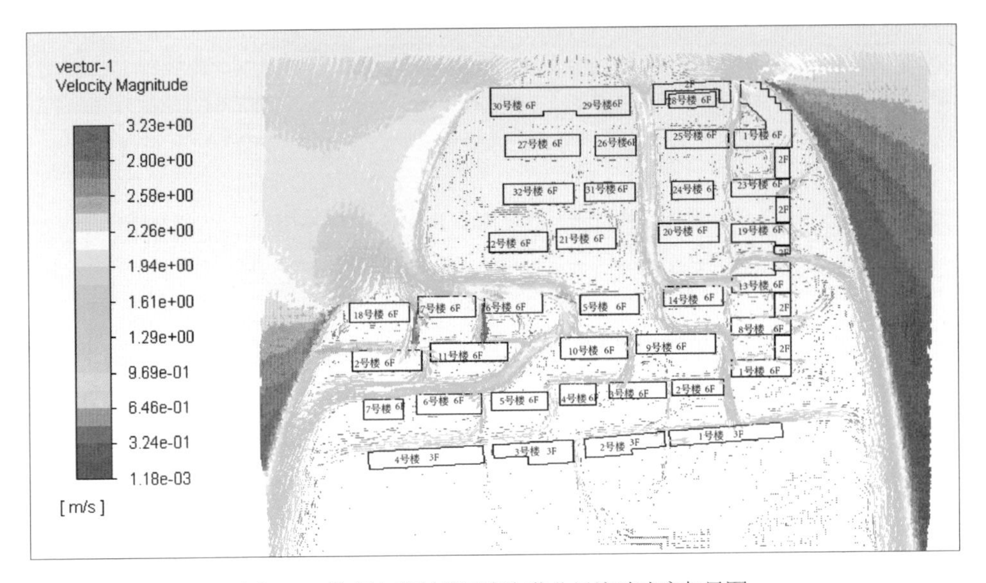

图 5-6 杭州市蒋村花园广安苑北风流动速度矢量图

根据流场图、流线图的图面效果（红色表示风速最大，蓝色表示风速为 0），通过内部流场的分析可以发现，由于北边（区域 1）受到 28 幢、29 幢、30 幢住宅建筑及商业裙房的遮挡作用，自北边来流方向的风速快速衰减，小区内的风速大部分区域低于来流的平均风速（1.7m/s），区域 2 的平均风速为 0.30m/s，区域 3 的平均风速为 0.46m/s，区域 4 的平均风速为 0.41m/s，区域 5 和区域 6 平均风速分别为 0.51m/s、1.27m/s，区域 7 的平均风速为 0.63m/s；区域 1 的平均风速为 0.44m/s，区域 8 的平均风速为 0.11m/s。风来流方向两栋建筑之间的风速较大，由于西南方向建筑沿来流方向未受遮挡，所以区域 5、区域 6 和区域 7 的风速明显大于小区内受到遮挡的其他区域。从杭州市蒋村花园广安苑北风流动迹线图（见图 5-7）可以得到（图面表示为蓝色旋涡），小区内部具有大量的流动旋涡，在速度较低的区域，如区域 1 和区域 8，以及其他建筑较为密集的地区可以看到明显的涡旋所造成空气流动的闭塞区。回流区的形成导致区域的空气流动受到阻碍，越密集的建筑区域，流动的闭塞区越明显，空气的滞留效应也更加突出，不利于与新鲜空气的交换。区域 6 虽然在建筑密集区，但是由于西南部建筑和北部建筑的导流作用，空气在人行道区域汇集，从而造成区域相对较高的流动速度，从流线图可以发现其涡旋较少，新鲜空气的交换速度得到了大幅的加强。

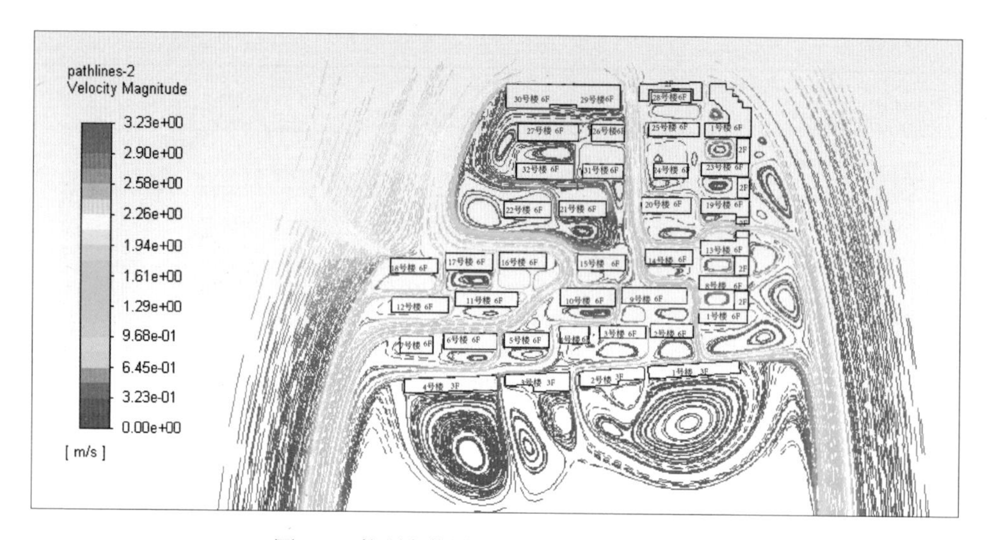

图 5-7　杭州市蒋村花园广安苑北风流动迹线

根据杭州市的整体风向和气候分析，6 月初以西南风为主，8 月以东风为主。考虑居民对小区的全年常态化使用，故而结合其他几个风向进行整体的气候及数据分析，下图分别为西风（见图 5-8）及东风（见图 5-9）的整体流场分布图。

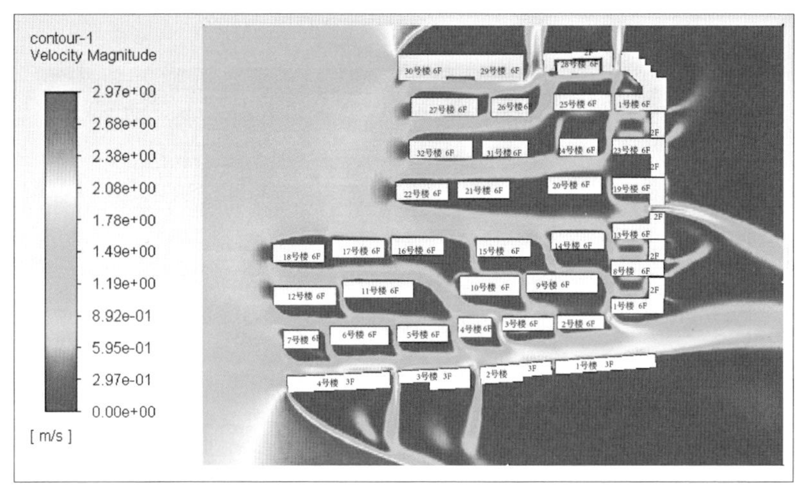

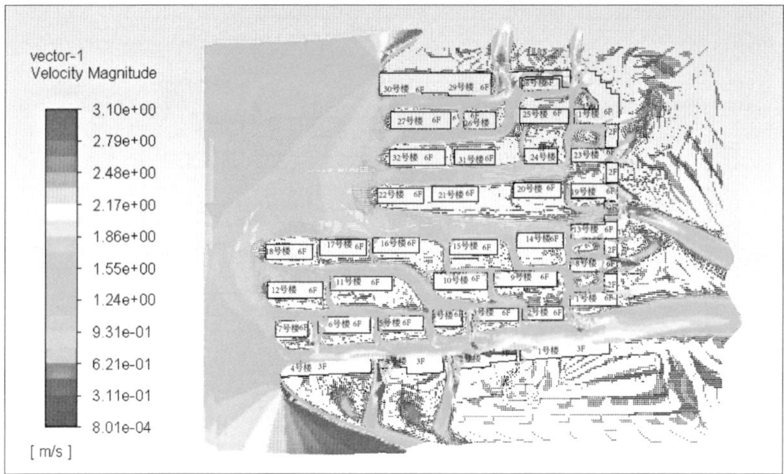

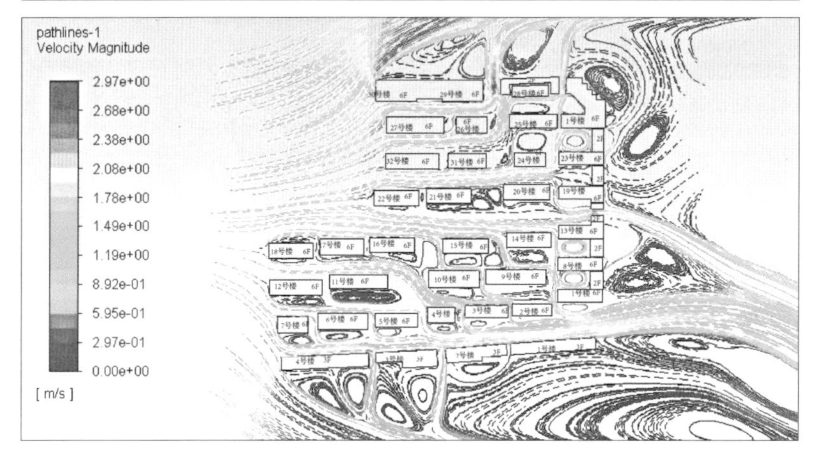

图 5-8 西风整体流场分布

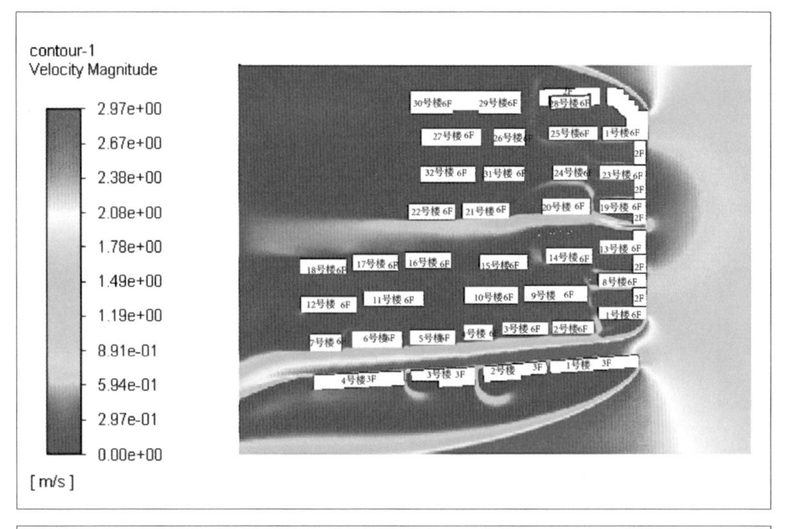

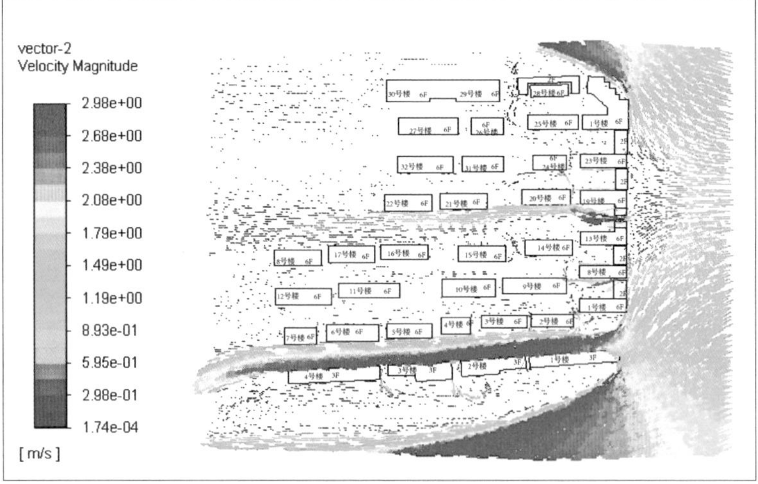

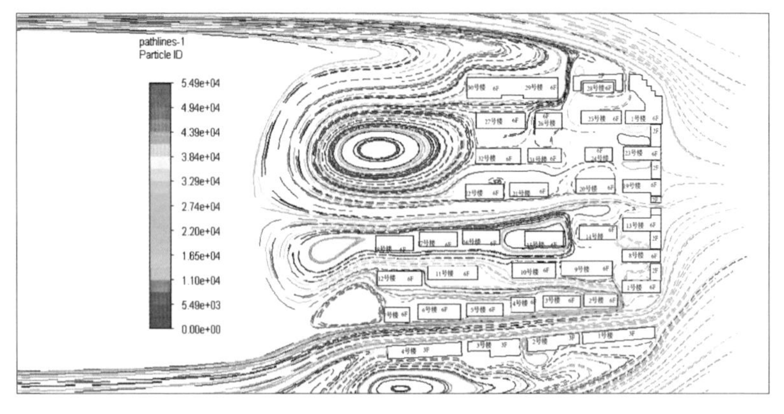

图 5-9　东风整体流场分布

根据西南风以及东风的流场图分析，可见在6月期间，该小区的整体风速较好，空气指数尚可，较为适合交流、散步等公共活动；但在6幢、7幢住宅及11幢、12幢住宅之间有小部分蓝色旋涡，表明该区域新鲜空气交换欠佳，需要通过更新设计进行提升。在8月，小区内部大面积为蓝色区域，空气指数不佳，需要通过后续设计进行多维度的改造提升。

2. 具体点位更新改造

结合小区现状，根据东南西北四个风向的微气候指数计算可见，①区域1、区域8：在小区的南北方向的两排外围住宅及商业裙房区域，由于对空气有较大的阻挡，因此该区域空气指数较差，且容易形成空气流体旋涡，不利于新鲜空气的交换，故对该区域的改造可以通过立体绿化的种植进行空气置换更新设计，暂定为宅间花园（A1）和休闲草坪（B3）；②区域2、区域3、区域7：结合小区的东西方向的出入口设置以及数据分析，设计改造将宅间空气流动较好的区域进行公共活动区域的提升设计，定为青年院落（B1）和休闲交流区域（A2）；③区域4：以主入口为轴线的东西方向全年空气流速较好，可以在设计改造中作为中心进行发散设计，比如可以利用该区域全年较为良好的风速条件，将它定义为小区中心公共空间，并选取区位进行架空设计，以便于更好利用该区块的地理优势，暂定为中央平台活动区（C1）；④区域5：该区域全年有九个月空气流速较好，且宅间距较大，可以作为代际养老区的提升区域（C2）；⑤ 区域6：根据风速分布云图可见，该区域全年空气流速较好，且宅间距较大，可以作为公共活动的“潮汐道路”进行设计（A3）。具体改造节点如图5-10所示。

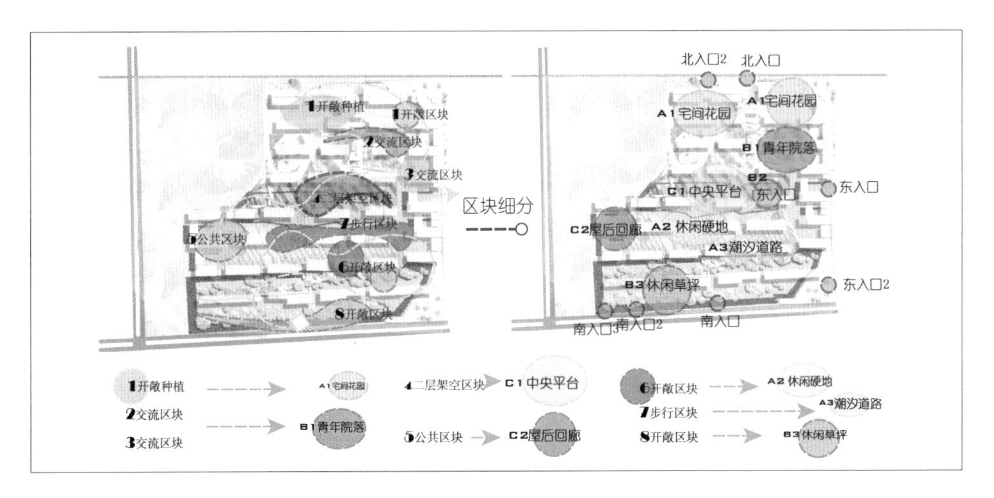

图5-10 规划点位推导

（三）空间致密化模态下“未来社区”协同再生路径探索

结合上述数据分析计算，可见气流空气指数一般的区域需要通过设计改造进行提升，微气候指数较好的区域可以通过设计更好地服务于民，下面我们可结合本书中所讨论的“共居社区”协同再生理念进行更新路径探索。

1. 共居空间模式生态立体化改造

在商业化大生产的时代，公共交往模式的“隐形化”导致传统的“此时此地”的邻里交流难以满足当下“多元化”“非地域性”的交往模式，本案将改造主题定为“共居社区的协同再生”，在实践中则根据数据分析将小区空间分为“流动式联结”“开敞式/半开敞式围合”“层级式架空”三个层次，从三个方向对小区平面节点、立面设计、公共空间进行多维立体化的更新改造，并在此基础上将共居模式的具体节点进行模块化定量改造，将居住单元之间的单一空间与集体空间结合在一起组合成空间多元化、功能可变性的共享活动区域，最终形成富有空间活力的社区（见图 5-11）。

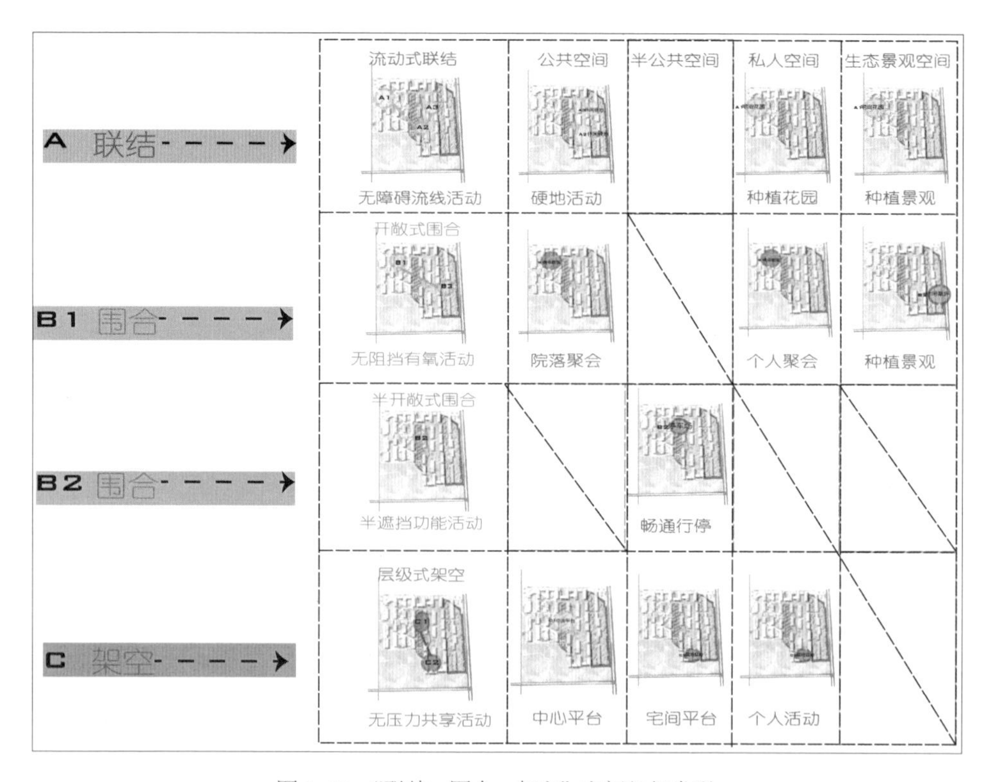

图 5-11 “联结、围合、架空”空间组织类型

不同于原有共居社区理论体系中的分散型居住空间和集中型共居社区规划体系，本案例通过立体化多维度的空间营造，打破居住区封闭式的空间构造，不同的空间形式在设计改造中围绕“未来社区”模式充分考虑城市活力营造理论的核心思想，重视对公共区域的可达性、交往空间的建筑形态构建、活动区域的功能混合度的改造更新；在满足居民基本的物质文化需求的同时，提倡功能混合；对公共活动空间、人居环境、社区归属感等高层次的情感需求进行一系列人性化的设计对接；在居住区空间“致密化”模态下重塑“康养”“时尚”“包容”的生活氛围。

2. 空间资源挖掘整合，设计改造“轻介入”

在本案的更新设计中，优先考虑公共空间的划分和居住区环境的升级，做到宅间空间最大程度的优化。通过规划界面对时间、空间立体化的“轻介入”改造，尊重本体，完整保存原有的小区布局及建筑形态，充分利用原本不被重视的公共空间，承载人群对于住宅的内在期待，关注和实现老旧社区改造的可持续发展。

比如，A3 区域作为居住区的步行道在一般情况下是被忽视的公共改造区域，大多数的社区改造强调道路整治和线路的规划；在本案中，根据风速，我们将 A3 区域公共空间定义为步行活动区，在设计中以轻介入的姿态，在道路建设上吸取各类大型城市道路的经验，引入“潮汐道路”的全新概念。在改造过程中将“友好步行道路”的概念植入其中，利用中央的活动区域将道路分割为“潮、汐”两侧，靠近停车场的位置基本为人流集中地点；利用低交通流方向道路闲置资源，供给高交通流方向车辆使用，使同一路段上下行交通需求供给关系达到相对平衡。[127] 为符合设计主题，在色彩上采用鲜艳明亮的配色，在功能上设置儿童活动中心区域，考虑到小家庭生活节奏快，儿童可以先于家长放松娱乐，保证儿童和行车的双重安全（见图 5-12）。

再如B3 区域，根据数据分析，该区域空气指数较差，且容易形成空气流体旋涡，不利于新鲜空气的交换，故对该区域的改造可以通过立体绿化的种植进行空气置换更新设计。作为休闲草坪，设计将两侧宅间开放的道路区域用作私家花园和创意露营草坪，进行空气更新净化；在长距离大面积的道路活动区域设置硬地灯光，丰富公共空间的功能，拓宽道路设计的想象空间，以促进不同年龄段人群的交流；在公共生活中培养居民道路各有所用的习惯，将共享生活圈的理念在道路改造上得以实现。

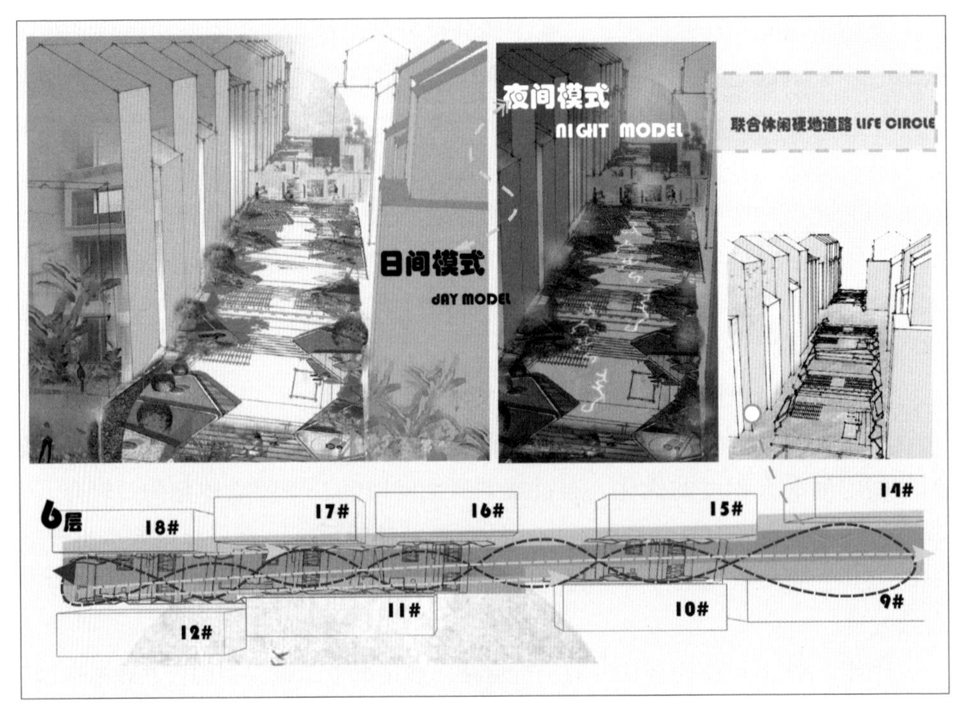

图 5-12　休闲草坪改造示意

3. 打造立体圈层，共享公共空间新模式

本案的改造中考虑蒋村花园的实际居住情况和人员结构布局，提出将“复合”与“集合”相结合的更新设计策略，以“打造立体圈层，共享公共空间”。

首先是“复合”策略，该策略是基于前述第三部分规划层面的“科学”及“环境”维度发散而来，其目标是拓展空间共享范畴、科学化定义公共空间。考虑到该小区居民多为回迁房住户，很多都是年纪较大的老人，经实地考察，我们发现C2 区域两幢建筑中间有较大的空地，综合上述的数据分析，可以将此处改造为公共交流区域，为避免空气密集导致的流动不畅等，改造拟在该区域设置立体架空回廊。在设计过程中，通过动静区域的划分，将相对安静的区域架空平台设置于回廊之上，满足休闲茶话的功能；活动区域则安排在回廊下方，在功能上细分休闲健身和幼儿活动，构建代际养老的家庭活动模式（见图 5-13）。

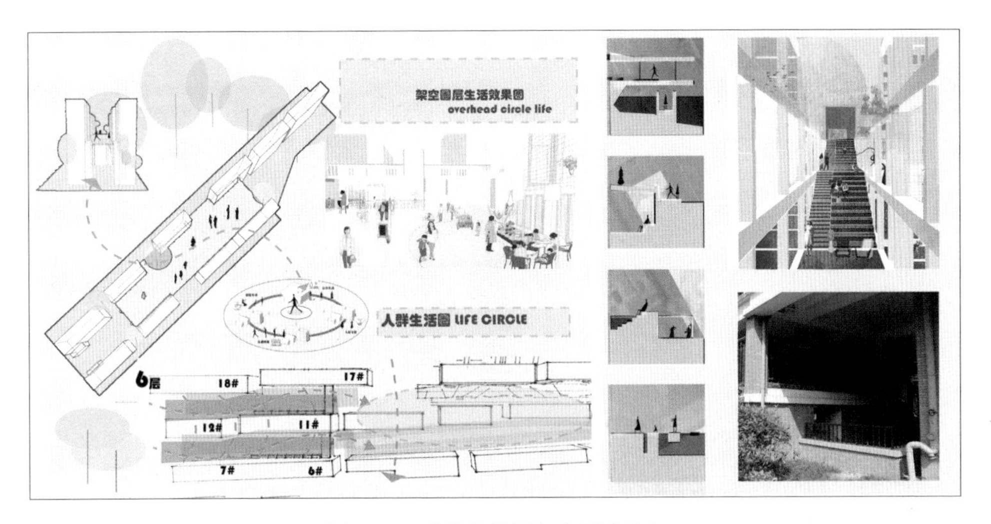

图 5-13　公共交流及架空区域示意

其次是“集合”策略。根据数据分析，该小区的B2宅间公共区域整体风速及空气指数较好，对该区域的改造策略定义为有目的地将住户的不同需求进行空间串联，激发住户对公共空间的认同感与参与感。根据实地调研，该小区青年居住人群在平时的工作之余对于交流和休闲的需求较大，故而有针对性地提出了“体验式院落”的设计。院落的竖向设计利于居住区微气候的流通，设计将空间、环境与人的需求三者协调统一，创造出亲切宜人的社区氛围和舒适自然的社交环境（见图5-14、图5-15）。

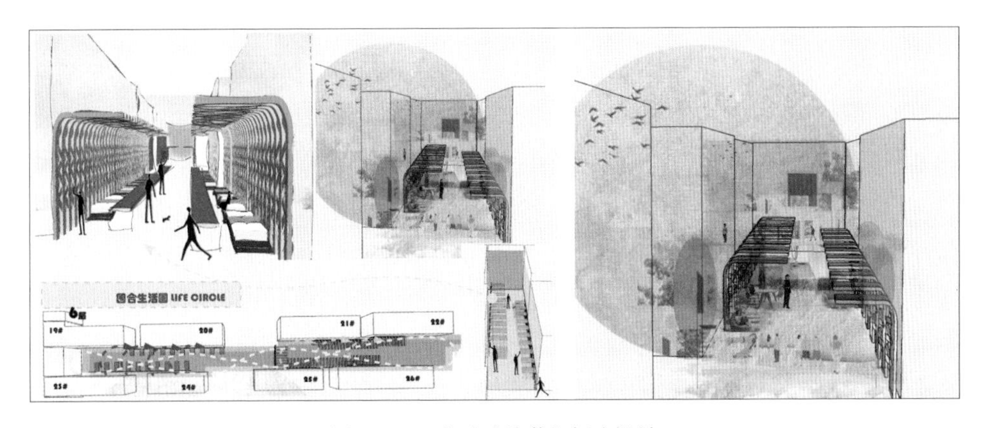

图 5-14　“体验式院落”概念设计

图 5-15 “体验式院落”设计示意

该立体化空间的处理是在“社区微气候系统参数”分析的基础上，充分利用公共空间的地理条件，将景观或独立或依附于建筑，使得居住区的公共空间设计不局限于单一的平面优化改造，而是继续拓展延伸到立体层面的复合化更新。这样的设计可以囊括大部分家庭活动需求，做到全年龄段的资源共享，有效应对当下居住区设计对老龄群体考虑不足、适老化环境设施滞后、代际分居等问题，产生良好的社会效应。

基于上述对于保护和重构老旧小区的人居环境、通过改造促进现代邻里精神发育等问题的探讨，结合社会学、生态学、人类学等知识体系分析，我们可以得出“科学数字化”系统构建对老旧小区的更新再生设计带来的部分创新启示。

首先，规划过程中将空间形态学的定性传统理论和新的定量方法相结合，使用GIS技术对于居住区空间活力的城市形态特征进行科学数字化分析，以进一步丰富生态空间营造在规划设计与运维建设过程中遇到的共通性与特异性问题的相应策略，强调如何将时间资源、空间资源、社会资源综合一体，研究如何在全新的模式下将科学规划与居民共享相结合；并在此基础上通过环境的自我调节功能，让居住区自发形成完整的社交体系、共享体系，从而实现社区环境的可持续发展、基质空间的混合，使得居住区空间肌理形成不同阶层、不同年龄、不同受教育程度的人群在同一空间中碰撞出“异质同构”等多元化效应。其次，“居住区微气候系统”的量化研究将“科学”和“环境”的立体化重构进行了完美的结合，对未来社区的构建科学化、系统化的路径起到理性的参考及借鉴作用，可在人居环境科学的发展中贡献绵薄之力。最后，在后疫情时代，基于城市社会学、规划学的角度从“居住区微气候系统”“空间形态结构”“交流活动适宜性”等核心问题展开讨论；从全新的角度阐述了追求“全龄”“共享”“环保”“康养”的理念，为包容性、共生性的“未来社区”演变发展构建基础，是未来绿色社区和智能社区的提前试验。[128]

 介入社区更新的公共设施系统构建

伴随我国经济的快速发展，城市化进程不断加快，全国各地在城市更新的不同阶段涌现出不同社区更新的新路径和新思考，浙江省率先提出的未来社区构建模式为城市有机更新带来相对完整的框架和丰富的经验。细化剖析未来社区构建的生活导向要求，在以未来社区构建的“顶层设计模式”为研究背景，部分地区开始出现以“碎片化”为特征的新型社区。

纵观浙江省未来社区的更新与营造，公共设施逐步围绕社区资源和功能进行整合，从休闲、娱乐到公共服务，居住者享受到了更加高效便捷的生活，而这些开放的大尺度空间也成为未来社区中活动的发生器，达到未来社区背景构建下公共设施系统性更新的目标，使得社区公共设施设计衍生出从活动功能到归属功能的类型升级，为社区周边生活辐射圈内带来更加丰富的发展。目前，居住社区的整体更新设计较为整齐划一，但对于第三空间中的社区公共设施的更新相对缺乏系统研究。

在本节中，笔者将研究中心放在公共设施的系统设计上，基于未来社区整体构建对公共设施进行分层次的形态化研究，通过科学观察和系统分析，在未来社区构建背景下研究公共设施的系统性设计，将公共设施作为未来社区构建的重要研究因素，在如何为复合型社区打造第三空间的有机生命体方面进行细化研究。

（一）未来社区与公共设施更新关系研究

随着城市化进程的加速，人们对于居住社区的需求也在发生改变，当下，新旧社区的发展参差不齐。在城市更新进程中，浙江省率先提出以“一个中心、

三大维度、九大场景”为构建体系，即以人民美好生活向往为中心，人本化、生态化、数字化维度，创造邻里、教育、健康、创业、建筑、交通、低碳、服务、治理的九大社区生活场景来承载人们的居住和生活社交需求，这不仅仅是居住功能的更新，更是对城市健康、人性、精神的归属地的构建。[129]

作为新形势下率先提出的新型城市功能单元，社区将更倾向于构建统一的价值标准，而未来复合型社区的“复数性”特征包含了尊重差异和达成共识两个方面。所以，如何通过有效路径激发社区公共力量、形成社区共同体，及改变城市建设相对封闭的模式、提高风险应对能力等问题，是专家学者们在未来社区研究中的重点所在。因此，为体现未来社区场景效能的作用，着重探讨场景中公共设施的关联性设计是非常必要的。而公共设施作为社区中一种由公共性、生活性等复合而成的设施，对解决当前社区公共设施功能片段化、参与碎片化、文化单一化等问题起到至关重要的作用。根据不同的社区做出相应的空间差异分析与设计，将有力推动未来社区公共设施更新向系统化、精细化、品质化的方向转变。本节的分析力求建立全新的设计路径，针对社区公共设施品质提升与活力聚集等方面连接未来社区构建形式，由小见大，实现多维度的结合。

（二）社区公共设施的现存问题及更新的必要性

在以往的规划设计过程中，居住区公共设施设计往往处于最后阶段，导致其成为相对独立的个体，但是作为具有公共功能属性的社区公共设施，其在形态和功能上要与使用者形成共生共存的关系。基于理论及实践分析，目前社区公共设施存在如下一些有待提升的问题。

第一，功能片段化。公共设施形态单一，社区中的公共设施如垃圾桶、路灯等多以刚需的形式存在，一些娱乐设施大多为成品化购买，缺乏社区的个性化设计；而社区中的办公活动用房、社区服务用房、设施用房等则多为服务人员提供，不仅缺乏文化传承，且存在大量因后期维护不当而导致的资源浪费等问题。在城市更新过程中，社区公共设施功能片段化的问题日渐突出，碎片式的功能分布如何通过合理的规划设计将资源和空间进行系统化整合以形成社区活力单元，使生活需求、使用功能及共享服务得到系统性链接是一个值得深入探究的问题。

第二，参与碎片化。传统老旧小区承载着城市及社区记忆，有着较多的生活化空间，社区公共设施作为居民的活动载体，应该同时满足人的心理与生理诉求。当下，我国大量的小区公共设施建设没有得到合理的规划和整合，如在车本位的现代城市，小区路面公共空间遭到小汽车的蚕食，建筑两边小尺度的街巷也停满车辆，社区的道路与街巷被分割为两个体系，成为碎片化的街道。由于老旧小区的遗留问题，健身娱乐公共设施老化，失去了它们原本的功能，逐渐变成杂物的堆放处；公共服务中心缺少人的管理，几乎处于废弃的状态；这些问题都导致了居民无法共同参与社区生活。随着现代人认知盈余的产生，普适性社区活动所带来的大众化公共设施已经无法满足社区所承载的精神需求，导致社区设施缺失居民参与，难以营造区域认同感。

第三，文化单一性。文化的历史沉淀与社区环境相互关联，又共同处在动态变化中，20 世纪开始，小区集中住宅的规范化设计所带来的问题使得社区设施文化单一，社区公共设施设计难以凸显城市以及社区的文化内涵。各个社区的设计也日渐趋同，类似的文化景观墙、统一的铺装图案、标准化的座椅设施、统一可复制的模板化设计使得社区规划相对忽视了文脉的探索。而新时代的社区设计，应该将文化多元且淋漓尽致地展现出来，这不只是简单表述社区可见基础设施的表面肌理，而应更加注重文化经过当地社区内部自我生长之后显示出的高度文化内涵，最终凸显不同社区的文化特征。

1. 社区公共设施更新系统性分析

基于上述对功能片段化、参与碎片化、文化单一性问题的分析，笔者根据未来社区构建的复合化原则、人本化原则、生态化原则（见图 5–16）进行社区公共设施更新的系统性分析。根据调查研究，笔者将对人、环境、设施三大因素进行不同层级的探索，结合现代数字技术的复合化原则，以以人为本的人本化原则以及融入环境的生态化原则为指导，为未来社区的公共圈层系统研究做指导。

（1）复合化原则：从公共空间资源整合的角度出发，进行系统梳理

以浙江省未来社区构建为背景，根据未来社区人本化、生态化、复合化的“三化九场景”构建要求，社区的复合类型包括空间的复合、功能的复合、居民活动的复合。公共设施更新过程中应当充分考虑每一种性质的功能及空间与其他功能及空间有连接、渗透及多维复合，以提高公共设施的使用效率、减少城市资源浪费、增加公共空间使用率，提升场所空间活力。除了满足人对生活的多层次需求，还需要从资源整合的角度出发，利用社区信息平台 CIM、阿里云等，结合党的十八届五中全会提出的新发展理念进行系统性的梳理。

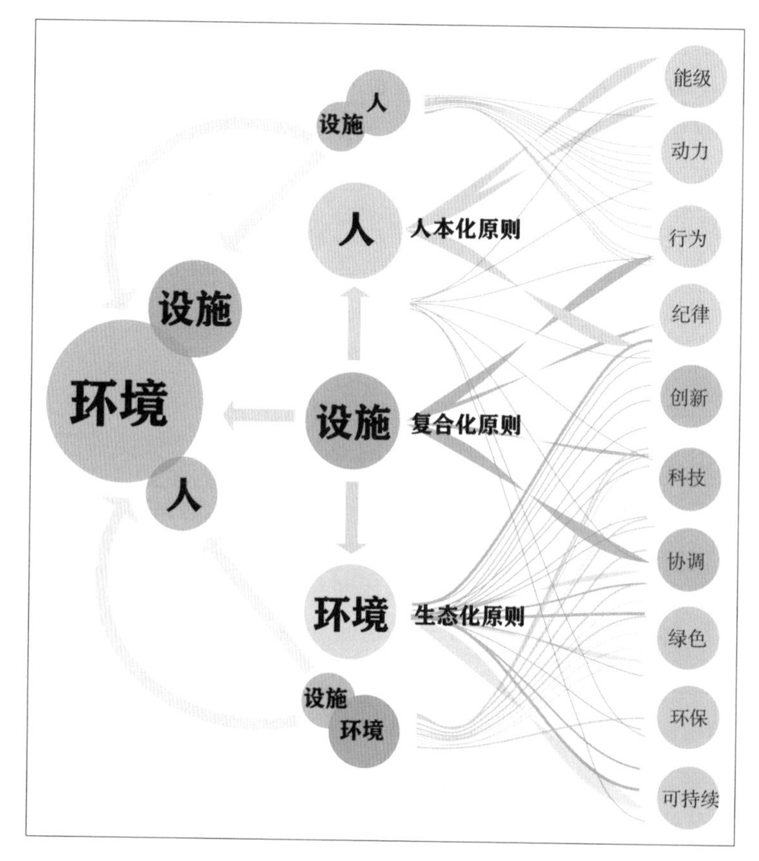

图 5-16　人本化、复合化、生态化多元价值维度

（2）生态化原则：从生态生活一体的概念出发，进行公共空间构建

对公共设施的功能性分析研究，从公共设施景观特色与社区高性能之间的关系、公共设施的交通功能与生态功能之间的关系以及社区室外综合活动场所的绿色营造等方面进行梳理，将公共设施的设计融入未来社区的整体环境中，构成有机复合的生态设施。基于可持续、环保、绿色的设计理念，依据已有的社区低碳节能示范体系，将公共空间与公共设施设计相结合，为整合未来社区外部空间系统化设计提供可能。例如，可以通过开源节流的方式进行资源循环利用体系构建，利用数字技术在未来社区邻里中心建设社区级的能源管理平台，全面提高生态资源管理。实行垃圾的资源化处理，设置智能厨余垃圾资源化处理设备，产出的水进行处理回收以用于绿化灌溉；利用立体绿化引导社区居民进行种植和栽培，打造立体绿化休闲活动室[130]，鼓励居民尝试立体园艺绿化种植

体验；打造娱乐、养生及展示中心，利用立体绿化设计服务娱乐康养人群的空间环境，最终将绿化与社区公共设施融为一体，打造生态生活一体化。

（3）人本化原则：从人的行为心理出发，构建和谐共融的生活圈

人本化的设计需要我们在满足居民刚需的基础上，进一步对社区内居住人群的行为进行细化分析，针对主要研究对象的行为关系、人际关系、社会关系等领域，将设计与日常生活的认知、情绪相结合，将人本化设计原则应用到未来社区的公共环境与公共设施中，分析居民的生活方式、居住的安全感、舒适感与归属感。重新激发社区居民的活力，打造宜人的未来社区公共空间环境。

（三）社区公共设施系统化更新路径研究

1. 公共设施使用人群类型解析

人居环境更新是社区作为城市共同体内源性的自我革新。当下，社区内公共设施的使用功能、审美需求、文化内涵拓展等软环境缺乏系统性规划等问题日渐凸显。根据现有的研究背景与现状问题，用关联公共设施更新设计的几大要素即使用人群、使用需求、使用特征构成矩阵，用简单的关联矩阵法推出相应的公共设施类型（见表5-1）。

表5-1 社区人群特点构成矩阵分析

使用人群	使用需求	使用特征	相应公共设施
儿童	处于儿童阶段，生理与心理尚未发育成熟，需要监护人的照看，活动区域设置需要充分考虑区域的范围	1.日常出行安全； 2.户外活动广泛； 3.医疗教育关照； 4.基础文化学习	1.公共交通安全设施； 2.活动中心； 3.幼儿园、小学、卫生站； 4.文化宣传栏
中青年	中青年人群在社区中更加注重功能性，打开交际圈； 创意性的亮点设施也是中青年考量的一大标准	1.日常出行便捷安全； 2.购物、健身、交际、创业一体； 3.医疗教育关照； 4.创意活动	1.公共交通安全设施； 2.商业集合体； 3.卫生站； 4.健身中心、生态种植、公共会议室、公共娱乐设施
老年人	老年人在生理与心理上有着不同的特质，在行为认知上需要公共设施的一定辅助，同时要兼顾老年人的心理健康，解决养老焦虑等问题	1.日常出行安全； 2.日常购物、健身、交流方便； 3.医疗与养老； 4.兴趣培养； 5.适老性	1.公共交通安全设施与特殊道路、绿色通道、辅助设施； 2.商业集合体； 3.卫生站、养老服务中心、志愿服务站； 4.活动中心、兴趣中心
特殊人群	因生理与心理上的缺陷，在公共设施设计上需要增加社交可能，增设辅助设施，心理缺陷人群则需增强情感认同	1.日常出行安全； 2.日常社交； 3.医疗与康复	1.公共交通安全设施与特殊道路； 2.活动中心； 3.卫生站、志愿服务站、康复中心

区别于一般社区的街道功能，通过对生活区域与使用人群特征、需求进行关联分析与推导，以年龄为划分标准，以浙江省杭州市青年路小区为例，基于该小区的人口年龄结构分析（见图 5-17），为公共设施的具体优化设计提供依据与参考，就社区的健身器材、娱乐设施、休息设施、景观、照明等设施进行系统分析，为本地居民以及外来流动人群等提供服务[131]，并以此运用到浙江省杭州市青年路未来社区的公共设施系统更新设计方案中。

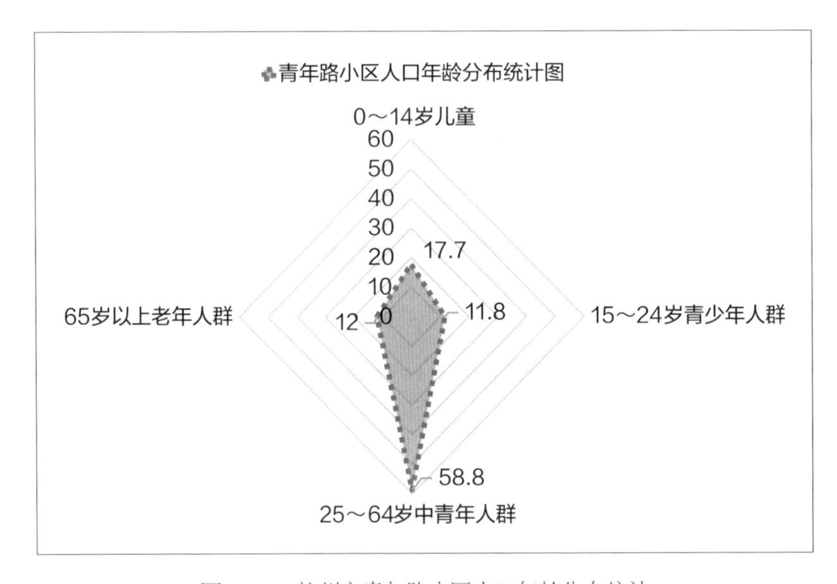

图 5-17　杭州市青年路小区人口年龄分布统计

从人口年龄结构分析来看：

① 0 ～ 14 岁儿童。该年龄段包含幼儿、学龄前儿童与成长期适龄儿童三种类型，考虑到该年龄阶段受限于生理的因素，这类人群在社区中的生活性活动多需要监护人一同进行，并且活动范围大部分集中在宅间、街道、公园景观等周边开放地带。经资料分析，该阶段的适龄儿童需要增加必需的学习活动与户外社交，包括儿童活动中心、服务设施和必要的教育设施，使用上也需要更加注重安全和通识教育。因此，针对该类人群拟设计相应的必要性公共空间及设施。

② 15 ~ 24 岁青少年人群。该年龄段的人群正值青春发育期，是重点关注的人群之一。由于遗传、生活环境以及社会活动等因素的影响，现代青少年在社区中的活动行为传播、扩散呈现出明显的人群聚集现象，既有一定的同群效应，且活动范围广泛。在笔者的调查走访中，也发现不少青少年群聚玩手机游戏的现象，身体活动严重不足。笔者认为，为促进和提升青少年身体活动水平而设计的公共设施是必要的，通过更好的青少年公共设施与服务供给，让更多青少年养成科学健身、主动锻炼的习惯，是未来社区多元价值的体现。

③ 25 ~ 64 岁人群。该类人群最大的特征是大部分已经适应社会上的各类群体活动，也是整个社区中占比最大的人群，他们日常的主要时间分配为办公工作，对于社区公共设施的需求主要集中在节假日、周末、夜晚这种特殊的时间段。调查走访过程中笔者也发现社区中存在不少自主创业者和自由职业者，针对不同职业特征人群的社会及生活需求，笔者认为公共设施的设计应当涵盖购物、社交、健身、娱乐、工作交流等开放区域的选择性活动，重新定义未来社区公共活动场景。

④ 65 岁以上的老年人群。该年龄层次的人群因生理机能各不相同，简单分为自理老人、介助老人和介护老人三类。针对自理老人，社区活动作为最主要的日常活动，在涵盖安全出行、简单健身、医疗、服务、购物娱乐等必要设施之外应更加关注自理老人的居住心理情况，对于公共设施的景观美化和服务介入功能的要求相应提高，进而提升未来社区整体质量。另外，对于特殊人群则需要考虑其社交活动少、活动范围有限等问题，需要一定的社区关爱与社会尊重，需考虑在社区内设置一定的康复设施。

2. 未来社区公共空间构建的SWOT策略分析

社区公共设施更新设计是城市功能的完整性、情感与活动聚集性的集中体现，以浙江省杭州市未来社区现行规划为参照，在未来社区概念的指导下，社区公共设施更新应该将原本片段化、碎片化、单一化的空间改造遵照对应的复合化、人本化、生态化三大设计原则细分为不同的公共空间，以满足上述不同年龄人群的前瞻性需求。基于此，笔者根据实际情况进行SWOT策略分析，并根据分析得出结论（见表 5-2）。

表5-2 未来社区SWOT策略分析

Strength			
经济优势 杭州城市产业发展多元且快速，长三角经济优势	文化优势 杭州城市文化独特内涵深厚，影响广泛	生活优势 人口结构多样，路面交通便捷，商业发展良好	环境优势 生态景观保护好，水网密布
Weakness			
需求问题 生存需求不再成为主要问题，社区需要更高层次的设施	审美问题 公共设施的千篇一律，缺少文化内涵的探索	环境问题 缺乏生态景观与人的结合共生	情感问题 未来社区情感归属的缺失
Opportunity			
经济发展 新型产业发展为主导，互联网经济蓬勃发展	政策规划 未来社区规划建设由浙江省提出，诸多政策支持	社会生活 社区居民需求因城市发展逐步跨向更高的生活追求	自我实现 创新创业的发展，优秀人才对于自我价值实现的要求
Threat			
经济预算 社区公共设施设计建造需多方配合，依据政策逐步推进	文化建立 未来社区需发掘不同城市中不同地区的独有文化	后期维护 社区内服务管理需多元化、网格化	未来规划 依据人本化、生态化、复合化的原则适应需求的设计

从SWOT分析中可以看出，外部因素的变化给拥有不同地域环境、资源能力的社区带来的机会与挑战大不相同，但是外部因素中“机会与挑战”却是紧密相关的[132]，即社区现存问题越多、威胁越大，给社区未来创建的设计机会也会相对更好，因此，分析未来多元化社区构建策略应着重注意以下几个方面。

（1）SO优势与机会战略模型

关注数字经济产能优势，建立复合化社区。在数字技术赋能的优势下，阿里云推出了ET城市大脑的智能城市解决方案，网易在教育大数据等领域已形成场景化的解决方案。[133]未来社区的多功能管理系统将把ICM新兴的大数据技术引入社区数字平台，在监管、智能分析和三维可视化等方面进行运用，实现空气质量、能耗、垃圾处理等动态指标的管理。同时，创新构建青少年跨年龄互动机制，积极开展科普、户外运动等素质发展相关活动[134]，打造综合能源智慧服务平台，助力未来社区在设计与管理上实现数字化转型。在经济赋能的趋势下，阿里、网易、海康威视、浙江大华等各大企业在推动经济发展的同时也带来人才入驻城市社区，复合化的功能社区尝试在社区内进行“职住结合”，工作场景混合社交功能、娱乐功能等，同时将建筑首层作为文创商铺或者公共空间以创造更多的机会。

（2）WO劣势与机会战略模型

探索人群思维的转变，创建人本化空间价值。公共设施的价值对接人的需求来提升空间价值，从人的需求出发，在“人性化”“人情化”以及“人际化”三个方面进行设计，利用人群需求改良设施格局、美化视觉景观，提高社区行动的可达性和风险控制的能力；利用人与景之间的互动，升级行为融景设计，表达情感共鸣；利用文化凝聚力塑造人本化空间，延续城市文脉。在设计过程中，综合考虑人的多元需求，将居民的需求与空间的多元价值进行匹配，注重场景化和体验感的精细化设计；将公共空间与文化介质相融合，提升社区文化氛围和特色；通过大幅度提升居民参与活动与居住体验的可行性来提升社区生活环境的共识度，以便更好地促进当地居民的情感认同，最终将必要活动引入社区，从根本上改善社交生活圈，做到复合型社区共居共荣。

（3）ST优势与威胁战略模型

参照国外谨慎的城市更新理念，构建生态化社区公共空间。根据不同区域的城市环境、气候特征和功能属性，基于资源循环利用体系、社区低碳节能示范体系以及人文生态体系这三大生态化体系模型的综合运用分析。目前，就浙江省而言，“低碳社区”已在杭州市试点建设，其有低碳节能、绿色健康以及资源循环利用等几大优势，利用太阳能光伏发电系统、水源热泵冷热源系统形成立体的可再生能源供给，强调公共设施与生态景观之间的结合，消除现阶段社区内公共设施功能单一化等问题。除自然生态外，未来社区的人文生态体系的立足点在“人文”上，通过强调自下而上的民主参与体现社会公平，以社区文化建设为导向，注重社区资源的配置和整合，更好地优化社区生活环境。将多元服务设施分层推进，从不同人群的不同角度为居民开创有选择的活动空间，构建选择性的交往空间和适应性的多元空间，从不同维度体现未来社区的生态价值体系。

（4）WT劣势与威胁战略模型

适应复合化、人本化、生态化的社会发展趋势，协同共享城市更新成果。从复合化发展的角度积极引导市场、社会、家庭共同参与社区建设，从居住者的角度完善实际需求，在未来场景中促进经济赋能与技术赋能的作用，创造和谐社区环境。从人本化角度出发，思考如何在高密度空间将公共设施设计对标人民的需求层级；将公共空间、半公共空间与私密空间进行复合化融合，帮助社区打造共享生活圈；从生态化角度出发，强调景观生态与人文生态结合；在社区植入“零碳”理念的同时关注人文情怀的培养与探索，构建情感更具包容性、环境更具宜居性的社区空间，建造和运营更绿色、更智能的人居环境。上述的价值体系需要在设计中协同发展，共同打造未来社区的创新形式。

3. 多元复合视角下公共设施优化设计解析

根据上述SWOT优化策略分析，笔者摒弃传统的社区均质化设施设置，从复合化空间、人本化空间、生态化空间三个层次探索研究未来社区公共设施更新的设计与应用；研究从人本化的角度对具体空间的人口结构、人口密度进行分析；从复合化、生态化的角度对空间布局、设施现状进行分解；为不同社区的居住人群提供差异化的设计，满足未来社区公共设施全龄化的目标。与此同时，对标未来社区九大场景思考复合型社区的公共设施分类，拟将社区空间分为必要性活动空间、选择性交往空间、适应性多元空间、介入性改善空间四大类，并根据空间功能需求进行公共设施系统化更新设计（见图 5-18）。

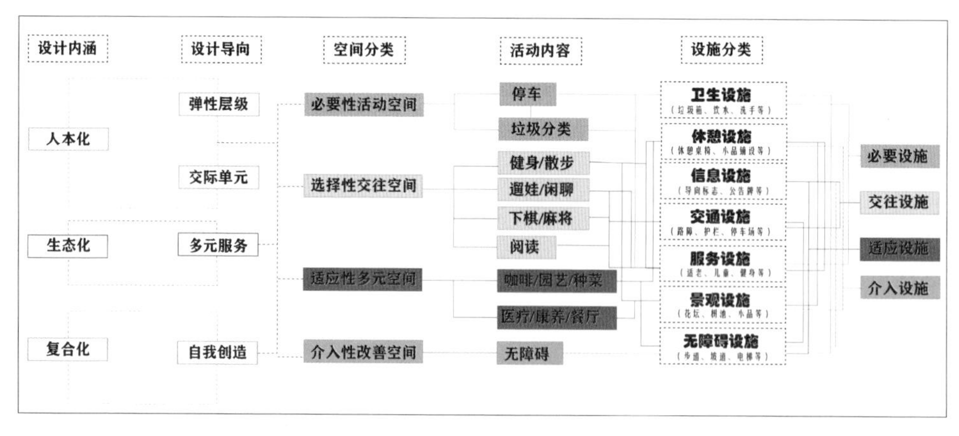

图 5-18　多元复合视角下公共设施优化设计解析

（四）复合型社区公共设施系统化更新设计

根据上述SWOT优化策略分析，笔者从复合化空间、人本化空间、生态化空间三个层次结合不同的空间类型探索研究未来社区公共设施更新的设计应用。以浙江省杭州市青年路社区为例，根据研究项目的实际用地情况确定该社区的整体空间运用，因该社区处于西湖区中心地带，周边集中分布了丁家花园、光复路小区、涌金门小区、泗水新村等老旧小区，故在设计中强调社区与周边街区的生活链接，运用“圆”的形态解构空间，打造未来社区“生活圈”概念，营造未来社区生活场景。

从前述分析可见，居民的行为模式决定了各功能设施的复合关系，通过公共设施的复合化设计，可以有效引导广大社区群众关心和参与到社区生活圈的营造中。该方案设计大胆采用中央活力核的形式，混合住宅、创业、零售、社区服务与休闲娱乐等功能，以复合化、人本化、生态化融合架构的分类形式打造“多元共生、多元共存”为主题的未来社区系统。通过将不同的老旧小区交通交叉共融以及公共空间的功能复合，保证社区空间和文化类型的多样性；同时也为不同的群体提供互动交往的机会，重新激发社区活力。

设计将重点放在社区景观及公共设施部分，根据实际调研及人群需求分析，将节点细分为必要性活动节点空间、选择性活动节点空间、适应性活动节点空间、介入性活动节点空间，在设施组合方面则主要考虑“人本化、生态化、复合化”三大价值导向的综合运用布局。

在该区域的更新改造中，从宏观到微观都最大程度地对社区场景进行功能复合设计，并在整体改造上减弱公共面积与私人面积的边界感，依靠人群需求活动的变化选择灵活的功能设施。当人群活动围绕一个主题活动展开时，该区域的公共空间布局应该以该主题为中心，呈现出圆形交集的空间发展模式，居住、餐饮、教育、商业、运动等各功能根据空间性质与相互之间的关系形成共融共生的圈层关系；最终指导公共设施呈系统化发展的健康模式（见图5-19）。下文就具体的设计路径进行细化分析，并细化探讨适合该区域未来社区公共空间的概念设计方案。

1. “复合化”空间设计分析

该区域位于青年路社区东西入口之间，空间人流量大，活动面积较广，存在较多的复合型关系，可以布置涵盖交通、娱乐、活动、休闲健身等功能的复合化公共设施。公共设施的复合化设计可承载居民更多的行为活动。根据场地现状，设计选取A点的行车平台、F点的移动广场进行重点分析。在平面功能布局上，出入口空间作为吸引人气的重要节点，适合分布必要性设施，从主入口进入A点行车平台，做到社区内第一次人车分流。平台区域的设计在考虑非机动车停车需求的同时，从功能复合的角度将健身设施与休闲娱乐功能相结合，较为巧妙的设计可以很好地增强该区块的空间活力。

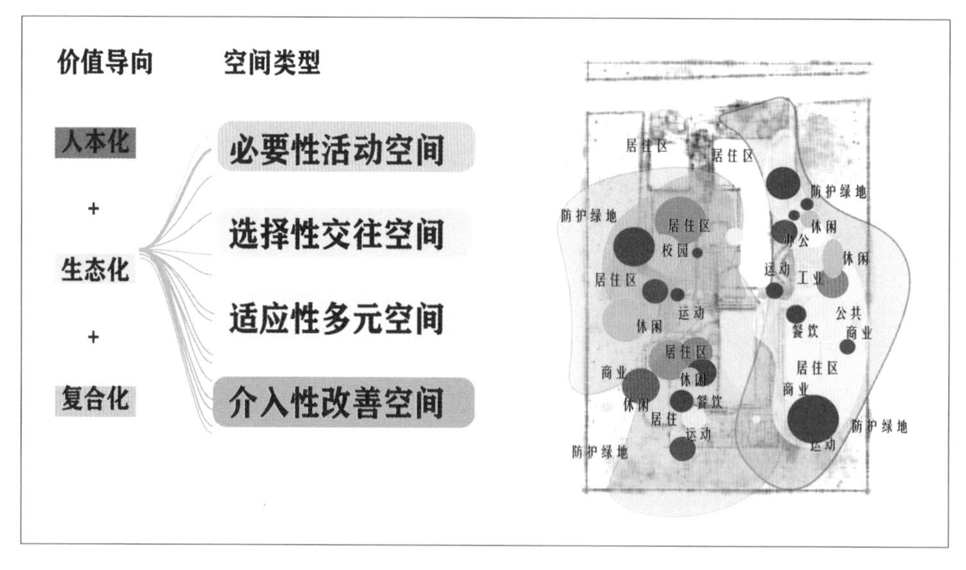

图 5-19　青年路社区部分景观节点设计分析

通过分时段调研和人群需求分析，发现老年人与幼儿对于公共空间的使用率较高，而老幼活动内容在时空上也具有相似性，这为老幼公共空间的复合化设计创造了可能。基于此，拟对场地F区进行移动广场的搭建式移动设施系统设计，该搭建设施分为不同的块体，可以根据搭建形式的不同调整高度，不同年龄段的人群可以选择不同的块体高度进行活动，也可以选择性使用健身器材。该区域的设计可以从实践中论证复合化公共空间存在的可能性（见图 5-20）。

2. “人本化”空间设计解析

该区域位于青年路社区的中心位置，四周均是居住区，是由住宅围合而成的院落和邻里中心，属于半私密空间。经过调查走访调研，发现该区域是居民活动较为频繁的社区公共场所，从设计的角度而言，也是邻里场景和治理更新最佳的实践场地，存在较多的社交关系。因此，设计从人的根本需求出发，将以“人本化”为主要内涵进行该区域的空间设计。在以“人本化”为主要空间构想的更新设计中，结合必要性活动设施与选择性活动设施进行空间植入，更新改造拟选择C点的圆形广场、D点的中央广场两大中心节点进行定位分析。众所周知，未来社区建设与以往传统的地产开发项目截然不同，它提出的“人本化”理念表明其更关注居住人群的交往需求、行为活动等，设计师通过不同场景的构建实现“人本化”的品质生活，设计最终是为人服务。青年路社区作为中高层住宅，住宅邻里交往空间呈现集约化的特点，带来公共空间面积被压缩等问题，为邻里之间的交流带来障碍。

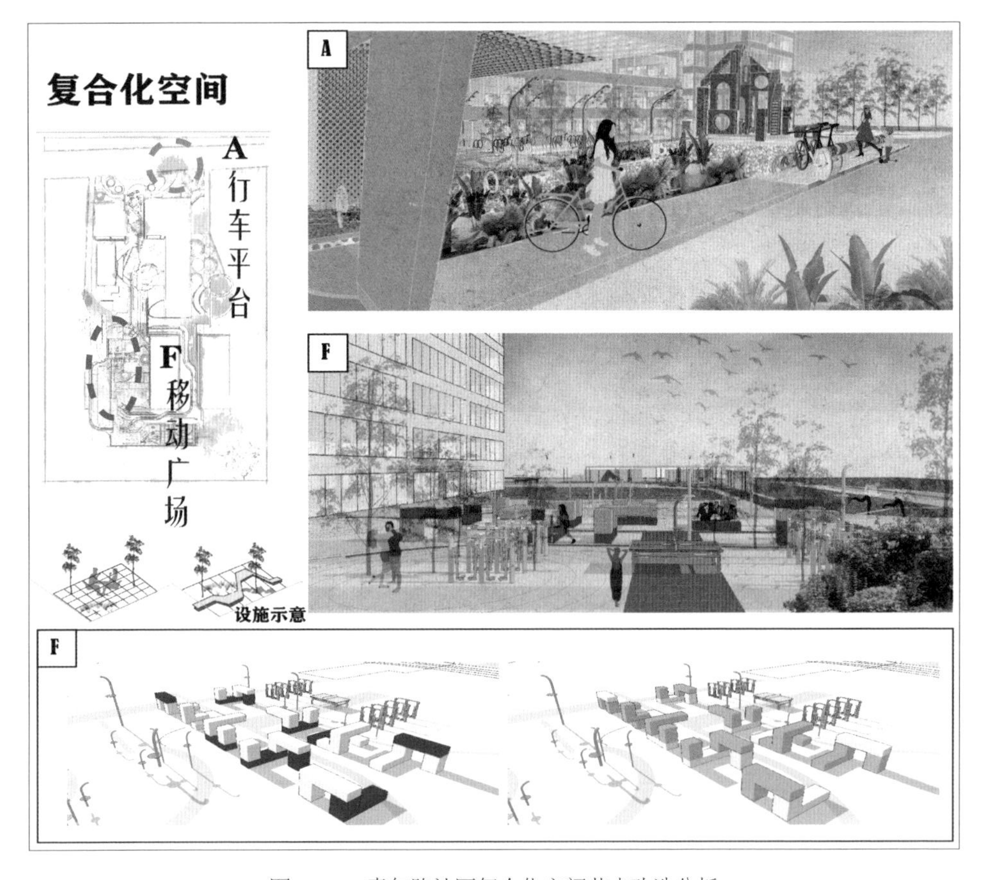

图 5-20　青年路社区复合化空间节点改造分析

基于此，笔者提出“公共交往廊架”的概念，整个D点的中央圆形平台是一个抬升的二层平台，D点位的架空平台作为未来社区的必要性活动空间，可通过设置下沉广场、立体绿化等设施，充分利用标准层空间高度搭建空中回廊的形式，形成有效社交圈；南北方向的步道可以作为绿化和慢行道，有利于公共空间分时段分人群使用。C点位的圆形广场作为设计的次中心，是该社区中最大的娱乐、集散、社交中心，其中的公共设施包括咖啡厅、立体植物园、移动商铺等。因此对该区域的设计，拟用围合的方式营造安全的开放空间，提升邻里交流的聚落感（见图 5-21）。

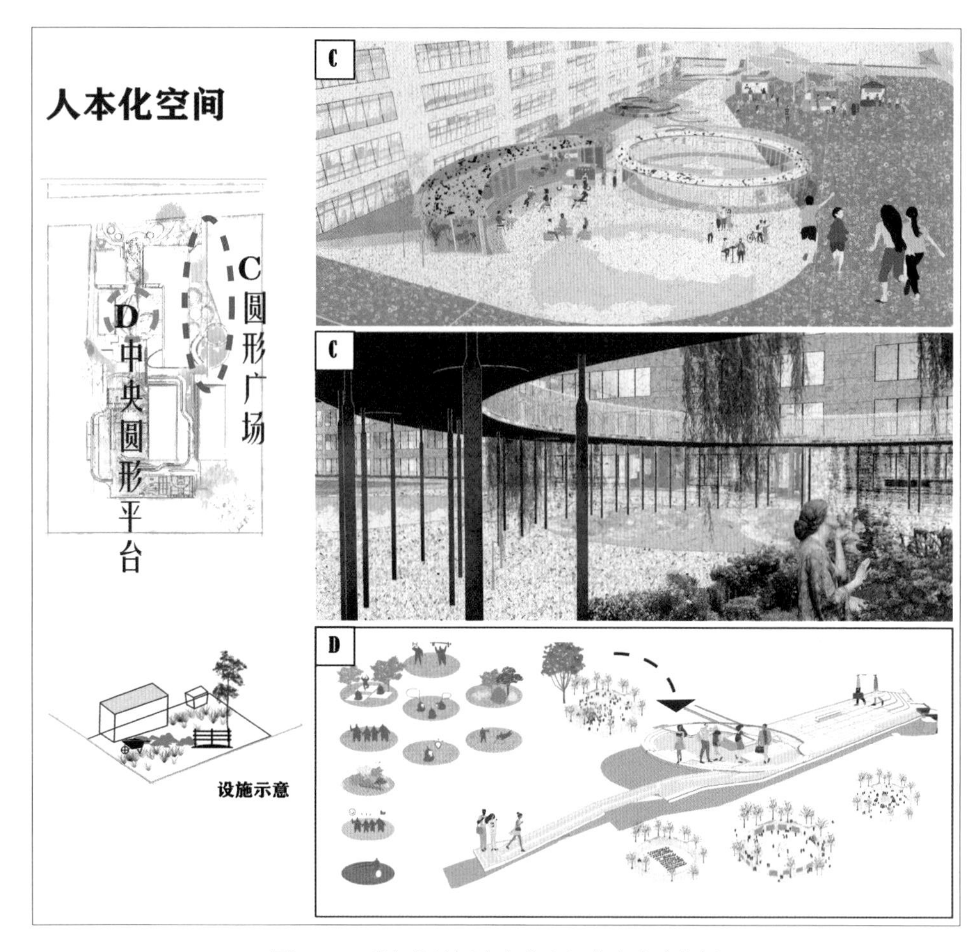

图 5-21　青年路社区人本化空间节点改造分析

3. “生态化”空间设计解析

该区域位于青年路社区的北面，区块建筑密度低，噪声较小，通风采光较好，适宜植物的生长，狭长的区域形态易于形成良好的私密空间。更新改造中，拟在此以“生态化”设计原则进行该区域的空间设计，通过立体绿化设施构建，在提高环境质量的同时合理利用社区的公共空间。同时，将适应性活动设施与介入性活动设施相结合进行综合设计，选择B点的带状公园、D点的立体绿化、G点的环绕花园和H点的休憩平台四个节点进行分析，将介入性设施和自然生态环境进行结合，实现社区生态化建设。如B点位的带状公园，通过宅间绿化的近距离场景形成可循环的生活状态，近距离场景可通过改造设置生态交往空间，如社区连廊、立体绿化等，通过感受各种植物的美好提升视觉体验。G点的环绕花园设计作为养老适应性空间，在特定楼层前增加大型立体绿化，旨在让老人相互加深印象，进而降低他们迷路的风险。从环境本身出发，结合社区与生态、自然的关系，构建未来社区的全龄可居性。D点的立体绿化，利用平台的架空，将台阶设置成立体灌溉景观，在层板的夹缝之间使用高存活率的植物；对固有的传统观念进行突破，重视人与自然的和谐共生（见图 5-22）。

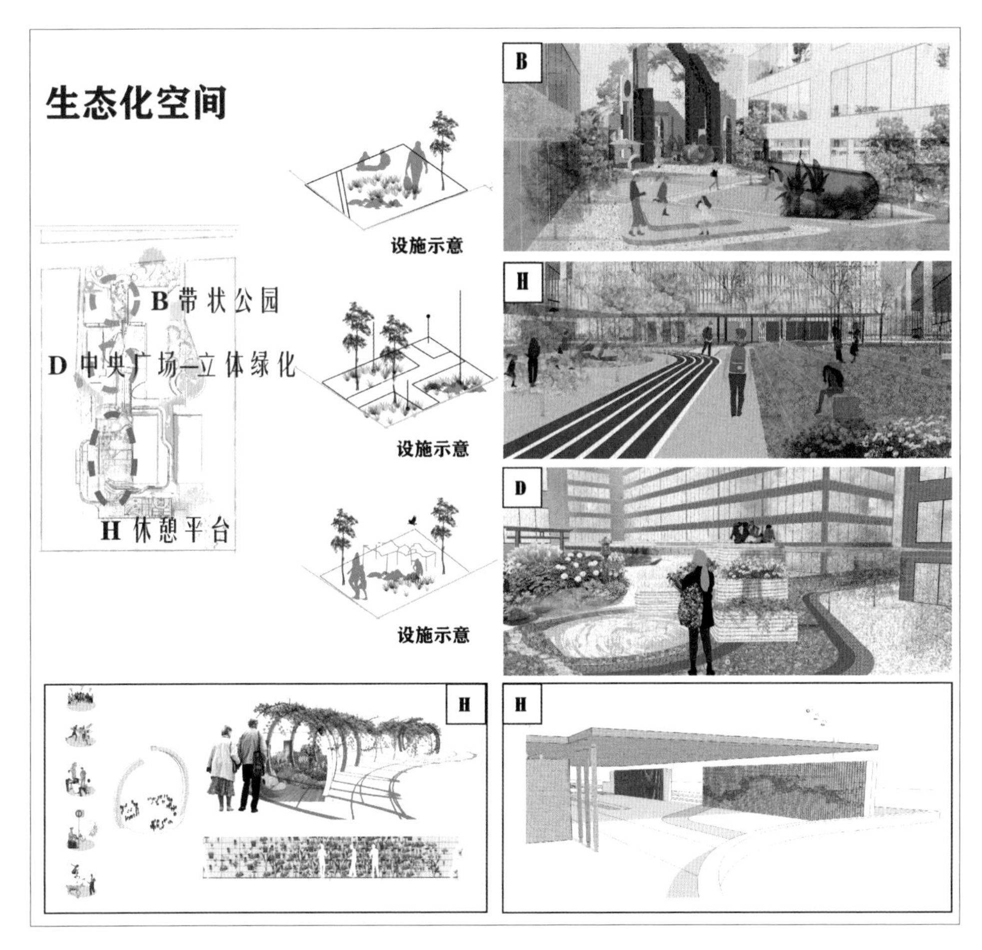

图 5-22　青年路社区生态化空间节点改造分析

（五）未来社区构建背景下公共设施系统性更新的借鉴意义

人本化、生态化、复合化的价值导向从设计范围确定到公共设施分类，再到内部功能的设计，整体上构建了未来社区公共设施系统化设计的基本思维。笔者通过青年路复合型社区项目的设计实践，将“人本化、生态化、复合化”路径运用于公共空间的系统设计中，初步论证了未来社区公共设施系统化设计路径的可行性。依托未来社区的整体更新构建背景，将系统性的设计思考转化为众多针对公共设施的具可实施性的设计操作，针对不同形态及需求的第三公共空间，在达成物质性环境更新的表层意义的同时，对标人本化、生态化、复合化的更新内涵，实现公共空间长久发展的持续性、系统性的更新与提升，弥合了艺术与技术的分界，打破了感性与理性的界限。

第一，适宜的空间弹性层级与邻里单元的复合化构建。

在功能复合化的原则下，构建适宜的空间弹性层级显得尤为重要。以弹性理念的方法进行改造设计，由点及面，在不同的空间类型设计过程中，需要综合考虑社区居民邻里交往的需求、行为规律以及相关活动的私密程度等，并依据使用人群的范围对公共空间进行从开放到私密的层级区分，使公共设施能够主动地、可变化地适应未来社区社群的复合需求，接收有益的邻里交往活动；进而有层级、有弹性地形成未来全社区共享的半公共空间，形成社区认知与归属感。

第二，居民参与多元协同价值的人本化构建。

未来社区的建构背景下，以往社区松散的管理形式随着城市的发展逐渐被上下协同的共建模式所取代，以人为本的设计依旧是人居需求的第一要素，“人本化”不仅仅是从未来社区居民的实际需求出发，更多的是从居住心理需求的最高层次即实现自我价值的层面出发进行设计更新；基于视觉感知性和空间可达性，优化人与自然的关系，实现人与自然的融合，利用公共空间的自然可塑性价值满足人类生态的需求。在提升空间质量的基础上，推动城市居民家园的情感建设，并在此基础上引导居民自我创造并形成一种共居共享的内生方式，切实打造社区生态，增强居民对于社区的认同感与归属感。

第三，加强社区空间的立体化、生态化构建。

未来社区是实现城市绿色发展的基本场所，加强社区居民的绿色认知、提升绿色建设能力是未来社区发展的关键。生态化原则导向的发展方式从以建筑为导向到以人居环境为导向的过渡使得更新改造后的社区价值迅速上升。[135-136]

基于立体绿化已有的应用技术，可对居住区公共服务设施加以改良，推行垒土、环绕、阶梯的立体绿化技术[137]，构建绿色、健康、可持续的生态绿化系统。在紧急情况下，一旦社区进行封闭管理，资源不流通，就要思考如何在社区独立的条件下支持健康发展，绿色生态循环社区就是基于上述考虑，在更新改造中突出其优势，以应对未来出现的各种可能性。

公共设施的更新营造作为未来社区构建背景下重要的设计媒介，它的系统更新更加关注空间的复合与生态的循环。本节以未来社区构建背景下的核心理念作为价值导向，对公共设施进行分层次的形态化研究，强调公共设施中各项功能的系统集成。公共设施之间的参与关系为不同群体提供了交流空间，提高了人居环境生活品质，达成未来社区的建设共识，推动未来社区向品质服务转变，从而让未来社区的公共设施更好地为社区人民服务，引导社区走向更为全面的发展方向和充满活力的新境界。

介入社区更新的视觉形象构建

当下城市更新中出现了越来越多的社区赋能概念，各项工作也围绕此展开，作为社区更新手段之一的视觉设计，往往被认为是社区赋能的重要环节，有现实意义的视觉设计形式更利于居住区凝聚力的提升和系统化的综合社区建设，能给居民带来真正利益，帮助恢复社区公共服务均等化和地方民主，进而推动本土化社区服务的改善。有学者基于人的视觉审美规律和身心感受特征提倡在公共空间中营造秩序感、场域感以及存在感等，并提出用连续的空间界面、井然有序的空间组合以及丰富的细节设计这三种视觉共同加强的方法，让人们在视觉空间中感受到多元化的身心体验、有节奏感的空间秩序以及细致的人文关怀这三个核心需求。与此同时，通过视觉化手段打造社区品牌形象系统，反映社区品牌价值的形态体系，可在无形中扩充社区的有形、无形资产。视觉形象的建立可以在提升居住环境的同时，进一步将社区文化特色、价值深入居民心中，从而提升居民对当地社区的认同度与信赖度。

社区视觉更新以地方特色造型、色彩、符号、区域形象等元素为基础，对社区导视系统、街道建筑色彩、公共空间等进行整体规划与设计，不是单一的街区外在形象视觉化表现，而是以识别为手段，以认知为形式，以视觉为基本要素来塑造社区品牌视觉形象，以区别于其他社区的视觉传达设计，最终展现自身特色，树立社区品牌形象。

（一）社区更新与视觉设计关系研究

基于人类行为理论的研究，大多数相关的外部刺激是通过视觉进行处理和传达，主要表现为对空间环境、品牌符号、广告图片、产品属性等视觉元素的识别。在本节中，“社区外部环境”一词的范畴包括一切属于社区内部居民可以参与活动，可达、可视、可感的空间，是为社区中各类群体提供活动的空间环境[138]；本节讨论的重点主要集中在介入社区更新中视觉设计基本要素——视觉感知、形象构建方面的研究与梳理。

1. 视知觉的概念

知觉心理学的研究表明，物体的空间特征（如方向、比例、位置或形状等）和色彩形象是最早被人类感知的。甚至在意识发生之前，人类个体就开始了对形状、比例、颜色等视觉特征的无意识参与性学习。[138]视觉是人类认识世界的主要方式，有关专家得出结论，视觉识别的认知特性是通过人的视网膜针对物体的表征的一个弹性自由变量，包括了造型、位置及色彩等基本要素。造型的形态变化会让受众的认知判断出现偏差，比如在相同容量的情况下，人们一般会认为短胖型容器比长高型容器能容纳的水更少；同样面积的蛋糕，人们可能会认为方形的比圆形的大，这表明人们通常根据视觉感官捕捉到的形状面积或体积大小进行直觉判断。位置因素也会影响人们的认知和识别能力，大脑根据物体在感知中的不同位置会呈现出不同的视觉效果，包括前后遮挡、距离、高度和投影等细节。比如，研究人员通过眼部追踪技术发现，当图形符号平行于产品或位于空间的左边和右边比在其他位置能够更好地吸引消费者的注意，也更有利于品牌形象的建立。还有一种观点认为，可见的物体比那些被遮挡部分的物体给人的感觉距离更近，这是出于“距离越近、遮挡越少”的大脑直观感受，理论上称之为“简化思维的隐喻结构”。这些基本的理论知识，在复合化社区更新过程中有一定的借鉴参考价值。

2. 视知觉对社区更新的影响

第一，在视觉注意方面。视觉注意机制帮助人们将注意力集中在一些特定的物体。应该说，视觉注意机制包含了视知觉引导安全使用社区外部环境的范畴，但却不仅仅包含这一范畴。简单来说，即可以通过对社区环境的适当设计将人们的注意力吸引至精心设计的场景、有趣的视觉兴趣点、优美的景观展开面，等等。我们可以通过视觉获得的场景在感官上体验到多种不同的感受。例如，自然景观品质良好的环境则给人以空旷而优美的身心体验。当然，在一些特定的状态下有些体验是负面的，如过于狭窄的通道给人以压抑的空间体验等。

第二，在空间识别层面。当我们得到引导人们视觉注意的主要方法后，就可以通过设置一个完整的视觉注意引导系统，强调特定的空间。空间本身的概念非常丰富，其内容包含具象与抽象的双重内涵。具象的空间包含空间物体的材质、空间中物体的特征等内容，这些内容都是针对空间内客体的具体描述。但空间的本质并不是空间中所有物体的总和，更包含了空间与空间、空间与物质之间各个元素的复杂关系，即空间抽象的内涵。这种关系的总和属于拓扑学（topology）的范畴[139]，即在大小、形状、颜色之间，物与物之间的关系（如合、离、散、聚等）描述。

在空间识别层面，任何空间的“具象”不应当再被讨论，因为定义空间的感受是空间中物与物之间的关系。如果说安全使用层级所体现出来的是对于环境中危险性的剔除，那么空间识别这个层级及以上所表现出来的则是消除环境中语义不明的成分。我们生活的环境中充满了语意不明的情况，比较明显的例子是在当下比较复杂的社区环境当中一些公共空间没有明确表达其所属的空间特征，因此人们很难把它当作是某一种特定行为发生的环境。[138]因此我们在设计某一个空间时，需要深入思考空间的视觉识别性，从设计的角度凸显该空间在区域环境中的场所价值。

第三，在场所认知层面。场所认知是在空间识别的基础上，利用人的心理图示原理，将被识别出来的空间构建出符合大众心理空间认知场所的过程。皮亚杰（Jean Piaget）认为，人们会不断地将眼睛中所见到的视觉表象与记忆中的心理表象进行匹配。在这种匹配当中，人们会把自己和不具有意义的空间信息产生联系，这也是塑造空间被意义化的行为过程。只有人与空间产生了具体的联系，空间才可能承载人的活动、人的情感，也就是承载人们的场所感以及空间的归属感。场所认知的复合特征使得完全理解场所本身有一定的困难，詹姆斯·吉布森（James Jerome Gibson）就曾认为：只有在环境之中唤醒人类的感知能力，才能在行动中体验到场所感。这一想法与场所认知的视知觉分析不谋而合。建筑学角度中的场所认知重在寻求人与场所之间的契合，正如柯布西耶提到的“场所是一种环境的整体体验”。可以说，场所认知是本次研究中希望达成的最终目的，在实现场所认知的视知觉体验、适当的视觉引导后，为居民融入社区，寻找、识别、辨认常用的生活场所提供更好的指引。[138]

（二）色彩心理学与社区更新的关系

视觉元素介入社区更新中，色彩作为人类视觉感知最具表现力的元素之一，对人们的情绪、认知、联想和行为等有重要的影响。例如，大多数红色表示危险信号，倾向于提高警觉性和提高竞争表现，也往往会吸引更多的注意力，这种红色效应可能与人类血液中的红色有关。此外，色彩可促进知觉的组织整合效应和空间的整体感知，有利于人们调动其他感官的联动效应，展开心理联想。社区视觉更新基于色彩的认知属性进行转化发展，可以结合色彩的物理属性和心理属性双重特征及其承载的物质信息传递和功能属性进行选择。

以上海市徐家汇乐山社区的色彩形象设计应用为例，上海市徐家汇乐山社区以公共空间为载体整合资源，对接开放的城市生活需求，该社区更新改造作为一个典型的案例，综合考虑到了社区空间中各类公共要素的组合，成为“15 分钟社区生活圈”片区式改造范本（见图 5–23）。乐山街道橙红色彩在各个公共空间要素的联动配合集中构建了乐山社区的核心色彩形象，设计者对乐山街社区色彩调整的目标是赋予它在地化的特征，使其更年轻化和具时尚感（见图 5–24）。

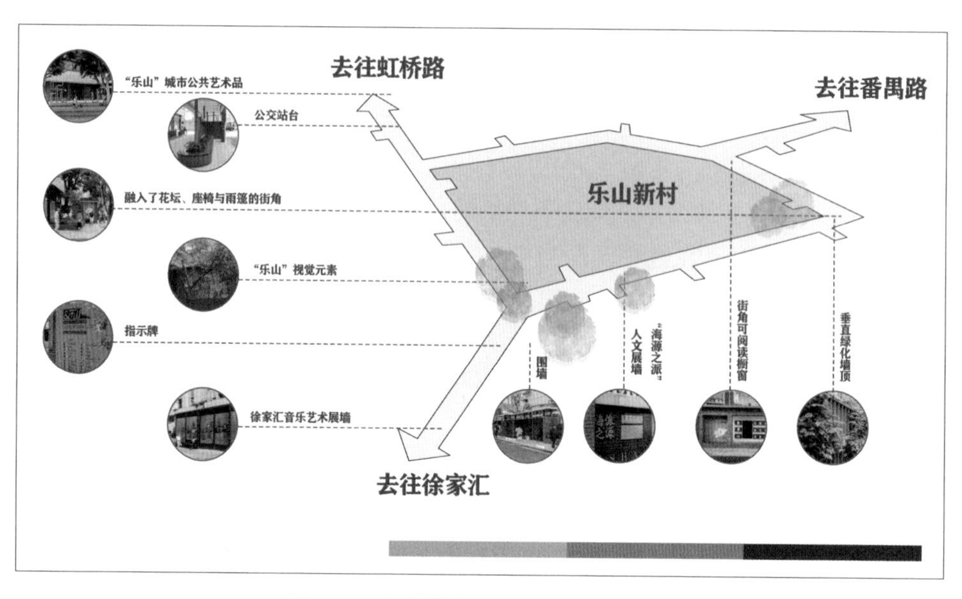

图 5–23　上海徐家汇乐山社区街道区位

社区更新首先选取几组较有代表性的低层商铺区域，通过对立面及地面材质、色彩的调整，形成街道近人尺度视觉主导色彩的变化。结合徐家汇主题色以及红砖的运用，用两种不同质感的面砖进行组合拼贴，形成具有层次与韵律感的立面效果。同时在小区外墙、学校外墙的部分分别运用同一主题下不同材质的橙红砖色材料，将近人尺度部分的底色整体更新，进行色调调整。

街区导视系统是乐山社区视觉设计中的重要组成部分，设计者将乐山社区的公共服务设施精心编撰到乐山社区的指引地图上，并在每一个转角设置了指引标牌（见图 5-25）。以朝阳的橙色作为乐山社区新的标志色，将一系列带有时尚感的标识符号植入街道。统一的街区 VI 设计与橙红色标识设计构成了街道上连续的视觉线索，为“15 分钟生活圈”中的各项设施带来积极的指引。

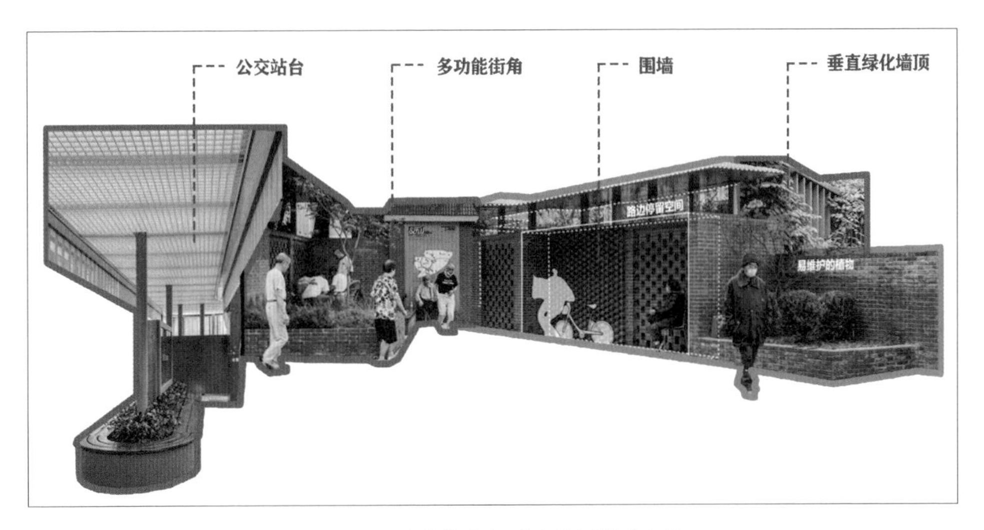

图 5-24　上海徐家汇乐山社区街道空间

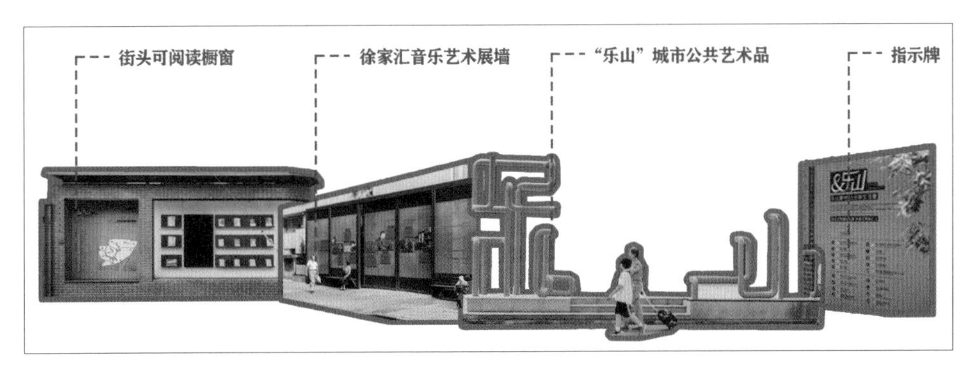

图 5-25　上海徐家汇乐山社区街道空间“乐山”公共艺术装置

值得关注的是，该项目在视觉造型上的隐喻效果在社区公共空间的艺术装置中也有体现，该项目创作了一组“乐山”公共艺术装置安放在上海广元西路一侧的街道口袋广场边。街道是乐山社区居民最典型的户外社交空间，这组公共艺术品提炼出“乐山”的核心识别符号，巧妙地将“乐山”两字的基础造型变成了可与行人互动的街道家具，利用圆形钢管的旋转形成可坐、可倚、可玩的一组构筑物。这种圆形温润的造型方式为人们在街道边的停留增添了一份乐趣与独特的体验，让行人与社区场地的互动更添活力，也为乐山街区树立了崭新的形象面貌。

再如上海长宁区敬老邨微改造，敬老邨拥有70多年的历史，曾是国营新裕纺织厂的高级职工宿舍，目前存在房屋阴暗潮湿、墙体剥落以及杂物随意堆放等问题。设计团队在走访咨询大量居民对该区域设计改造意愿的基础上，对现场环境进行重新测绘，锁定阴暗狭长的天井和荒废闲置的露台这两大公共问题点，采用色彩装饰手段，给每层楼道规划了专属的“治愈色”。一楼是活力黄，二楼是沉静蓝，三楼是平和绿，给人一种“如沐春风”的感觉。同时，根据各层实地情况，增添彩色家具，在地面上进行了彩色的引导标志设计。

敬老邨的建筑照明满足老年人的视觉需求，在前门区域，台阶、楼梯、扶手和门头都集合灯光描绘出清晰的边界感，给人一种确定性的感觉。入口处的穿孔板和水磨石扶手以及楼道内部采用暖色系材质，楼道和天台采用暖黄色灯光，在视觉上营造出温馨的氛围。全方向照明系统设置在楼梯间内部，为减轻老年人在爬楼梯过程中的不适，整个楼道两侧都设计了扶手，并通过调节灯光亮度、色温、穿孔板颜色以及基本的无障碍设计来提升老年人的舒适度。

（三）社区更新中的视觉空间营造

1. 基于格式塔原理的视觉空间

“格式塔”是德语Gestalt的译音，有“形式”或“图形”的含义，是一个重视心理学实验的学派，主要研究人们的意识体验以及如何在知觉层面上了解事物，其著名的论点是“整体大于部分之和”。我们熟知的“格式塔心理学”亦称“完形心理学”，主要研究内容是意识体验，并在研究中明确指出把心理活动分割成单独的元素进行研究的不合理性，认为意识不代表感觉元素的机械总和，人们对事物的认知具有心理的整体性。其研究的结果在当时具有很高的影响力，尤其是部分关于知觉的实验结果，被称为格式塔知觉规律，时至今日在心理学研究中仍然占有重要的地位。[140]

大卫·马尔（Darid Marr）建立了视知觉的信息加工模型，解释了从外界信息最终转化为人在大脑的“洞中剪影”，并总结了一些视知觉加工设计原则。从图 5-26 可以看出，视知觉对于空间环境信息的加工之后可形成有一定机制的知觉表征。视觉加工的本质是人眼通过观察事物并经由大脑形成的一种属性认知，这是获取空间信息的根本途径之一。

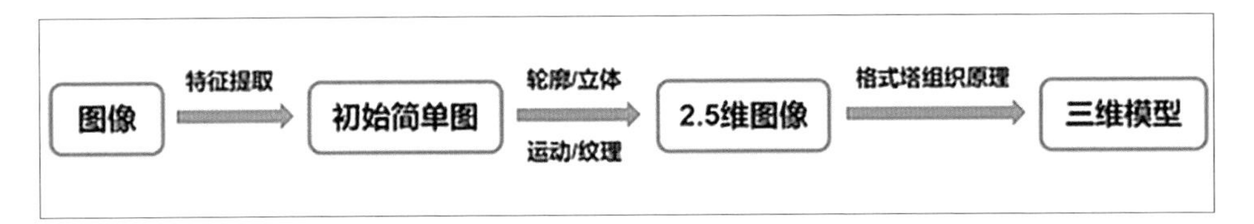

图 5-26　马尔的视知觉信息加工模型

格式塔心理学理论在指导视觉设计的过程中，始终坚持在整体中寻求不断变化的规律，遵循在统一中寻求变化的形式美法则，这二者看似相互对立，实则相互联系。心理学家认为，将事物作为一个整体来看待和各部分相加的总和是不一样的，“整体”是基于人类认知和心理层面的感知组织化，并对那些由多种局部、部分构成整体结构的方式进行组织化以及体系化方式作总结，例如为环境空间视觉更新的整体规划提供理论依据的连续性原理、相似性原理、闭锁性原则、邻近性原则等（见表 5-3）。

表 5-3　格式塔的基本原理

	原理的概念	应用优势
相似性原理	形态或元素相似的事物容易形成一个整体，即使它们被单独放置在空间的不同位置	能够为空间中的不同位置要素提供多样的展现方式，同时又能持续地保持空间整体的统一性，形成品牌识别的概念
连续性原理	事物向不同空间进行延展时，人们普遍会将向同一方向延展的对象看作一个整体，形成连续性的整体认知	强调了信息的方向性，有利于创建秩序，可与闭锁性原理一同使用
邻近性原理	相邻的事物比相隔较远的事物更具有关联性，容易形成整体印象，给人以层次清晰有序的感受	操作简单方便，通过控制事物的接近度来体现关联度，排列核心识别元素在同一空间中，有利于给人以集团化的知觉冲击
闭锁性原理	当受众感知到事物形态有断裂、疏离或轮廓不完整时，会自动完善其形状，并视为一个整体	能够以最少的视觉信息来呈现完整的图形，具有一定的趣味性，给人们以想象空间

格式塔心理学家发现，有些格式塔给人非常愉快的感觉，例如在特定条件下具有组织性、规律性（对称、统一、和谐）的视觉刺激，和具有最大限度简明性的格式塔。然而，也有些不太容易被知觉组织成“简约合意”的格式塔，却更容易让人产生刺激性的知觉。作为格式塔心理学的代表人物，鲁道夫·阿恩海姆（Rudolf Arnheim）认为，极其简单和规则的图形对大多数人来说没有太大的刺激意义；相反，那些倒置的、稍微复杂的、不对称的、无组织性的图形，可能会更具刺激性和吸引力。这在很大程度上与视觉审美疲劳有关，当人们长时间地面对相同或类似的事情，自然难以产生新鲜和兴奋的感觉。

2. 建筑外立面中的格式塔应用

格式塔心理学家认为，视觉感知可以把物体分为图形和背景两部分，其中图形作为视觉中心，背景起到衬托图形的作用。这种关系被称作图底关系，是视觉感知组织原则的基础，在对视觉物体的理解和认知以及视觉元素的组织和构建中起着重要的作用。图底关系在建筑外立面中主要表现为外立面与周围环境的关系以及外立面与空间内部的关系。

（1）建筑外立面与周围环境的图底关系

建筑存在于特定的环境当中，与其周边的空间环境互相关联、相互作用。建筑外立面作为观赏对象，在公共环境中以视觉中心的形象出现，并最先以整体图形被视觉感知，而周围的环境则以非视觉中心的背景形式被感知，两者不能独立存在，而是以图形基础的形式关系相辅相成、互相影响。这种图形基础关系在城市设计中随处可见，对于塑造城市的整体外观以及特色建筑营造起着至关重要的作用。

综上，建筑周围环境的图底关系营造应该是设计师和建筑师首要考虑的因素之一。根据自然环境特征和城市街区、社区风貌的不同，需要设计与之对应的建筑立面形式，力求取得良好的视觉效果。与此同时，根据建筑性质的不同（商业建筑、民用建筑、文化建筑、政府机关大楼等），也应有与周围环境融合的外立面风貌设计，以更好地展现建筑自身的价值。在具体的设计手法上也有很多种处理方式，如建筑外立面可通过与周围环境的差异来凸显自己，也可以采取与其相似的设计方式使建筑融入其中，设计师可以根据不同的需求创造不同的图底形式。

（2）建筑外立面图底关系

建筑外立面的图底关系构成是建筑视觉属性的主要形式，对其的图底关系处理方式也直接影响人们对建筑的感知和理解，不同类型的图底关系处理会产生诸多不同的视觉艺术效果，是建筑最直观的表达。建筑外立面的形式表达在很大程度上受图形面积、密度、色彩、凹凸等特性的影响，呈现出多种多样的风格，在格式塔中主要体现为相似性表达和接近性表达。

① 相似性表达：建筑外立面中，具有相似属性的元素会自发地通过视觉感知产生凝聚力，使人们感知到一个相对统一的整体。不同元素之间的内部相互关系越强，就越具有图形性，越容易与背景脱离，从而比较容易被人们的视觉感知所识别；视觉元素越相似，视觉事物越统一，它们的内部关系就越牢固。类似的元素包括许多方面，如大小、形状、材料和颜色等；若是类似的元素在建筑外立面上反复出现，则会带来良好的视觉感受，产生富有节奏的韵律美。

② 接近性表达：建筑物外立面的图形构成和组织，需要利用接近性原则中的分割与限定方法，常规的处理方式是将多个或多种视觉元素按照距离的远近程度进行分割和限定，由此产生视觉层次关系，方便人们理解图形。此外，不同方向视觉元素的接近程度会产生不同方向性的次级整体，也会给受众带来不同的视觉感觉。例如，相同视觉元素在同一背景上的不同组合，其横向距离小于垂直距离，根据接近性原则会产生三个横向的次级整体，给人水平方向的感受；同理，五个竖向的次级整体，则给人以垂直的方向感。

（3）建筑组群空间中的格式塔应用

从组群空间的封闭性表达层面而言，在复杂的老旧社区环境中，封闭性隐藏在各种空间构筑元素的组合中，当这些元素以符合封闭原则的布局方式展现时，集合表现成为一个整体结构。这种组合的形式统一了纷繁复杂的空间构筑因素，建立了一定的视觉秩序，符合人的视知觉认识。

在法国一个社区建筑组群空间设计中，设计方案仅仅利用了空间的隶属度组合作用，就营造出不同的空间环境，形成了互相联系的空间部分。在一组组两两组合的建筑组群中，通过建筑围合形成了空间在两个方向以上的不同封闭程度，向人们暗示组群空间与周围环境不同的融合关系。单纯利用封闭性围合方式形成的建筑组群空间具有明确的空间边界，虽然组合的方式单一，但统一性强。设计师利用这一特性所围合的一组建筑似乎是一个完整建筑上的构建，具有较强的整体性（见图 5-27）。

图 5-27　法国社区建筑空间围合

图片来源：钱逸卿.基于视知觉整体性的城市建筑组群空间研究[D].杭州：浙江大学，2010.

在视觉环境中，距离对于知觉有着较为重要的影响，往往距离越近的事物，人们越容易把它们联系在一起。在建筑组群空间中，是否把某一空间归为空间群体也与距离相关，当某一空间与空间群体越接近，受这些空间群体的影响就越深，联系也就越密切。在邻近性原则引导的建筑组群空间关系中，组团的空间组织形式是最常见的。当若干个距离接近的物体聚合成一个独立的小聚落与组团时，可以依据距离的相对远近与其他相对独立的小聚落组成一个更高层次的统一整体，组团中层层相扣的统一整体与无层次的独立整体相比，具有特殊的内部结构与丰富的层次关系。

广州先锋社区微改造项目就是一个值得借鉴的典型案例。广州市先锋社区位于市桥镇中心，自古以来承担着番禺政商中心的城市职能，是千年番禺历史文化的缩影，拥有显赫的宗族聚落文化和丰富的工商贸易文化遗存。21 世纪以来，因番禺积极融入广州主城区发展，向北形成经济、教育、居住集聚区，导致番禺城市重心北移，市桥的功能和空间日渐衰落，成为番禺城市发展的洼地，旧日荣光不再。社区更新以历史文化保护与集体回忆再现为导向，探究不同于一般老旧社区微改造的新路径、新思路。

该项目在规划上尊重原有街区历史风貌，保留传统街巷肌理，根据不同的建筑风格分割成不同的建筑功能组团，在视觉空间上运用了相似性与接近性原则。组团中镶嵌了街头广场绿地，由建筑围合来划分界定空间，使广场空间更具稳定性。在建筑立面表现上，从街区提取传统青、红砖等风貌片段元素，形成街区协调统一的建筑形象，再细分立面尺度，改变原有建筑粗放的立面风格，形成统一的历史风貌街区。

3. 社区更新中的视觉符号与品牌形象构建

在新型社区空间的更新设计中，存在一些符号暗示和联想，这些符号与视觉特征相关。例如，带有边框和内部结构线条的社区符号会引起居民心理感知上的形式感体验，从而使图形的内外部结构更加清晰、明确，并受到遵守规则的消费者群体的青睐。

（1）视觉符号与社区人文景观

视觉符号是一种信息符号，主要用于反映事物不同属性的外观表象；换言之，也是一种可视的外观表征，主要用于表达、记忆、扩展、联想、理解和传达事物的变化和规律。因此，视觉符号是一种具有揭示事物内在意义、表现事物性质、协助人们理解信息、实现信息传播和情感交流等多种功能的物质形态。[141]从符号学的角度来看，具体的文化性质符号分为能指和所指两大类，其中能指是指物质层面的具象符号，包含造型、色彩、材料及工艺；所指则是精神层面的集中体现，包含审美功能、内涵意义、文化价值及使用语境。

品牌文化的符号识别是在信息多形态化、体验性特征较强的背景下产生的视觉形式。“所有文化形式都是符号形式。”正如恩斯特·卡西尔（Ernst Cassirer）所言，通过利用感官刺激和行为体验在各种空间中传递信息，以塑造受众的内心感受和识别认同为主要手段。其中，视觉符号的应用最为广泛，在无形中规范了社会秩序。例如各种交通标志，以指示性的方式引导人们遵守交通规则；在日常生活中，导视系统以文字和图形的形式引导人们正确的走向，提供了一种高效的社会化视觉体验。[142]视觉符号作为一种文化现象存在于不同的历史时期和文化背景下，具有鲜明的时代烙印，在人类社会中扮演着无可替代的角色。

社区人文景观设计同样离不开视觉符号表现（见图 5-28），视觉符号通过外在形式与内在本质的结合，形成人们精神理想的物质体现，未来复合型社区中的公共艺术、公共设施、景观建筑小品、道路景观、导视系统等也会更加强调人文景观、视觉符号的精神引导。

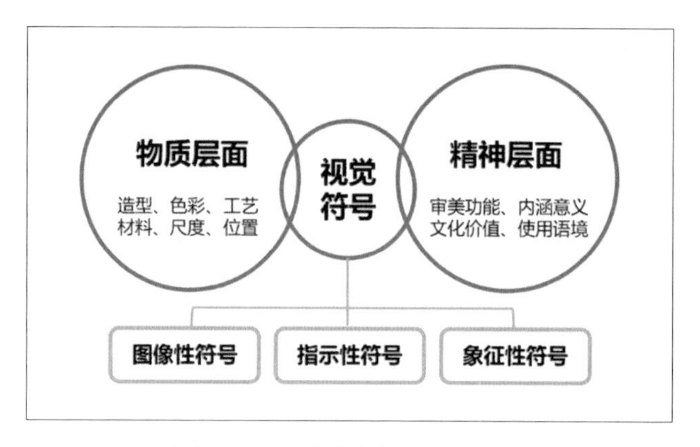

图 5-28　视觉文化符号形式内容

（2）公共设施的视觉文化性对城市品牌的推动作用

城市的品牌形象是由社会公众、投资者以及游客等群体对城市的整体印象和评价所构成的。将集体记忆、标志性形象、情感内核等意向精简为可识别的符号与城市紧密连接，从而使城市产生鲜明的特色，建立影响力标签，是城市精神系统、视觉系统和行为系统等的有机统一体，也是城市理念、城市特征和城市文明的外在体现。当“品牌”融入城市的更新、优化和再生过程中，它不仅是一座城市精神气质凝练的生动展现，更是一座城市独特气质的象征。

公共设施是现代城市文化和城市形态的产物，能够在一定程度上反映城市的文明和文化内涵，体现和展示一个城市的视觉印象。同时，公共设施作为整个城市空间的重要组成部分，需要合理利用城市元素，体现城市品牌文化，形成区域特色。在设计和规划公共设施时，不同位置和功能的设施必须在统一的规划下设计，以保持城市品牌文化的一致性，避免风格冲突。对于不同地区和不同类型的设施，需要以城市文化为核心，增强城市的可识别性，形成统一的风格形象。[143]同时，也要遵循城市品牌文化发展的规律，公共设施设计要不断深化文化元素和设计风格，体现文化的传承和延续。

（3）视觉符号的应用

西承寓景观改造是北京市西城区一处典型的老旧小区公共空间改造项目，设计可利用面积仅 2000 平方米。自 20 世纪 90 年代建成以来，缺乏规划的自发生长使得该小区内的公共空间存在布局不合理、功能性不足、使用频率低等诸多问题。设计师借助北京市西城区城市更新的政策契机，结合居民多为从事科技金融业的年轻群体的特点，以“缝合”“共享”“交融”“健康”“生态”为目标，为沉寂的空间赋予了新的活力。

设计师在社区的各个角落融入了具有社区归属感的设计符号，入口处的形象文化界面利用穿孔板装饰立面再现了月坛、白塔寺、天宁寺等西城区地标，将文化载体转化为景观墙、景观装置等景观元素，建立起区域文化认同感。由“西承寓”首字母“XCY”构成的专属LOGO，也分布在小区入口、楼栋入口、垃圾分离桶等节点处，从多个角度强调了社区身份。在改造过程中，设计师非常重视当地居住者的身心健康。因此，更新改造区域不仅设置了丰富的体育活动场地，无障碍设施也贯穿整个公共空间。居民可以通过或动或静的互动保持愉悦的社会交往，也能从美丽的园艺花境、共享花园中获得疗愈；即便在夜间，温暖柔和的照明系统也能带来安全和浪漫的出行体验。小区里完善的设施设备、明媚的暖黄色调以及亲近的邻里关系，都能有效缓解负面情绪。

西承寓社区的设计与实践，延续了景观对人居环境和生态科技融合的持续思考，意在通过环境提升和设计居民需要的空间和活动及科普场景来影响居民对社区空间的使用模式和印象，增加参与度、营造归属感，培养居民对公共环境的责任感，形成邻里和睦、互帮互助的精神，使其自发参与小区的运营和管理，建立长效治理机制。同时，在大力推动城市更新工作的背景下，也期待西承寓的经验为老旧小区户外空间改造提供更多思路和可借鉴经验。

有“中国最美微庭院”之称的白云庭院Cloud in Gutter项目是上海北外滩街道委托社区规划师俞挺及其团队Wutopia Lab设计的。社区庭院占地面积为380平方米，场地内有一个大型公共绿地以及三个小型的私人绿地。尽管当地居民努力维持该片区的人居环境品质，但在历时100多年之后，总体环境不免显得有些破败，功能上也存在道路通行和庭院绿植状况不佳的现象。政府希望通过城市微更新的方式先改造公共空间，从而提高社区居民的生活品质，使老旧小区焕发新生。设计师使用“白云”和“山”两种视觉符号，采用一组不同厚度和透明度材质的结构装置，如晾衣架、置物架、凉亭等交错在新建的公共绿地中，且用于公共空间休憩之用的亭子的“云朵”屋盖轮廓线和绿化相得益彰（见图5-29、图5-30），整体视觉上，社区犹如白云笼罩下的仙山背后的秘境。

项目设计在视觉造型上，通过形状的隐喻表现出视觉象征。白云庭院通过视觉符号，让居民们加深了对长阳路138弄的独特记忆，建立起一种新的身份认同，从而提升居民的自豪感和优越感。虽然该项目在施工的过程中遇到重重困难，如在开始搭建云亭、晾衣架、围栏阶段，整个形象并没有完整清晰地表达出来，居民们无法理解在做什么，他们觉得亭子遮挡了自己的窗，觉得晾衣架和围栏摆放混乱，也有不喜欢植物的居民不容许在自家门前种树。然而经过街道、居委会、居民、设计方和施工队多次协商、耐心调整，取得居民的理解后得以继续施工。当白云庭院完整地呈现在居民面前，通过符号创造出的真实情境居民直白地阅读出庭院的故事和象征意义，并在心理上形成认同感。事实证明，符号可以帮助我们更好地建立沟通。

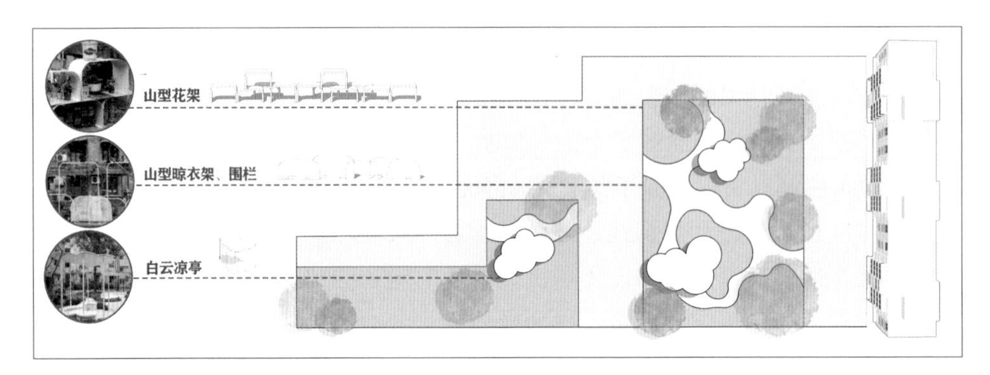

图 5-29　上海“白云庭院”平面图

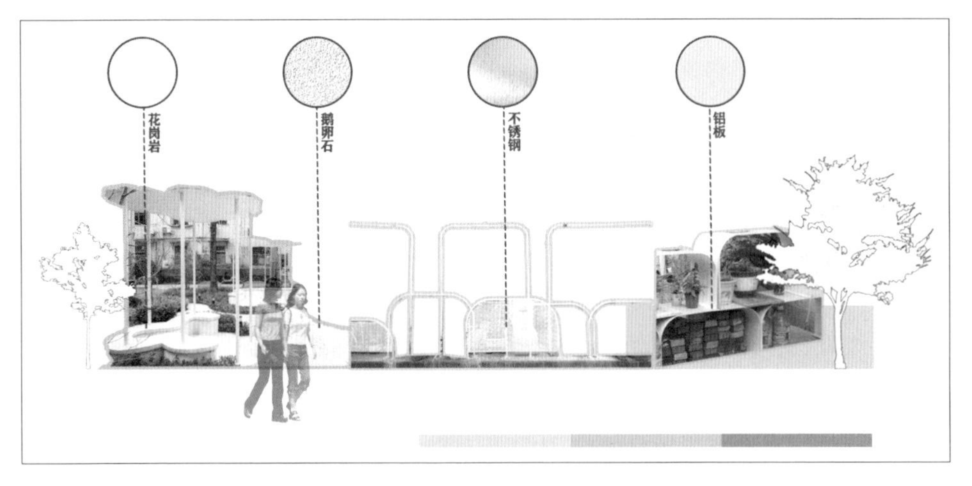

图 5-30　上海“白云庭院”公共设施示意图

（4）浙江省建德市洋安未来社区项目解读

浙江省建德市洋安未来社区位于建德市洋溪街道洋安新城腹地，是杭州市2008年确定建设的20座新城之一。洋安未来社区围绕未来社区建设标准，从居民实际需求出发，聚焦党建统领、一老一小、数智赋能、文化塑造四个方面，全域打造未来社区，是建德“东扩、南拓、西进、中优”发展战略主战场。

该项目通过对文化主题再凝练，结合多样人群聚居的社区人口特征，创新性总结提炼出具有建德辨识度的“和”文化（见图5-31），打造洋安社区“AND U”主题概念，连接社区中每一位居民的你（YOU），“YOU=U”，“洋安AND U，未来社区”，形成特色鲜明的口号：和你一起创未来。建立共同认知，拉近邻里距离，着力打造睦邻友好的活力社区。还设计出社区独有的吉祥物IP形象“洋洋安安”（见图5-32），安安代表洋安形象，洋洋代表洋安的每个居民。文化IP色彩以柠檬黄和天空蓝为主，融合了地域特色，蓝色由水而来，代表着新安江；黄色由多民族融合而来，象征着和谐与温馨，整体对外展现洋安和你的“和”文化。

图5-31 “AND U”主体概念生成

图5-32 社区文化IP吉祥物形象（左为安安，右为洋洋）

洋安未来社区基于主题概念，结合洋安以桥为链接的特点设计了统一的标识标牌、视觉导引系统等设施。通过梳理社区公共空间，以邻里中心为核心，开拓重点面向全年龄段的社区室内外交流空间（如桥下空间），有目的、系统地组织居民自发性形成社群体系，开展多元化、多姿多彩的共享公共生活，增进邻里交流，充分丰富洋安“和”文化新时代内容。在居民互动方面，依托洋安特色文化空间载体，号召社区社群组织活动，并通过“洋安E未来”小程序线上平台，建立起线上的洋安生活云服务平台及动态收集、反馈和响应机制，不断丰富居民线上线下生活体验，营造邻里生活新形态，打造全方位的洋安幸福生活（图5-33）。

图5-33　洋安社区标识牌

复合社区空间微更新的意义不仅仅是创造一个美好的场景，更多的是通过点点滴滴地用心改造，营造一个能够解决实际问题、创造叙事空间、营造社区友爱氛围的空间场地，最终达到激活社区甚至城市活力的更新目标。视觉符号的营造价值在于通过清楚而明确的信息传达出社区的精神内涵，从而激发居民的居住感和交往的活动力，以便于更好地共同参与到社区的治理与维护中。居住区更新中视觉设计的意义并不局限于艺术审美价值，而是通过艺术化的建筑立面、社区空间、公共设施等实际的载体，让居民们体验到高品质的生活环境以及家的温暖。

四 以“社区共同体构建”为目标推进老旧小区复合性更新

城市更新背景下复合型社区空间更新与再生是一个庞大且复杂的社会性行动，需要结合生态学、文化学、社会学、技术美学等视角从转型与更新、需求牵引、公共营建、本土化设计、科技与美学等层级进行分析，并在该过程中，充分重视提炼城市美学和人居环境规划相关设计实践、理论与方法，同时跳脱传统物质更新的层面，将“技术美学”植入未来社区空间结构研究层面，探讨“科学”和“环境”的立体化构建，为城市公共空间、传统街区及社区空间的更新改造从单纯的物质层面改造走向更为定量化、更为有效的城市空间艺术设计提供技术支持。在本书撰写过程中，笔者对浙江省内不同县市的老旧小区进行调查研究，并以典型社区更新为案例进行设计改造探索，从而精细化评析不同时期、不同区域环境中城市老旧小区人居环境设计的差异化问题，提出解决方案，为未来城市可持续发展、绿色韧性社区的研究提供一定的理论研究基础。

根据浙江省大湾区、大花园、大通道、大都市区建设行动计划要求，浙江省未来社区项目至今已进入全面推进阶段，全省各地区都在积极响应。如2020年1月的《高质量推进杭州市未来社区试点项目建设的实施意见》中就提到：2020年起，我们要进入复制推广阶段，以未来社区建设理念示范引领“棚改旧改”和新建小区建设。就目前老旧小区的更新情况而言，关注点往往在于对居住区建筑本体拆改、空间环境物质层面的基础更新，对其社会学、文化学、经济学层面的协同研究仍属空白。从现实的角度来看，大拆大建显然不符合生态可持续的发展理念，与浙江“生态省”的发展理念有所背离，同时尚存土地有限等现实问题，未来社区发展与推广仍面临严峻挑战。而老旧居住区的形成有其特殊性，尽管其内外部空间存在诸多问题，但生活气息浓郁，因此，对其的更新改造有较大的弹性和可干预空间，应该作为未来社区模式推广的第一步。

目前，浙江省未来社区项目已进入复制推广阶段，以未来社区建设理念示范引领“棚改旧改”和新小区建设。就杭州市而言，提出把城市作为“有机体”“生命体”，在老旧小区更新方面提出了很多创新理念和方法，走在全国新型城市化建设的前列。虽然成效显著，但目前全省范围内未来社区建设仍面临存量土地少、更新模式推广复制难等严峻挑战。老旧小区的更新是未来社区建设中的重要一环，必须率先完成从单一居住模式向多维化、生态化、复合化的转型。综上，复合型社区空间更新与再生应通过社会学、经济学、文化学、生态学的多维度思考，将更新改造上升到复合空间的“适应性改造”、社区共享空间的“活力营造”、公共空间的“地方文化资本激活”、“科学”与“设计”的优化组合等复合性、科学化的高阶层面。

（一）老旧小区有机更新是未来社区构建的重要模式

老旧小区更新是未来社区构建中的基础环节。《浙江省未来社区建设试点工作方案》等明确指出，应在未来居住社区项目中引入“服务+共享+体验”的设计理念，积极打造具有人文关怀、可以共享空间景观及服务设施的人性化社区。在杭州市的社区更新中已经对老旧小区改造展开研究，探讨如何在全新的模式下将规划路径与居民共享相结合，让老旧小区的住户体验不再止于简单地住，而应重视人在社会、精神、物质、生理、心理上的需求。这种更新改造对于创建人与自然和谐共生的未来社区模式具有重要的现实意义。

目前我省的“未来社区”构建工作已经逐步展开，老旧小区的更新成效显著，但是如何以老旧小区更新为着力点推进“未来社区”建设还是一个有待深入探讨的问题。结合多地的走访及调研，发现老旧小区更新现状与既定目标间还存在部分差距，具体表现为以下几点。

第一，相对缺乏生态、社会、文化的多元化构建。“未来社区”本身融合了多学科概念，构建过程中需要进行生态学、社会学、规划学以及人文历史学等多学科研究。而从生态学角度看，老旧小区普遍居住人口众多，建筑密度较高且容积率较高；公共绿化较少，开放空间少，绿化率较低，容易产生生态绿地系统欠缺、交通拥堵等问题，导致公共服务设施缺乏、空间僵化、机动车非机动车随意停放等复杂的环境问题，空间场所的各项功能有待完善。如浙江省杭州市下城区的竹竿巷社区容积率为1.7，景昙社区容积率为2.5，拱墅区的渡驾新村容积率为1.8；绿化率均值约为30%，因此该类小区会产生绿地生态系统欠缺、交通系统拥堵、车辆停放随意等不容忽视的环境问题，空间场所功能有待提升提质。另外，从未来社区的建设指标来看，它实际上是城市共同体的概念，在调研中发现很多老旧小区更新过程中对“在地方风貌基底与城市肌理，建立完整风貌控制体系”方面并不注重，例如紧邻京杭大运河的杭州市拱墅区渡驾新村，其人居环境整体较为简陋，公共设施设计系统化不够，在文脉传承上未能引起重视，导致该区域特色欠缺、城市记忆不深刻等问题产生，与杭州通过“城市有机更新”弘扬“城市美学”、彰显城市特色的理念相悖。因此，老旧小区的更新应当继承和发展城市的生命特征，融合生态、社会、文化等多元因素，真正推进未来社区的构建。

第二，社区活力缺乏，居住隔离问题突出。从社会学角度看，在城市化的快速演进中，杭州市不同片区的功能空间布局也相应发生变化，新小区拔地而起，新旧居住区交错并置，出现居住区内部不同人群、同一片区不同小区之间的居住隔离现象。目前部分老旧小区的改造主要倾向于物质基础建设，对社区中以人际关系为主体的社交网络的保护不够重视，忽略了社区中公共空间系统对居民生活交往的重要纽带作用，因此导致部分居住区隔离问题突出、社区活力缺乏，这也是其他地区老旧小区改造中普遍存在的问题。

第三，城市文化风貌特色缺失，设计趋同化现象尚存。老旧居住区作为最具典型的城市历史风貌风格和文化特色的空间区域之一，体现了社会生活的地域性和人际交往的多样性，作为历史的持续和留存，它能够反映当地居民的生活品质、居住状态，并在发展过程中反映一个城市的历史和文脉变迁。然而，从目前我省不同区域的老旧居住区现状风貌来看，地域特色欠缺，城市记忆不深刻，公共景观节点及标志性建筑尚少。

第四，需同步植入现代科技与科学分析方法。在大数据时代，我们的城市设计已不同于以往仅依赖于设计师自身的直觉和经验的传统空间营造，而应不断更新研究方法与手段，结合城市形态学、空间句法等数据化软件进行数据定量化、科学化的理性分析，为未来社区构建提供参数与依据。随着《国家新型城镇化规划（2014—2020 年）》的提出，城市规划也越来越重视泛智慧城市技术在城市发展运行过程中的作用，进而引导未来技术发展与城市规划设计、建设和治理的协调关系，达到对已有的城市理论进行完善或提出全新理论的目标，为城市发展政策编制提供参考依据。“大数据”“泛智慧城市技术”在社区中的推广与创新运用是浙江省未来社区“数字化”建设的重要组成部分。从我省目前老旧小区的更新改造来看，可以发现部分地区更新方法与路径仍较为陈旧，科技层级的提升不明显，这与浙江省提出的“创新动能强，科技惠及民生”的口号以及各地区如杭州市提出的打造“智能化城市”的理念未能同步。因此，在如何构建适应民生的复合型空间环境方面的实质性提升以及未来社区推广复制的科学路径及策略研究需在后续多加重视。围绕我省新型城市化建设中长期积累的结构性、素质性问题，更需要使用大数据、“泛智慧城市技术”等数字化手段，从方法与策略上集中研究未来社区的可持续推广模式，探讨复合型社区的营造思路及实践路径。

第五，部分城市改造亟须适应性的规划和设计指导。城市化的快速演进导致“城中村”“居住隔离”等问题日益严重，如果缺乏有效规划，必然导致城市中不同片区、新旧社区之间的人居环境存在差距。老城区新旧居住区交错并置、居住区内部不同人群、同一片区不同小区之间的居住隔离现象对未来社区的构建有一定的局限。当下，浙江省对于未来社区的探索与研究已取得阶段性成果，未来的城市规划在关乎民生的城市建设方面依然任重道远。目前，已有杭州市上城区始版桥社区、台州路桥凤栖未来社区、台州椒江心海社区文化公园等试点，均属于新建工程或大中型拆迁工程项目，为各地全力打造的重大民生工程，对整个城市风貌的改善效果较为显著。后续，应该基于现状做创新管理，在“老旧小区的更新改造”中以“未来社区”的构建为参照目标，做好适应需求的规划与设计。

（二）老旧小区复合化更新对策与建议

笔者基于“城市双修”的理念，本着“宏观层面总体把控、中观层面系统梳理、微观层面细化落实”的思路绘制较为系统的“老旧小区更新工作框架图”，明确提出老旧小区、复合型社区空间更新与再生需要面对的问题，并由点到面地对现存问题进行思考，细化分解从开展调研至规划实施各阶段工作，为居住区可持续发展提供有效的创新工作框架，为后续的提升工作提供一定的参考（见图 5-34）。具体的工作框架可以细化为以下几部分。

①开展调查评估：根据未来社区构建的衍生内涵，从“社会学”“文化学”“生态学”多个角度展开实地调研，并对社区活力、地域文化、社区生态系统等现存问题进行分析，总结人们对于居住区的实际需求，并细化老旧小区工作的重点识别区域，以便进行后续工作的落实与对接。

②项目指导措施：在宏观层面，对于老旧小区的更新，各级政府部门应当从“区域发展空间”“社区公共空间”以及“立体化复合性空间”的大社区概念出发，本着“完善公共服务、健全生态格局、延续文化发展”的老旧小区更新理念，结合“智慧社区”的技术路径进行项目实践落地指导，最终达到从“老旧小区改造”到“老旧小区复兴”以及“老旧社区再生”的更新目标。

③更新路径探索：针对当下未来社区复制推广难的问题，我们提出“更新技术路径”精准化与“更新方法路径”落地化“两化”结合的思路，从个性与共性的角度探讨更新模式，以达到“科学”与“环境”立体化重构的目标。

④项目细化落实：在明确老旧社区复合化更新的目标和路径的前提下，结合“城市双修”的理念，将改造分为如社区口袋公园、传统街巷空间、城市绿地系统等“生态修复”工作区域提升改造，以及社区基础服务设施、建筑形态、城市色彩等“城市修补”工作区域改造，通过区域的细化来进一步明确细节落实更新路径。

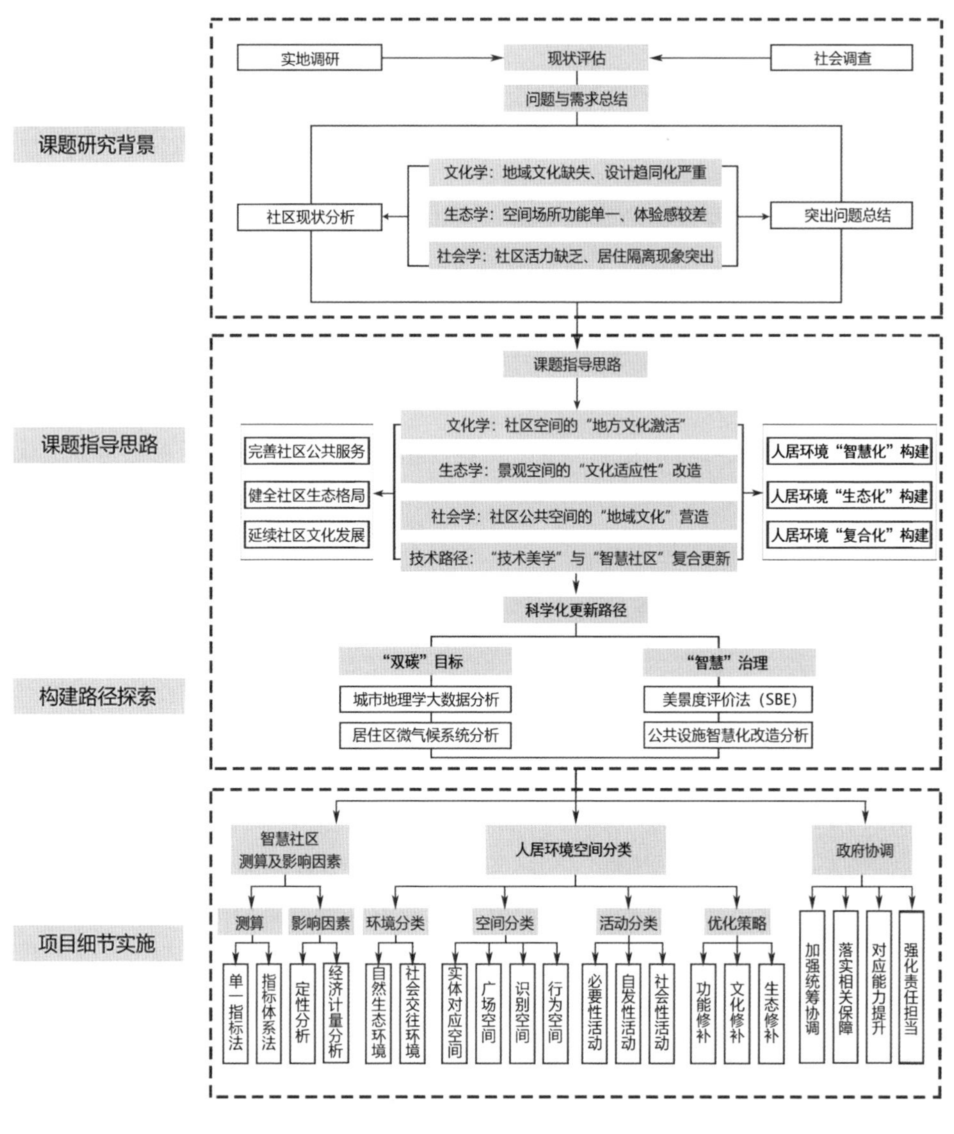

图 5-34 老旧小区更新工作框架

（三）复合化更新路径研究

1. “科学”与“环境”立体化重构的精准更新路径

（1）利用城市形态学、空间句法等数据化软件进行数据定量分析

根据国内外相关的研究成果和后疫情时代的环境现状，当前城市社区中生态可持续的空间规划发展已经成为一个复合性趋势。调研中发现，更新路径单一等问题在浙江省老旧小区中是较为普遍的共性问题。深入解读未来社区“数字化”的构建理念，我们发现科学、数字化的规划、设计、征迁、运营、维护管理是提升项目建设质量和效率的关键，这些理念应当同步植入老旧小区更新过程中，以进一步丰富生态空间营造在规划设计与运维建设过程中遇到共通性与特异性问题时的相应策略。

基于此，笔者在调研的基础上将空间句法（Space Syntax）等一系列定量的城市形态分析工具与未来社区规划设计理论相结合，对浙江省老旧居住区空间活力的形态进行分析，以便在居住区更新设计的多个阶段有针对性地对空间活力营造进行量化分析。

针对老旧小区的问题分析，我们应在更新改造中使用实验设计方法：将形态学的定性传统理论和新的定量方法（空间句法、空间矩阵和混合功能指标）相结合，使用GIS实现对于居住区空间活力的城市形态特征进行分析，并通过居民的选择性活动强度加以验证。

首先，我们利用空间句法对老旧小区的交通系统进行空间连接关系的抽象及组构分析，可以通过数据图像在一定程度上反映居住区的交通可达性；其次，通过空间矩阵（Spacematrix）基于容积率、建设强度和层高等数据分析，可以高效界定居住区的空间形态布局，即通过分析居民活动强度来界定该小区的空间形态特征；最后，基于混合功能指标（MXI: Mixed-use Index）计算，我们可以通过地块中居住、公共空间（工作）、基础设施这三种主要功能的建筑面积比值来界定居住区功能混合度的高低。[32]

通过对居住区所处地块的空间句法、空间矩阵和混合功能指标三种方法的数据化分析，可以分别实现对于老旧居住区居民居住空间的可达性、地块建设强度与建筑形态、地块功能混合情况的分析表述，并在此基础上根据人群活跃度等要素的数据化、科学性地分析标明设计改造的节点，对该小区空间形态如居住区交通、建筑高度、公共景观节点、公共活动空间布局进行更新设计研究，并以此类推到不同区域老旧居住区更新设计的基础数据收集工作。

（2）“科学数据”和“环境更新”一体化协同再生的路径探索

后疫情时代，我们应当对人居环境进行深刻的反思。通过对浙江省老旧小区的空间秩序、社会结构、环境整治等问题剖析，未来社区改造中可使用“居住区微气候系统”，将居住区微气候的因子纳入数据分析，从居住区空间形态和居住区更新设计等多角度综合考虑浙江省老旧居住区有机更新设计的复合化路径。老旧居住区改造中多种形式的“科学数据”和“环境更新”一体化协同再生方式及路径，能够真正利用智能化手段实现未来社区的提升改造，创造出比单一功能的社区更大的吸引力和辐射力，在后疫情时代切实提高浙江省人民的生活质量。这样的更新改造是基于科学数据论证对需要改造的区域进行“科学”和“环境”的立体化重构，对老旧小区更新及未来社区构建都具有重要的参考借鉴作用，也有望推动浙江省人居环境的科学发展。

2.“标准化区域渐进式改造”与“个性化空间有机更新”结合的提升改造对策

综合社会学、生态学、经济学等角度，利用“存量土地再利用”去改造已成型的老旧小区难度必定大于新建小区，更需要基于现状做科学分析。笔者在深入研究浙江省老旧小区人居环境现状的基础上，对老旧居住区的公共空间环境做系统分类，创新性地提出“标准化区域渐进式改造”与“个性化空间有机更新”相结合的“两化”更新思路，在更新改造过程中同步协调老旧小区的共性与个性需求。

①“标准化区域渐进式改造”。居住区作为一个系统规划设计的公共空间，必定存在设计上的共性问题。以杭州市上城区南班巷社区、下城区的竹竿巷社区为例，经调研其建筑外立面、室外机箱、雨棚、窨井盖等改造均可以根据该片区的实际情况制定相应的更新设计标准；而这些改造与该片区同一时期的老旧小区多具有共性标准，因此可以依此类推到其他老旧小区的改造过程中。这也与浙江省杭州市提出的在2021年前，按梯次培育的要求，总结经典案例，形成可复制推广的经验做法，从2022年起，以未来社区建设理念示范引领“棚改旧改”，确保杭州市未来社区的创建数量、成效走在全省前列的思路不谋而合。

基于老旧小区的共性问题，我们提出“标准化区域渐进式改造”的理念，拟从现有可见空间需要修复修补的小处着手，比如老旧居住区建筑立面的改造、道路系统、绿化系统、基础设施配套完善等进行标准化、系统性更新改造，最大限度地节约人力、物力和财力；并通过“标准化人居景观环境整治渐进式改造”达到创新机制、长效管理的改造管理方案；构建“一次改造、长期保持”的系统性管理机制。

②“个性化空间环境有机更新”。老旧小区通过生态修复和修补来达到空间的再生与复苏，是需要针对特定区域进行的个性化行为，改造中需要对城市、社区、街道的发展历史和现状进行重新审视，分析空间环境的历史变迁与居住差异，从而理性、慎重地选择更新方式。因此，针对不同居住区的景观节点、基础设施、公共空间更新，我们提出“个性化空间有机更新”的理念，按照“保基础、促提升、拓空间、增设施”要求，优化小区内部及周边区域的空间资源利用，明确个性化空间改造内容和基本要求，强化设计引领，做到“一小区一方案”。比如对于杭州市拱墅区渡驾新村等老旧小区的专项改造，可针对该小区居民参与度低、归属感弱、社区营造缺乏等“社会”现象，考虑该小区的空间布局、居住人群、社会需求等差异因素，进行居住区交往景观节点、公共设施多功能化等有计划、针对性的“定制型”拓展设计。

“个性化空间环境有机更新”具有重要的实践意义。在确保居住小区的基础功能、拓展公共空间和配套服务的同时，能够活化老旧社区空间感受和居住体验的生活空间，延续交往紧密的邻里空间；同时可以分阶段、有重点地对待每一个居住区的更新改造，为“城市更新”工作预留反思的时间和空间，以便最终形成一个具有说服力的理论分析和实践路径，从而达到“个性与共性”高效平衡，实现老旧小区“未来化”的多维度发展。

（四）结语

“复合型社区”是在生态社区基础上的延伸，从本质上来说，复合型社区是以居民广泛互动与社区可持续化运营发展为目标，以推进低碳化的绿色生态交往空间为载体，新一代复合多元的居住社区模式。随着旧城中心区的迭代更新，传统城市社区正在经历单一居住模式向未来社区多元化转变的过程，“大数据”“泛智慧城市技术”在社区中的推广与创新运用是浙江省未来社区“数字化”建设的重要组成部分。在当下的未来社区建设中，科技创新多运用于居住区的建筑设计，在未来社区的复合型空间环境构建、未来社区推广复制路径等方面的策略研究尚少，相对缺乏落地性的指导措施。老旧小区的人居环境改造作为未来社区构建的关键部分，是一个可持续再生和活化的过程，能够在改善居民生活条件、美化城市环境、呈现城市发展脉络等方面作综合提升，在更新改造的过程中应综合社会学、文化学、经济学、生态学、人类学等多学科理论和理念，对社区内外部空间区域进行调整、重构、优化和整合，并综合考虑社会经济效益的多层级转化。在构建“复合型社区”的前提下，以完善城市服务、健全生态格局、彰显文化底蕴的目标进行老旧小区与未来社区的同步提升，创造居住区面向未来的能力，发展可持续性强的未来社区，实现居住区的再生和活化。

从国家提出的基于地方风貌基底与城市肌理，建立完整风貌控制体系以及浙江省住房和城乡建设厅印发的《关于开展城市更新省级试点工作的通知》，可见老旧居住区人居环境更新不是一个新建社区的概念，而是城市共同体的概念。将城市更新的理念融入老旧小区的改造中，通过分析不同社区的人口情况、建筑风貌、周边环境、基础设施等条件，有利于精准定位老旧居住片区的改造策略。老旧小区复合化构建是未来城市发展的重要趋势，也是政府战略部署的重要内容，其内涵体现了社会学、文化学、生态学以及现代科技等多学科的交叉共融。因此，在城市更新过程中我们不应当仅仅局限于拆旧重建层面，而应该将“社会、经济、环境及区域在地化发展”的大空间构建理念推广到老城区居住空间的综合治理当中，在落实高水平推进城市更新和空间发展格局的同时满足人民群众对高品质生活的追求和向往，为老旧社区改造提供新思路、新方法，积极探索复合型社区空间更新与再生的新路径。

参考文献

[1] 吴良镛.从“有机更新”走向新的“有机秩序”——北京旧城居住区整治途径（二）[J].建筑学报, 1991(2): 7–13.

[2] 汪平西.城市旧居住区更新的综合评价与规划路径研究[D].南京：东南大学, 2019.

[3] 刘伯霞, 刘杰, 程婷等.国外城市更新理论与实践对我国的启示[J].城乡建设, 2022(6): 45–48.

[4] 刘锋.英国城市更新经验及对我国的启示[J].建筑经济, 2018, 39(8): 94–96.

[5] 舟山市住房和城乡建设局.城市更新：日本东京的经验与启示[J].城市开发, 2021(17): 18–21.

[6] 吴左宾, 李虹, 张雯, 等.城市双修视野下乌兰浩特老城区街道体系优化策略[J].规划师, 2018, 34(05): 53–59.

[7] 黄经南, 杨石琳, 周亚伦.新加坡组屋定期维修翻新机制对我国老旧社区改造的启示[J].上海城市规划, 2021(6): 120–125.

[8] 张京祥, 胡毅, 赵晨.住房制度变迁驱动下的中国城市住区空间演化[J].上海城市规划, 2013(5): 69–75, 80.

[9] 张兴.谋求城市保护与现代发展共赢之路——英国城市更新实践经验与借鉴意义[J].现代城市研究, 2021(12): 56–60.

[10] 张富强.完善中国住房保障法律制度的几点思考——以美国经验为借鉴[J].华南师范大学学报(社会科学版), 2014(6): 121–128, 163–164.

[11] 孙胜举.城市修补视角下的我国旧城更新模式研究[D].哈尔滨：哈尔滨工业大学, 2019.

[12] 刘武君, 刘强.日本的城市规划规制——日本城市规划法研究(之三)[J].国外城市规划, 1993(4): 42–50.

[13] 陈俊颐, 边文赫.新时代城市更新理论与方法研究[J].城市建筑空间, 2023, 30(3): 73–75.

[14] 任荣荣.新加坡城市更新的阶段性特点及启示[J].中国经贸导刊, 2020(24): 64–67.

[15] 王东凯.深圳城市更新政策实施与完善研究[D].山东：山东财经大学, 2018.

[16] 吴良镛.桂林的城市模式与保护对象[J].城市规划, 1988(5): 3–8.

[17] 吴明伟, 阳建强.城市现代化国际化与旧城更新改造[J].现代城市研究, 1995(2): 9–12, 17.

[18] 方可.当代北京旧城更新[M].北京：中国建筑工业出版社, 2000.

[19] 陈眉舞.中国城市居住区更新：问题综述与未来策略[J].城市问题, 2002(4): 43–47.

[20] 郭湘闽.土地再开发机制约束下的旧城复兴困境透视[C]//中国城市规划学会.规划 50 年——2006 中国城市规划年会论文集（中册）.北京：中国建筑工业出版社, 2006: 11.

[21] 张杰, 庞骏.旧城更新模式的博弈与创新——兼论大规模激进与小规模渐进更新模式[J].规划师, 2009, 25(5): 73–77.

[22] 张晓.城市更新的社会可持续性评价指标体系探索[C]//中国城市规划学会.城市时代, 协同规划——2013 中国城市规划年会论文集（11-文化遗产保护与城市更新）, 2013: 8.

[23] 丁魁礼，吴晓燕. 城市更新的政策宣传方式及其功能研究——以深圳、上海、广州和佛山四市为例[J]. 复旦城市治理评论，2021(1): 195–209.

[24] 王英. 从大规模拆除重建，到小规模渐进式更新——北京丰盛街坊更新改造规划研究[J]. 建筑学报，1998(8): 47–52, 79.

[25] 韩昊英. 基于RS和GIS技术的北京旧城传统街区数量分析[J]. 北京规划建设，2005(4): 25–28.

[26] 黄士正. 北京旧城的功能区建设评价[J]. 城市问题，2007(11): 29–34.

[27] 乔林凰，杨永春，向发敏，等.1990 年以来兰州市的城市空间扩展研究[J]. 人文地理，2008(3): 59–63, 96.

[28] 王萌，李燕，张文新，等. 基于DEA方法的城市更新绩效评价——以北京市原西城区为例[J]. 城市发展研究，2011, 18(10): 90–96.

[29] 邓堪强. 城市更新不同模式的可持续性评价[D]. 武汉：华中科技大学，2012.

[30] 曹艳. 广州城市更新对服务业发展的影响研究[D]. 广州：暨南大学，2012.

[31] 王静，马辉. 旧城住区改造中公众参与有效性评价指标体系研究[J]. 工程经济，2017, 27(2): 66–70.

[32] 叶宇，庄宇，张灵珠，等. 城市设计中活力营造的形态学探究——基于城市空间形态特征量化分析与居民活动检验[J]. 国际城市规划，2016, 31(1): 26–33.

[33] 李锦生，石晓冬，阳建强，等. 城市更新策略与实施工具[J]. 城市规划，2022, 46(3): 22–28.

[34] 张晓伟. 北京启动低碳社区试点建设[J]. 建筑节能，2014, 42(9): 80.

[35] 孙景芝，沈宏，田荣. 城市更新发展研究及绿色低碳理念对燕郊城市更新的启示[J]. 现代园艺，2022, 45(22): 167–169, 172.

[36] 张京祥，顾朝林，黄春晓. 城市规划的社会学思维[J]. 规划师，2000(4): 98–103.

[37] 赵玉宗，顾朝林，李东和，等. 旅游绅士化：概念、类型与机制[J]. 旅游学刊，2006(11): 70–74.

[38] 朱锡平，陈英. 我国旧城更新改造中的产权问题研究[J]. 当代经济科学，2009, 31(3): 101–105, 127.

[39] 孙施文，周宇. 上海田子坊地区更新机制研究[J]. 城市规划学刊，2015(1): 39–45.

[40] 彭小兵，巩辉，田亭. 社会组织在化解城市拆迁矛盾中的作用研究——基于利益博弈的架构[J]. 城市发展研究，2010, 17(4): 69–77.

[41] 郭湘闽. 土地再开发机制约束下的旧城复兴困境透视[C]// 中国城市规划学会. 规划 50 年——2006 中国城市规划年会论文集（中册）. 北京：中国建筑工业出版社，2006: 11.

[42] 姜冬冬. 基于计量经济模型的城市更新与现代服务业发展关系研究[J]. 上海工程技术大学学报，2015, 29(2): 157–162.

[43] 孙施文. 基于城市建设状况的总体规划实施评价及其方法[J]. 城市规划学刊，2015(3): 9–14.

[44] 拜荔州. 基于“城市双修”理念的安康东关片区更新规划策略研究[D]. 西安：长安大学，2018.

[45] 周杨一. 城市更新视角下旧城改造效益评价研究[D]. 南昌：江西师范大学，2018.

[46] 王世福，易智康. 以制度创新引领城市更新[J]. 城市规划，2021, 45(4): 41–47, 83.

[47] 杜春兰，柴彦威，张天新，等. “邻里”视角下单位大院与居住小区的空间比较[J]. 城市发展研究，2012, 19(5): 88–94.

[48] 肖寒.城市社区的适宜规模研究——以南宁市为例[J].低碳世界,2016(31):233-235.

[49] 巩磊,朱燕辉,刘宇婷.城市人居环境的人文生态复兴[J].城市住宅,2019,26(9):71-75.

[50] 楚天舒.旧住区的分类更新体系与更新策略机制研究——常州市中心城区社区更新实践[C]//中国城市规划学会,成都市人民政府.面向高质量发展的空间治理——2021中国城市规划年会论文集(02城市更新).北京:中国建筑工业出版社,2021:295-305.

[51] Hillery G A.Definitions of community: Areas of agreement[J].Rural Sociology, 1955(20): 111-123.

[52] 郑杭生.社会学概论新修(第五版)[M].北京:中国人民大学出版社,2019.

[53] 钱征寒,牛慧恩.社区规划——理论、实践及其在我国的推广建议[J].城市规划学刊,2007(4):74-78.

[54] 向德平,华汛子.中国社区建设的历程、演进与展望[J].中共中央党校(国家行政学院)学报,2019,23(3):106-113.

[55] 杨敏.中国社会转型过程中社区意涵之探讨[J].武汉大学学报(哲学社会科学版),2006(6):878-882.

[56] 杨潇,郑玉梁,姚南,等.城市治理体系中的社区发展治理规划实践探索——以成都市为例[J].城乡规划,2022(3):119-126.

[57] 洪亮平,赵茜.走向社区发展的旧城更新规划——美日旧城更新政策及其对中国的启示[J].城市发展研究,2013,20(3):21-24,28.

[58] 吴晓林,郝丽娜."社区复兴运动"以来国外社区治理研究的理论考察[J].政治学研究,2015(1):47-58.

[59] 谢守红,谢双喜.国外城市社区管理模式的比较与借鉴[J].社会科学家,2004(1):47-50.

[60] 赵民,栾峰.城市总体发展概念规划研究刍论[J].城市规划汇刊,2003(1):1-6,95.

[61] 顾大治,蔚丹.城市更新视角下的社区规划建设——国外街区制的实践与启示[J].现代城市研究,2017(8):121-129.

[62] 吴晓林,李一.全球视野下的社区发展模式比较[J].行政论坛,2021,28(5):128-137.

[63] 夏学銮.中国社区发展的战略和策略[J].唯实,2003(10):69-72.

[64] 杨敏.中国社会转型过程中社区意涵之探讨[J].武汉大学学报(哲学社会科学版),2006(6):878-882.

[65] 王雪婷.社区发展中的规划、建设、治理经验探索[C]//中国城市规划学会,成都市人民政府.面向高质量发展的空间治理——2021中国城市规划年会论文集(02城市更新).北京:中国建筑工业出版社,2021:10.

[66] 孙施文,邓永成.开展具有中国特色的社区规划——以上海市为例[J].城市规划汇刊,2001(6):16-18,51-79.

[67] 徐一大.再论我国城市社区及其发展规划[J].城市规划,2004(12):69-74.

[68] 尹佳佳,沈毅.社区发展规划理念在控制性详细规划中的运用[J].山西建筑,2016,42(28):30-31.

[69] 林小琳.传统社区更新中参与式规划的发展、效用与实践研究[D].厦门:厦门大学,2019.

[70] 徐圣奇，罗吉，潘宜，等．社区资本分异视角下的社区规划师角色判读——以武汉为例[C]//中国城市规划学会，重庆市人民政府．活力城乡 美好人居——2019中国城市规划年会论文集（20住房与社区规划）．北京：中国建筑工业出版社，2019: 10.

[71] 李扬．中国式封闭小区的改革路径浅议[J]．中国住宅设施，2017(1): 58–59.

[72] 李朝阳．西安建国门农贸市场更新改造研究[D]．西安：西安建筑科技大学，2020.

[73] 王国爱，李同升．“新城市主义”与“精明增长”理论进展与评述[J]．规划师，2009, 25(4): 67–71.

[74] 王丹，王士君．美国“新城市主义”与“精明增长”发展观解读[J]．国际城市规划，2007(2): 61–66.

[75] 唐相龙．“精明增长”研究综述[J]．城市问题，2009(8): 98–102.

[76] 唐相龙．”新城市主义”及精明增长之解读[J]．城市问题，2008(1): 87–90.

[77] 亢晶晶．精明增长理论下的城市社区规划研究[D]．武汉：华中科技大学，2008.

[78] 孟永平．基于城市轨道交通引导下的组团城市用地发展模式探索——以厦门市为例[J]．现代城市轨道交通，2019(11): 1–6.

[79] 段进军．西方城市空间扩张与治理理论研究[J]．国外社会科学，2009(2): 47–54.

[80] 陈建华．西方国家郊区新城的起源与演化[J]．上海经济研究，2014(8): 94–101.

[81] 杨雪芹．基于可持续发展的城市设计理论与方法研究[D]．武汉：华中科技大学，2008.

[82] 姜志恒．基于精明增长理念的城市新区规划对策研究[D]．哈尔滨：东北林业大学，2011.

[83] 程茂吉．基于精明增长视角的南京城市增长评价及优化研究[D]．南京：南京师范大学，2012.

[84] 李旭锋．哈尔滨城市空间增长边界设定研究[D]．哈尔滨：哈尔滨工业大学，2010.

[85] 张逸天．精明准则视角下城市近边工业地区更新策略研究——以杭州高新区（滨江区）为例[J]．城市建筑空间，2022, 29(8): 135–137.

[86] 方陈智丽．中国县区级收缩型城镇精明发展类型选择分析[D]．哈尔滨：哈尔滨工业大学，2022.

[87] 张成智，张瑞霞．湖南省县级单元发展导向及差别化政策研究[J]．《规划师》论丛，2021(00): 50–56.

[88] 孟永平．基于城市轨道交通引导下的组团城市用地发展模式探索——以厦门市为例[J]．现代城市轨道交通，2019(11): 1–6.

[89] 张俊杰，叶杰，刘巧珍，等．基于“精明收缩”理论的广州城边村空间规划对策[J]．规划师，2018, 34(7): 77–85.

[90] 郭诗洁，陈锦富．基于特色化的精致城市治理策略——以山东省济宁市为例[C]//中国城市规划学会，东莞市人民政府．持续发展 理性规划——2017中国城市规划年会论文集（12城乡治理与政策研究）．2017: 11.

[91] 郭梅．城市的“精明增长”与城市空间扩展方向分析——以广州市为例[C]//中国地理学会，河南省科学技术协会．中国地理学会2012年学术年会学术论文摘要集．2012: 2.

[92] 李王鸣，潘蓉．精明增长对浙江省城镇空间发展的启示[J]．经济地理，2006(2): 230–232, 240.

[93] 庞赞，曹仪民，俞慧刚.基于“城市双修”视角下的城市更新空间治理——以杭州市为例[J].浙江建筑，2018, 35(2): 9-13, 17.

[94] 顾朝林，宋国臣.城市意象研究及其在城市规划中的应用[J].城市规划，2001(3): 70-73, 77.

[95] 扬·盖尔.交往与空间[M].何人可，译.北京：中国建筑工业出版社，2002.

[96] 胡飞，米江辉.论人工科学、人居环境科学、事理学的同一性[J].包装工程，2021, 42(12): 9, 39-50.

[97] 吴良镛.人居环境科学发展趋势论[J].城市与区域规划研究，2010, 3(3): 1-14.

[98] 中国房地产及住宅研究会人居环境委员会.推进人居环境建设时不我待[J].城市开发，2004(13): 68-69.

[99] 敬博，丁禹元，韩挺.精准性、人本性、传承性：转型期我国历史城区“城市双修”规划的导向探索—以西安老城区为例[J]，现代城市研究，2019(4): 112-120.

[100] 颜会闾，王晖.“城市双修”背景下的哈密市老城区建筑品质适应性提升途径[J]，规划师，2019, 5(35): 53-59.

[101] 朱轶佳，李慧，王伟.城市更新研究的演进特征与趋势[J]，城市问题，2015, 9(242): 30-35.

[102] 周婷婷，熊茵.基于存量空间优化的城市更新路径研究[J]，规划师，2013(29): 36-40.

[103] 黄怡，吴长福，谢振宇.城市更新中地方文化资本的激活—以山东省滕州市接官巷历史街区更新改造规划为例[J]，城市规划学刊，2015, 2(222): 110-118.

[104] 单菁菁，耿亚男，于冰蕾.城市更新视野下的城中村改造：模式比较与路径选择[J].城市，2021(12): 12-24.

[105] 王晓雅.基于文脉保护的城中村改造策略研究[D].西安：西北大学，2020.

[106] 赵美婷，王泳捷，沈珺琳，等.非表征理论视角下的城市再生方式——广州创新创业空间案例[J].世界地理研究，2020, 29(4): 834-844.

[107] 刘星.多感官表达在现代视觉传达设计中的应用研究[J].美与时代(中)，2014(12): 91-92.

[108] 宋明星，魏春雨，李煦.康居示范工程中复合化策略研究：以长沙芙蓉生态新城保障性住房设计为例[J].新建筑，2015(4): 64-67.

[109] 沈丽坤，高翔.定向安置类保障性住房设计浅谈——以金华、义乌地区安置房设计实践为例[J].住宅科技，2023, 43(3): 27-31.

[110] 莫智，邓小鹏，李启明.我国保障性住房与英美可负担住房的比较[J].中国房地产，2010(4): 61-63.

[111] 大伦敦市政府.大伦敦规划[R].英国：伦敦，2021.

[112] 贾宜如，张泽，苗丝雨，等.全球城市的可负担住房政策分析及对上海的启示[J].国际城市规划，2019, 34(2): 70-77.

[113] 李强，张敏清，梁英竹.伦敦保障性租赁住房发展特征研究及对上海的思考[J].上海城市规划，2023, 2(2): 81-86.

[114] 颜会闾，王晖.“城市双修”背景下的哈密市老城区建筑品质适应性提升途径[J].规划师，2019, 35(5): 53-59.

[115] 陈征.经济新常态下老旧小区改造研究[J],大众投资指南,2020(1): 38–40。

[116] 冯云廷.居住隔离、邻里选择与城市社区空间秩序重构[J]. 浙江社会科学. 2018(9): 70–76.

[117] 赵衡宇,胡晓鸣.基于邻里社会资本重构的城市住区空间探讨[J],建筑学报,2009(8): 90–93。

[118] 姜文欣.非保护类历史街区的城市修补对策研究[D].武汉:华中科技大学,2018.

[119] "从空间扩张到内涵发展的规划思考"笔谈会[J]. 城市规划学刊,2016(2): 1–9.

[120] 陈晓悦. 北池子历史街区小规模渐进式微循环改造模式研究[D]. 北京:北京工业大学,2007.

[121] 王姗,王志军.老城公共设施更新方法研究——以柏林Kreuzberg地区为例[J].城市建筑,2020, 17(19): 40–46.

[122] PERKINS D D, LONG D A. Neighborhood sense of community and social capital [M].Nashville: Vanderbilt University, 2002: 291–318.

[123] 齐钊斌.瓜沥七彩社区——未来社区的七彩共享发展之路[J]. 建设科技. 2020(23): 53–57.

[124] 龙瀛.颠覆性技术驱动下的未来人居——来自新城市科学和未来城市等视角[J].建筑学报, 2020(Z1): 34–40.

[125] 黄巍,龙恩深.成都PM2.5与气象条件的关系及城市空间形态的影响[J].中国环境监测,2014, 30(4): 93–99.

[126] 徐丽娟.中国古代都城自然适应性研究[D],重庆:重庆大学,2014: 93–99.

[127] 贾岩.北京经济技术开发区荣华路潮汐车道方案研究[J].城市道桥与防洪,2018(3): 7, 28–30, 42.

[128] 卢懿.基于"未来社区"场景的社区美育价值和实现路径初探[J].美育学刊,2020, 11(3): 37–43.

[129] 林杰,杨青照,田慧峰.始版桥未来社区生态化设计实践[J].建设科技,2020(23): 37–41.

[130] 谢卓亚,刘瑜,戚智勇.发展立体绿化,构筑新型生态住区[J].城市住宅,2020, 27(5): 19–23.

[131] 张蕾.城市社区公共设施系统的设计与思考[J].包装工程,2018, 39(6): 248–251.

[132] 丁凡,乔治,曹文珺.工业社区综合养老模式下的适老化公共空间重构及设施更新[J].包装工程, 2018, 39(16): 167–177.

[133] 方彬,吴靓星.人本视角下未来社区创建路径探讨——以杭州市余杭区为例[J].城市观察, 2021(1): 140–151.

[134] 孟志广.探究CIM技术在未来社区中的应用——以金华山嘴头未来社区为例[J].上海城市管理, 2021, 30(1): 79–84.

[135] 赵国超,虞晓芬,张娟锋.基于Meme理论的未来社区"绿色基因"研究[J].建筑与文化, 2019(11): 43–44.

[136] Anthony, D. Neighborhoods and Urban Development[M]. Washington DC: Brookings Tnstitution Press, 1981: 70–80.

[137] Hamer, Hardt W. Stadterneuerung Rund UMS Schlesische Tor Entw ü rfe Fur Die Schlesische Strasse 1–8[M]. Berlin: Bauausstellung Berlin, 1980.

[138] 王宇浩然.基于视觉认知理论的既有社区外部环境适老化更新策略研究[D].深圳:深圳大学, 2020.

[139] 肯特·C·布鲁姆，查尔斯·W·摩尔. 身体记忆与建筑：建筑设计的基本原则和基本原理[M]. 成朝晖，译. 杭州：中国美术学院出版社，2008.

[140] 崔赫. 基于视知觉图底关系的建筑外立面形式构成研究[D]. 杭州：浙江大学，2011.

[141] 张瑞，靳超. 浅析视觉符号在社区人文景观设计中的应用[J]. 建筑与文化，2018(2): 120-121.

[142] 杨晶晶，沈小华，陆叶，等. 基于城市品牌文化构建的泰州公共设施研究[J]. 包装工程，2016, 37(4): 1-4.

[143] 杜进. 城市品牌形象的识别要素研究[D]. 长沙：中南大学，2008.

后记
Epilogue

近年来，城市更新已成为我国城市发展的重要方式，其核心原则是坚持以人为本，改善人居环境，提升城市的整体品质和公共服务功能。与以往大规模的城市建设项目不同，复合型社区更新与城市发展及居民的切身利益密切相关，涉及社会参与方式转变、历史文化传承机制构建、上下层级诉求沟通等诸多问题，这也决定了以往同质化、大拆大建的更新方式需要我们在后续工作中极力避免。基于此，笔者希望基于理论研究、多学科技术支持等方式，植根于社区更新改造，并在各方的指导和监督下，秉持社会责任感，为更好地落实城市总体规划要求，改善社区生活环境，提高居民生活的幸福指数尽一份绵薄之力。

本书是笔者任教浙江财经大学东方学院期间获得的浙江省哲学社会科学规划课题（课题编号：20NDQN323YB），2022年浙江省级一流课程《专项设计（二）》，浙江财经大学东方学院院级重点课题（课题编号：2023dfyzd004）等项目的资助；课题自发起时便得到了学校、企业、科研机构的关注及支持，书中涉及的当下老旧小区、复合型社区人居环境更新以及未来社区构建方面的讨论及研究是笔者多年以来从事教学科研工作的阶段性成果，记录了笔者一路走来的成长轨迹。

笔者在撰写书籍期间家庭出现重大变故，生活的巨大转变使本人一度情绪崩溃，感谢阅读与研究在此期间带给我的专注与平和，让我在潜心科研的过程中不断地自我调适与沉淀。非常感谢这一路给予我帮助和支持的师长、同仁的鼓励和肯定，特别感谢浙江工业大学设计与建筑学院教授、博士生导师、浙江省建筑学学位点和学科组评议专家朱晓青，浙江省未来社区评审专家、七彩集团首席咨询官、七彩未来社区研究院院长齐钊斌，澳门城市大学创新设计学院助理教授闫宇，中国科学技术大学人文与社会科学学院博士后、美国绿色建筑委员会认证专家李智兴给予的中肯意见和指导；感谢七彩未来社区研究院（社区学院）黄清怡女士、社区咨询事业部王欢女士，浙江城建规划设计院副院长、高级工程师邵卫峰先生，浙江城建规划设计院总师办主任、高级工程师孙国奇先生，浙江大学城乡规划设计研究院设计总监何培峰先生，绿城集团资深设计总监冯豪先生，浙江宝业建筑设计研究院有限公司总建筑师钱钧先生、景观所所长郑光辉先生，浙江鸿翔建筑设计有限公司景观设计师沈雨佳女士，杭州淳美建筑规划设计有限公司总经理唐建新先生及各大规划设计院给予的关注和支持，在此一并感谢，并致以深深的敬意！

最后，诚挚地感谢我的父亲、丈夫和孩子，他们对我始终如一的支持和鼓励是我坚持写作的动力，无论是在我遇到困难时还是在我需要专注写作时，他们总是在我身边给予我无私的关爱和理解。特别感谢已故的母亲，母亲面对生活的平和让我懂得爱是根本亦是包容，让我明白人生真正的幸福不过是灯火阑珊处的温暖和柴米油盐的充实。平平淡淡才是真，愿时光和岁月和平相处！

特别感谢以下规划设计研究院的合作支持

1　七彩集团

研究项目：浙江省杭州市萧山区七彩未来社区项目

浙江省建德市洋安未来社区项目

2　浙江大学城乡规划设计研究院\湖州市南浔区旧馆街道办事处

研究项目：湖州市南浔区旧馆街道城镇有机更新概念规划研究方案

3　绿城乐居建设管理集团有限公司

研究项目：义乌双江湖毛店（二期）二地块项目

4　杭州淳美建筑规划设计有限公司

研究项目：千岛湖镇小区品质提升改造规划方案

5　浙江宝业建筑设计研究院有限公司

研究项目：王马·初心小巷提升美化工程设计

6　浙江鸿翔建筑设计有限公司

研究项目：嘉兴市城南职工集体宿舍改造提升项目

长新公寓片区化综合整治提升改造工程

图书在版编目（CIP）数据

城市更新背景下复合型社区空间更新与再生 / 董睿著. -- 杭州 : 浙江大学出版社, 2024.3
ISBN 978-7-308-25034-4

Ⅰ. ①城… Ⅱ. ①董… Ⅲ. ①社区—城市空间—空间规划—研究 Ⅳ. ①TU984.11

中国国家版本馆CIP数据核字(2024)第104118号

城市更新背景下复合型社区空间更新与再生
董睿　著

责任编辑　蔡圆圆
文字编辑　周　靓
责任校对　许艺涛
装帧设计　雷建军
出版发行　浙江大学出版社
（杭州市天目山路148号　　邮政编码　310007）
（网址：http：//www.zjupress.com）
排　　版　杭州林智广告有限公司
印　　刷　杭州宏雅印刷有限公司
开　　本　710mm×1000mm　1/16
印　　张　15.5
字　　数　263千
版 印 次　2024年3月第1版　2024年3月第1次印刷
书　　号　ISBN 978-7-308-25034-4
定　　价　78.00元
